U0194877

火灾高温及高温后型钢混凝土结构性能

李俊华　著

中国建筑工业出版社

图书在版编目（CIP）数据

火灾高温及高温后型钢混凝土结构性能/李俊华著. —北京：
中国建筑工业出版社，2018.12
ISBN 978-7-112-22888-1

Ⅰ.①火…　Ⅱ.①李…　Ⅲ.①型钢混凝土-混凝土结构-结构性
能-研究　Ⅳ.①TU37

中国版本图书馆 CIP 数据核字（2018）第 246099 号

本书是作者多年研究成果的总结，结合试验和理论分析、数值计算，系统
地介绍了火灾高温及高温后型钢混凝土结构性能。全书共分为 11 章，包括：
火灾高温及高温后型钢混凝土粘结滑移性能，常温下带栓钉连接件型钢混凝土
纵向剪力传递性能，火灾高温及高温后带栓钉连接件型钢混凝土剪力传递性
能，非均匀火灾下约束型钢混凝土柱抗火性能，火灾后型钢混凝土梁受力性
能，火灾后型钢混凝土柱受力性能及加固修复，火灾后型钢混凝土柱抗震性能
及加固修复，火灾后型钢混凝土柱-型钢混凝土梁节点抗震性能及加固修复，
火灾后型钢混凝土柱-钢筋混凝土梁节点抗震性能及加固修复，火灾后型钢混
凝土柱-钢梁节点抗震性能及加固修复，火灾后型钢混凝土框架抗震性能研究。
本书内容翔实，可供从事结构抗火性能研究的师生参考使用。

责任编辑：王砾瑶
责任校对：张　颖

火灾高温及高温后型钢混凝土结构性能
李俊华　著
*
中国建筑工业出版社出版、发行（北京海淀三里河路 9 号）
各地新华书店、建筑书店经销
北京科地亚盟排版公司制版
北京圣夫亚美印刷有限公司印刷
*
开本：787×1092 毫米　1/16　印张：20¼　字数：501 千字
2019 年 2 月第一版　2019 年 2 月第一次印刷
定价：**89.00** 元
ISBN 978-7-112-22888-1
（32986）

版权所有　翻印必究
如有印装质量问题，可寄本社退换
（邮政编码 100037）

前　　言

　　型钢混凝土结构是钢与混凝土组合结构的重要形式之一。与钢结构相比，型钢混凝土结构具有更好的耐久性和耐火性，同时内部核心型钢因周围混凝土的约束，受压失稳的弱点得到了克服。与钢筋混凝土结构相比，型钢混凝土结构具有更高的承载能力，更好的延性和抗震性能，因此更适合在高层、超高层建筑特别是地震区的高层与超高层建筑中应用。高层、超高层建筑层数多，使用面积大，用途复合化，结构的各项安全尤其是火灾安全问题十分突出。作为高层建筑和大跨结构中的常用结构形式，型钢混凝土结构火灾高温及高温后的性能备受关注。

　　建筑物遭受火灾作用后，可能出现的后果有两种，一是建筑物在火灾中直接倒塌，给人们生命和财产造成巨大损失；二是尽管没有出现倒塌现象，但由于钢材和混凝土材料的力学性能在高温过火之后大幅下降，结构的可靠性降低，由此带来安全隐患，需要进行必要的加固修复才能继续使用。不同结构形式的建筑物遭受火灾作用后，可能出现的后果不尽相同，钢结构耐火性能差，未加防火保护的钢构件在火灾中极易发生失稳和扭曲变形使结构随时面临倒塌的危险，且这些变形在灾后难以恢复，因而给火灾后结构的加固修复造成极大的困难，甚至使加固工作失去意义。混凝土是热的不良导体，钢筋混凝土结构的耐火性能远远优于钢结构，但是随着火灾温度的升高，混凝土的强度、弹性模量等力学性能将大幅退化，并且这些退化不会随着温度的降低而恢复，相反高温冷却过后混凝土的强度甚至比高温下还要进一步降低，因此尽管大部分钢筋混凝土结构在火灾后通过合理的加固修复还能继续使用，但加固修复工作量往往较大，修缮成本较高。型钢混凝土结构中的内部核心型钢由于受到混凝土包裹，其耐火性能要优于钢结构，同时由于核心型钢的力学性能在火灾后能部分恢复，在截面尺寸和受火时间大致相当的情况下，型钢混凝土构件的剩余承载力水平要高于钢筋混凝土构件，因此火灾后型钢混凝土结构的可修复性较普通钢筋混凝土结构更强，修复工作量较普通钢筋混凝土结构更小，可在不需要太大修缮成本投入的情况下达到功能恢复目标。

　　本书共分11章，主要总结了作者近年来在型钢混凝土结构抗火及火灾后的受力性能及其加固修复的一些研究成果。第1章介绍火灾高温及高温后型钢混凝土的粘结滑移性能试验，以及由此建立的高温下及高温后型钢混凝土与温度或曾经经历温度相关的粘结强度计算公式与粘结滑移本构关系。第2章介绍常温下带栓钉连接件型钢混凝土界面纵向剪力传递性能试验，以及在此基础上提出的带栓钉连接件型钢混凝土推出试件的承载力计算公式和防止栓钉外侧混凝土劈裂破坏的构造措施。第3章介绍火灾高温及高温后带栓钉连接件型钢混凝土界面纵向剪力传递性能试验，以及由此建立的与温度或曾经经历温度相关的纵向剪力传递承载能力计算公式，并介绍了反复荷载下带栓钉连接件的型钢混凝土纵向剪力传递承载能力衰减退化规律。第4章介绍约束型钢混凝土柱的抗火性能试验，分析了火灾荷载比、约束刚度比、荷载偏心率、受火方式、升温时间等参数对型钢混凝土柱抗火性

3

能的影响规律。第 5 章和第 6 章分别介绍火灾后型钢混凝土梁、型钢混凝土柱受力性能试验及相应的数值模拟分析方法。第 7 章介绍火灾后型钢混凝土柱的抗震性能及加固修复试验，提出了火灾后型钢混凝土柱抗剪承载力的计算方法和预应力钢带加固火灾后型钢混凝土柱抗剪承载能力的计算方法。第 8 章～第 10 章分别介绍火灾后型钢混凝土柱-型钢混凝土梁、型钢混凝土柱-钢筋混凝土梁、型钢混凝土柱-钢梁的抗震性能及加固修复措施，分析了受火时间、轴压比等参数对火灾后型钢混凝土梁柱节点抗震性能的影响及外包钢和碳纤维布加固对火灾后型钢混凝土梁柱节点抗震性能的修复效果。第 11 章介绍火灾后型钢混凝土框架的抗震性能试验，分析了火灾对型钢混凝土柱-型钢混凝土梁以及型钢混凝土柱-钢筋混凝土梁组合框架抗震性能的影响。

本书的研究工作得到国家自然科学基金（项目编号：50908118，51178226）、亚热带建筑科学国家重点实验室开放基金（项目编号：2011KB24）、浙江省自然科学基金（项目编号：LY14E080003）、浙江省基础公益研究计划（项目编号：LGF18E080008）、宁波市自然科学基金（项目编号：2010A610079）等资助，在此表示衷心的感谢。作者的研究生唐跃峰、刘明哲、邱栋梁、王国锋、俞凯、钱钦、陈建华、马超、池玉宇、吴华宗、张磊等在相关课题的研究中，完成了大量试验、计算及分析工作，对本书的完成做出了重要贡献，在此谨向他们致以诚挚的谢意！

火灾高温及高温后型钢混凝土结构受力性能及加固修复的研究内容非常丰富，本书仅结合笔者所开展的试验和所取得的阶段性研究结果进行阐述，内容远非全面和系统。同时由于笔者学识水平有限，书中难免存在不妥之处，恳请专家和读者批评指正，使笔者在今后的科研工作中不断加以改进和完善。

李俊华

2018 年 12 月于宁波大学

目　　录

第1章 火灾高温及高温后型钢混凝土粘结滑移性能

1.1 引　言

型钢混凝土结构承载力高、刚度大、抗震性能好，在高层建筑以及大跨度结构中应用越来越多。与钢结构相比，型钢混凝土结构具有更好的抗腐蚀性，同时型钢因周围混凝土的约束，受压失稳的弱点得到了克服；与钢筋混凝土结构相比，型钢混凝土结构具有更高的承载能力，延性与抗震性能更好。然而近年来，在高层建筑中不断发生的火灾事故，严重威胁着人们的生命和财产安全，人们对型钢混凝土结构的耐火与火灾后的力学性能，也愈发关注和重视。

型钢混凝土结构中型钢与混凝土之间的粘结作用是两者能够协同受力的基础，正是这种粘结作用，才使型钢与混凝土之间能够实现应力传递，从而形成整体共同承担荷载。火灾发生时，型钢与混凝土接触面受到高温的影响，导致其粘结性能与常温下相比发生明显的变化。由于火灾高温及高温后型钢混凝土的粘结滑移对型钢混凝土结构的抗火性能和火灾后力学性能研究、对火灾后结构整体的安全性及修复与加固等都具有重要意义，为了真正了解不同温度条件下型钢混凝土的粘结特性，同时在型钢混凝土结构构件抗火性能与火灾后力学性能的数值分析中能考虑粘结滑移的影响，必须对火灾高温及高温后型钢混凝土的粘结机理、粘结强度、粘结滑移本构关系等进行深入研究。

目前，国内外有较多关于常温下型钢混凝土粘结滑移以及火灾高温及高温后钢筋混凝土等粘结滑移性能的研究报导[1-40]，但有关火灾高温及高温后型钢混凝土类似的研究尚不多见[41-43]。本章通过火灾高温不同温度条件下及高温自然冷却后型钢混凝土短柱推出试验和常温下的对比试验，研究火灾高温与高温后型钢混凝土的自然粘结作用，确定粘结强度与火灾高温温度、高温冷却后曾经经历温度之间的关系，建立与温度或曾经经历温度相关的粘结强度计算公式和粘结应力-滑移本构关系，为型钢混凝土考虑粘结滑移的抗火性能与火灾后力学性能数值模拟分析提供条件。

1.2　高温下的粘结滑移性能试验

1.2.1　试验参数

影响高温下型钢混凝土柱粘结滑移性能的因素很多，包括升温温度、最高温度持续时间、型钢锚固长度、型钢外围混凝土保护层厚度、混凝土强度、配钢率等。本次试验主要研究前四个因素对高温下型钢混凝土柱粘结滑移性能的影响。

1.2.2　试件设计与制作

共设计了 21 个型钢混凝土短柱试件，对其中 18 个试件进行高温下的推出试验，剩下

3个进行常温下的对比试验。试件截面尺寸分为 250mm×250mm、300mm×300mm、350mm×350mm 三种，内部均配置 Q235 热轧 H 型钢，规格为 HW100×100×6×8，锚固长度分为 400mm、600mm、800mm 三种，锚固段下部预留空洞，以利于型钢顺利推出。试件的四角配有 4φ12 的纵向受力钢筋，钢筋外围混凝土保护层厚度为 30mm；箍筋分别采用 φ6@100、φ6@150、φ6@160，配箍率均为 0.38%。各试件参数见表 1-1，型钢、钢筋以及箍筋的力学性能指标见表 1-2，试件的截面尺寸以及配钢情况见图 1-1。

高温下试件的参数设计　　　　　　　　　　表 1-1

试件编号	混凝土强度（MPa）	锚固长度（mm）	保护层厚度（mm）	最高温度（℃）	最高温度持续时间（min）
SRC-1	55.7	600	100	200	30
SRC-2	55.7	600	100	400	30
SRC-3	55.7	600	100	600	30
SRC-4	63.7	600	100	800	30
SRC-5	54.1	600	100	400	60
SRC-6	54.1	600	100	400	90
SRC-7	54.1	600	100	400	120
SRC-8	41.4	600	75	400	30
SRC-9	41.4	600	125	400	30
SRC-10	59.0	600	75	800	60
SRC-11	59.0	600	125	800	60
SRC-12	55.6	400	100	400	30
SRC-13	55.6	800	100	400	30
SRC-14	54.7	600	100	800	60
SRC-15	63.7	600	100	800	90
SRC-16	63.7	600	100	800	0
SRC-17	54.7	400	100	800	60
SRC-18	54.7	800	100	800	60
SRC-19	47.4	600	75	室温	—
SRC-20	47.8	600	100	室温	—
SRC-21	47.4	600	125	室温	—

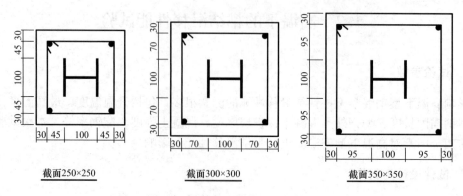

截面250×250　　　　　　截面300×300　　　　　　截面350×350

图 1-1 试件截面形状和配钢情况

　　试件制作所用混凝土在实验室现场配置，强制搅拌机搅拌而成。在浇筑混凝土制作试件的同时，浇筑边长为150mm的混凝土立方体试块，与试件在同等条件下进行养护，测定其常温下的抗压强度。根据《普通混凝土力学性能试验方法标准》GB/T 50081—2002测得各个试件常温下混凝土抗压强度见表1-1。按《金属材料　拉伸试验　第1部分：室温试验方法》GB/T 228.1—2010进行拉伸试验，测得常温下型钢、纵向受力钢筋、箍筋的材料强度见表1-2。

钢材强度测试结果　　　　　　　　　　　　表1-2

钢材种类		屈服强度（N/mm²）	抗拉强度（N/mm²）
型钢	翼缘	237.93	368.53
	腹板	242.80	323.73
纵向受力钢筋		340.55	476.46
箍筋		359.60	519.90

1.2.3　试件升温与加载

　　试件的升温在宁波大学土木工程实验室电加热升温炉内进行，炉膛内部尺寸为600mm×740mm×1000mm，通过嵌固在炉壁四周的电阻丝加热升温，最高升温温度可达1100℃，升温炉及温度控制系统如图1-2所示。升温炉的炉顶和炉底设有410mm×410mm的活动插块，去掉插块后，试件可自由伸出和穿越炉体。为提高升温炉的机动性，特加工制作了一个可平移及升降的支架车，将升温炉置于支架车上后，可在水平与竖直方向自由移动。

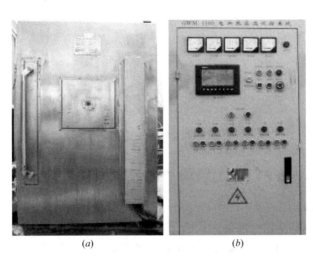

(a)　　　　　　　　　　　　(b)

图1-2　升温炉与炉温控制系统
(a) 升温炉；(b) 炉温控制系统

　　试验时，升温炉由支架车支撑，立于500t压力试验机加载台面上方，进行升温与加载试验，加载装置如图1-3所示。试验的具体过程如下：①将试件置于试验机加载平台上，试件中心与加载平台中心保持一致。②将升温炉置于支架车上，通过支架车将炉体移送至试验机下部加载台面上方，移送过程中，打开炉门，去掉上下插块，使试件顺利进入炉膛，并用隔热岩棉和耐火砖将试件锚固段以外部分与炉膛之间的空隙塞实，如图 1-4 所示。其中混凝土顶面的耐火砖在升温试验前砌好，防止锚固段以外裸露型钢在升温过程中受高温影响。③关闭炉门，进行升温试验。200℃、400℃、600℃、800℃典型炉膛升温曲线如图 1-5 所示。④当升温达到设计最高温度并保持设定的持续时间后，在继续使该温度保持恒定的同时，通过压力试验机施加竖向荷载，进行推出试验，从开始加载到试件破坏的全过程控制在 10min 内完成。

图 1-3　加载装置　　　　图 1-4　试件在炉膛内的布置

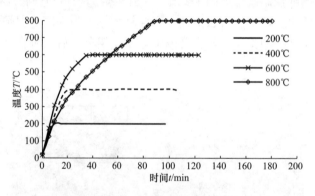

图 1-5　炉膛升温曲线

1.2.4　滑移测定

试验时，在试件加载端四个不同方向分别布置位移计，位移计的磁支座吸于压力机上固定板，下部指针顶向从试件端部耐火砖顶面引伸出来的角钢骨架（如图 1-6 所示）。加载时，型钢顶面与压力机上固定板接触，其相对位置固定不变；角钢骨架置于砌筑在试件端部混凝土上的耐火砖顶面，与耐火砖及端部混凝土的相对位置固定不变（如图 1-7 所示），因此由四个方向的位移计测得的位移平均值便是加载端型钢与混凝土之间的相对滑移。

1.2.5　试验结果及分析

（1）试验现象

加载过程中，试件始终位于升温炉内，试件开裂与破坏过程难以直接观测。加载结束

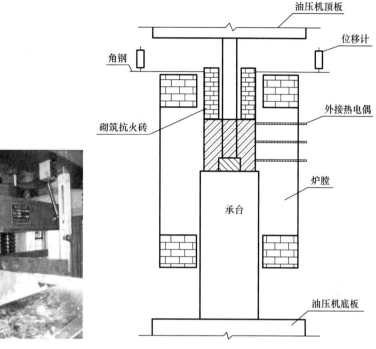

图 1-6　位移计布置详图　　　　　　　　图 1-7　试验加载示意图

后，保存试验数据，关闭压力机和升温炉电源，打开升温炉炉门，发现升温最高温度在400℃以内的试件，其表面混凝土呈暗灰色，升温最高温度达600℃和800℃的试件，其表面混凝土呈白色。所有试件在加载结束的瞬间均无明显裂缝产生，当试件自然冷却到常温后，表面出现细小的网状裂缝，如图 1-8 所示。

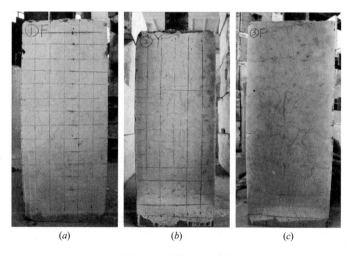

图 1-8　试件表面裂缝

(a) SRC-1；(b) SRC-2；(c) SRC-3

(2) 荷载-滑移曲线

图 1-9 为试验得到高温及常温下试件典型荷载与加载端滑移曲线，即 P-s 曲线。从图

中可以看出，高温下试件的荷载-滑移曲线与常温下大致相似，整个曲线可分为三段：①上升段。从开始加载到荷载接近峰值以前，随着荷载的增大，端部滑移逐渐增加，二者大致呈线性关系。与常温下试件相比，高温下试件的峰值荷载大大降低。②下降段。荷载达到峰值后开始降低，荷载与滑移曲线大致为双曲线。其中常温下试件的荷载下降更快，而高温下试件的荷载滑移下降段相对平缓。③残余段。高温和常温下试件的荷载降低到一定值后，不再下降或下降幅度明显减缓，但滑移仍不断增加，荷载-滑移曲线出现一明显水平段。

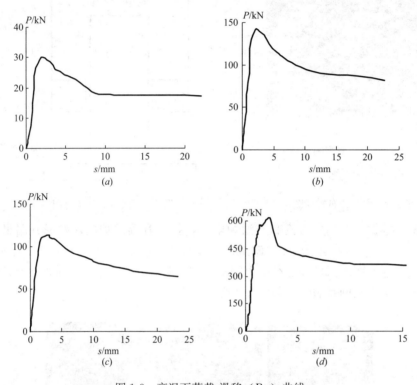

图 1-9　高温下荷载-滑移（P-s）曲线
(a) SRC-4；(b) SRC-8；(c) SRC-13；(d) SRC-19（常温）

（3）参数分析

图 1-10～图 1-13 给出了试验参数对荷载-滑移曲线的影响，从图 1-10 中可以看到，当型钢锚固长度、混凝土保护层厚度、最高温度持续时间相同时，试件的荷载滑移曲线形状大体相似，但承载力随着最高温度的升高而不断降低，其中温度从 200℃ 上升到 400℃ 时，试件承载力降低的幅度最大。图 1-11 表明，当型钢锚固长度、混凝土保护层厚度、最高温度相同时，试件的承载力随着最高温度持续时间的增加而不断降低，且持续时间从 60min 增加到 90min 时，试件承载力降低的幅度最大，从 90min 增加到 120min 时，试件承载力降低的幅度减小。图 1-12 显示，当型钢锚固长度、升温最高温度、最高温度持续时间相同时，试件的承载力随着型钢外围混凝土保护层厚度的加大而增大。图 1-13 显示，当混凝土保护层厚度、升温最高温度、最高温度持续时间相同的情况下，型钢锚固长度越大，其极限承载能力会越高。

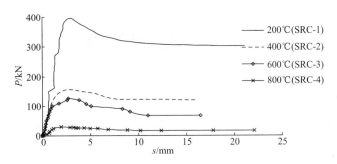

图 1-10 　最高温度对荷载-滑移曲线（P-s 曲线）的影响

锚固 600mm，保护层 100mm，持续时间 30min

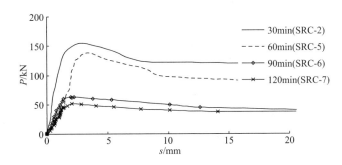

图 1-11 　最高温度持续时间对荷载-滑移曲线（P-s 曲线）的影响

锚固 600mm，保护层 100mm，温度 400℃

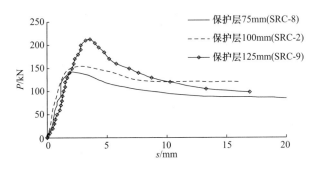

图 1-12 　保护层厚度对荷载-滑移曲线（P-s 曲线）的影响

锚固 100mm，温度 400℃，持续时间 30min

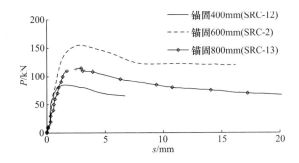

图 1-13 　锚固长度对荷载-滑移曲线（P-s 曲线）的影响

保护层 100mm，温度 400℃，持续时间 30min

1.3　高温下的粘结滑移本构关系

1.3.1　高温下的 τ-s 曲线

在推出试验中，根据压力机施加的荷载经换算可得到型钢与混凝土粘结面上的平均粘结应力，换算公式为：

$$\tau = \frac{P}{l_e \cdot C} \tag{1-1}$$

式中，τ 为型钢与混凝土粘结面上的平均粘结应力，P 为压力机施加的试验荷载，l_e 为型钢锚固长度，C 为型钢截面周长。

根据式（1-1）将试验荷载 P 换算成粘结应力 τ，得到高温下型钢与混凝土的平均粘结应力-端部滑移曲线即 τ-s 曲线如图 1-14 所示。

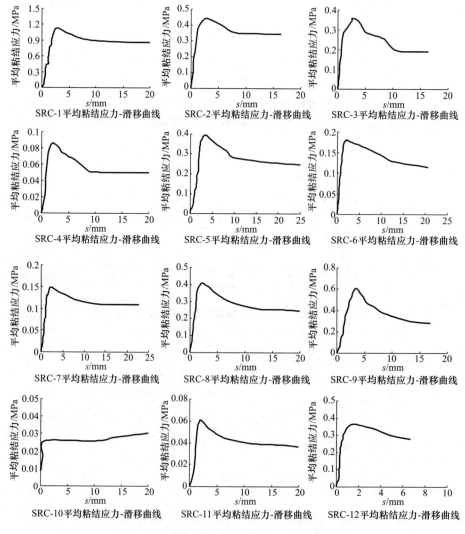

图 1-14　试件的粘结应力-滑移（τ-s）曲线（一）

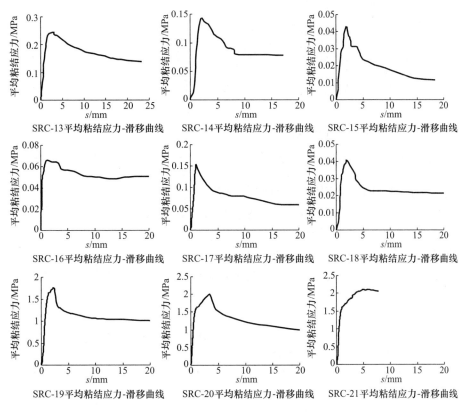

图 1-14　试件的粘结应力-滑移（τ-s）曲线（二）

1.3.2　τ-s 本构模型

显然，试件的粘结应力滑移 τ-s 曲线与试件的荷载滑移 P-s 曲线具有一样的形状，分为上升段、下降段、残余段，可用图 1-15 所示的模型来描述。

图中，A、B、C 为粘结应力-滑移本构模型中的特征点，A 点为粘结应力-滑移曲线上的峰值点，对应的粘结应力称之为极限粘结强度，用 τ_u 表示，相应的滑移用 s_u 表示；B 点为粘结应力-滑移曲线下降平缓段的起始点，对应的粘结应力称之为残余粘结强度，用 τ_r 表示，相应的滑移用 s_r 表示。特征粘结强度 τ_u、τ_r 及特征滑移 s_u、s_r 可由试验或通过计算确定，确定上述特征点坐标后，分段定义 τ-s 本构模型的曲线方程：

图 1-15　高温下型钢混凝土粘结滑移本构模型

OA 段：粘结应力与滑移呈线性关系增长，数学表达式为：

$$\tau = k \cdot s \quad (0 < s \leqslant s_u) \tag{1-2}$$

其中，$k = \dfrac{\tau_u}{s_u}$，τ_u 和 s_u 由试验或计算确定。

AB 段：根据对试验曲线的观察和分析，AB 段粘结应力与滑移的关系可以采用双曲线描述，数学表达式为：

$$\tau = \frac{s}{as - b} \quad (s_u \leqslant s \leqslant s_r) \tag{1-3}$$

其中，$a = \dfrac{s_u \tau_r - s_r \tau_u}{\tau_r \tau_u (s_u - s_r)}$，$b = \dfrac{s_u s_r (\tau_u - \tau_r)}{\tau_r \tau_u (s_r - s_u)}$，$\tau_u$、$\tau_r$ 及 s_u、s_r 由计算或试验确定。

BC 段：粘结应力与滑移关系用一水平直线段描述：

$$\tau = \tau_r \quad (s \geqslant s_r) \tag{1-4}$$

其中，τ_r 和 s_r 由试验或计算确定。

1.3.3　τ-s 本构模型的验证

图 1-16 为试件 SRC-1、SRC-2、SRC-4、SRC-5 的 τ-s 本构模型各段拟合曲线与试验曲线的对比。其中，拟合曲线中的特征粘结应力 τ_u、s_u 及相对应的滑移值 s_u、s_r 根据图 1-14 中实测的粘结应力-滑移曲线确定，τ_u、s_u 取曲线峰值点坐标值，τ_r、s_r 取粘结应力-滑移曲线下降平缓段的起始点坐标值。从图 1-16 可以看出，拟合曲线与试验曲线总体相符，分段式的本构模型能较好地反映高温下粘结应力-滑移关系曲线的形状特征。

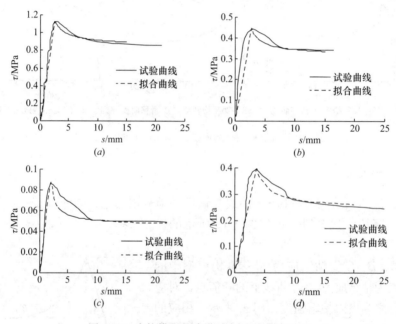

图 1-16　本构模型拟合曲线与试验曲线对比
(*a*) SRC-1；(*b*) SRC-2；(*c*) SRC-4；(*d*) SRC-5

1.3.4　特征粘结强度与特征滑移值计算

根据试验测得的粘结应力 τ_u、s_u 及相对应的滑移值 s_u、s_r，由式（1-2）～式（1-4）可以得到本节所有试件的粘结滑移本构关系，但这样得到的本构关系尚并具有普适性。要提高高温下型钢混凝土粘结应力与滑移本构关系的适用性，还需在试验结果基础上，通过理论计算确定粘结强度与相应的滑移值。

1.3.5　极限粘结强度计算

在高温条件下，型钢与混凝土之间的粘结强度与升温最高温度以及最高温度的持续时间密切相关。表 1-3 和表 1-4 分别反映试验中极限粘结强度与最高温度 T 以及最高温度持续时间 t 的关系。

升温最高温度 T 对极限粘结强度 τ_u 的影响 表 1-3

试件编号	锚固长度 l/mm	保护层厚度/mm	高温度 T/℃	最高温度持续时间 t/min	极限粘结强度 τ_u/MPa
SRC-20	600	100	室温	—	1.9927
SRC-1	600	100	200	30	1.1244
SRC-2	600	100	400	30	0.4424
SRC-3	600	100	600	30	0.3567
SRC-4	600	100	800	30	0.0856

最高温度持续时间 t 对极限粘结强度 τ_u 的影响 表 1-4

试件编号	锚固长度 l/mm	保护层厚度/mm	最高温度 T/℃	最高温度持续时间 t/min	极限粘结强度 τ_u/MPa
SRC-2	600	100	400	30	0.4424
SRC-5	600	100	400	60	0.3938
SRC-6	600	100	400	90	0.1798
SRC-7	600	100	400	120	0.1484

表 1-3 中的数据显示，在其他条件相同的情况下，最高温度达到 200℃、400℃、600℃、800℃时，试件的极限粘结强度分别下降到常温下极限粘结强度的 56.4%、22.2%、17.9%、4.3%。表 1-4 中的数据显示，当最高温度相同时，最高温度持续时间为 60min、90min、120min 试件的极限粘结强度分别只有持续时间为 30min 试件极限粘结强度的 89.0%、40.6%、33.5%。

定义高温下最高温度对型钢混凝土极限粘结强度的影响系数为：

$$k_T = \frac{\tau_u(T)}{\tau_u} \tag{1-5}$$

式中，$\tau_u(T)$ 和 τ_u 分别为最高温度为 T 时的极限粘结强度以及常温下的极限粘结强度。图 1-17 为最高温度持续时间为 30min 时，k_T 的试验结果及拟合曲线图，通过对试验结果的统计分析得：

$$k_T = 1.0639 e^{-0.0041T} \quad (200℃ \leqslant T \leqslant 800℃) \tag{1-6}$$

定义高温下最高温度持续时间对型钢混凝土极限粘结强度的影响系数为：

$$k_t = \frac{\tau_u(T,t)}{\tau_u(T,30)} \tag{1-7}$$

式中，$\tau_u(T, t)$ 和 $\tau_u(T, 30)$ 分别为最高温度为 T、持续时间为 t 时型钢混凝土的极限粘结强度以及最高温度为 T、持续时间为 30min 时型钢混凝土的极限粘结强度。图 1-18 为最高温度为 400℃时，k_t 的试验结果及拟合曲线图，通过对试验结果的统计分析：

$$k_t = -0.0083t + 1.2774 \quad (0min \leqslant t \leqslant 120min) \tag{1-8}$$

确定了最高温度及持续时间对高温下型钢混凝土的极限粘结强度的影响规律后，任意高温及最高温度持续时间下型钢混凝土极限粘结强度可用式（1-9）计算。

$$\tau_u(T,t) = k_T k_t \tau_u \tag{1-9}$$

式中，k_T 为最高温度对型钢混凝土极限粘结强度的影响系数，用式（1-6）计算；k_t

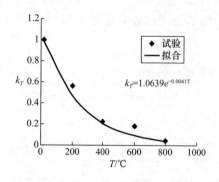

图1-17 k_T试验结果与拟合曲线

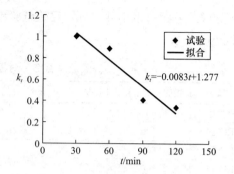

图1-18 k_t试验结果与拟合曲线

为最高温度持续时间对型钢混凝土极限粘结强度的影响系数，用式（1-8）计算；τ_u为常温下型钢混凝土的极限粘结强度，用式（1-10）计算[10]。

$$\tau_u = \left(0.2921 + 0.4593\frac{C_{ss}}{d} - 0.0078\frac{l_e}{d}\right)f_t \tag{1-10}$$

式中，C_{ss}为型钢混凝土保护层厚度（mm），当C_{ss}大于临界保护层厚度$0.832b_f$时，取$C_{ss} = 0.832b_f$，b_f为型钢翼缘宽度；d为型钢截面高度（mm）；l_e为型钢锚固长度（mm），f_t为混凝土抗拉强度（MPa）。

1.3.6 残余粘结强度计算

与极限粘结强度一样，在高温条件下，型钢与混凝土之间的残余粘结强度也与升温最高温度以及最高温度的持续时间密切相关。表1-5和表1-6分别反映残余粘结强度与最高温度T以及最高温度持续时间t的关系。表中的数据显示，在其他条件相同的情况下，最高温度达到200℃、400℃、600℃、800℃时，试件的残余粘结强度分别下降到常温下残余粘结强度的72.1%、26.9%、9.8%、3.9%。当最高温度相同时，最高温度持续时间为60min、90min、120min试件的残余粘结强度分别只有持续时间为30min试件残余粘结强度的81.3%、47.2%、32.5%。

升温最高温度 T 对残余粘结强度 τ_r 的影响　　　　　表 1-5

试件编号	锚固长度 l/mm	保护层厚度/mm	最高温度 T/℃	最高温度持续时间 t/min	残余粘结强度 τ_r/MPa
SRC-20	600	100	室温	—	1.3066
SRC-1	600	100	200	30	0.9418
SRC-2	600	100	400	30	0.3510
SRC-3	600	100	600	30	0.1284
SRC-4	600	100	800	30	0.0514

最高温度持续时间 t 对残余粘结强度 τ_r 的影响　　　　　表 1-6

试件编号	锚固长度 l/mm	保护层厚度/mm	最高温度 T/℃	最高温度持续时间 t/min	残余粘结强度 τ_r/MPa
SRC-2	600	100	400	30	0.3510
SRC-5	600	100	400	60	0.2854
SRC-6	600	100	400	90	0.1655
SRC-7	600	100	400	120	0.1141

定义高温下最高温度对型钢混凝土残余粘结强度的影响系数为：

$$l_T = \frac{\tau_r(T)}{\tau_r} \tag{1-11}$$

式中，$\tau_r(T)$ 和 τ_r 分别为最高温度为 T 时的残余粘结强度以及常温下的残余粘结强度。图 1-19 为最高温度持续时间为 30min 时，l_T 的试验结果及拟合曲线图，通过对试验结果的统计分析：

$$l_T = 1.3448e^{-0.002T} - 0.2613 \quad (200℃ \leqslant T \leqslant 800℃) \tag{1-12}$$

定义高温下最高温度持续时间对型钢混凝土残余粘结强度的影响系数为：

$$l_t = \frac{\tau_r(T,t)}{\tau_r(T,30)} \tag{1-13}$$

式中，$\tau_r(T,t)$ 和 $\tau_r(T,30)$ 分别为最高温度为 T、持续时间为 t 时型钢混凝土的残余粘结强度以及最高温度为 T、持续时间为 30min 时型钢混凝土的残余粘结强度。图 1-20 为最高温度为 400℃时，l_t 的试验结果及拟合曲线图，通过对试验结果的统计分析：

$$l_t = -0.0079t + 1.2439 \quad (0min \leqslant t \leqslant 120min) \tag{1-14}$$

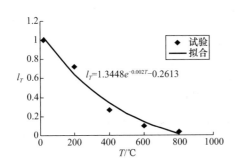

图 1-19　l_T 试验结果与拟合曲线

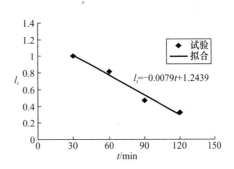

图 1-20　l_t 试验结果与拟合曲线

确定了最高温度及持续时间对高温下型钢混凝土的残余粘结强度的影响规律后，任意高温及最高温度持续时间下型钢混凝土残余粘结强度可用式（1-15）计算。

$$\tau_r(T,t) = l_T l_t \tau_r \tag{1-15}$$

式中，l_T 为最高温度对型钢混凝土残余粘结强度的影响系数，用式（1-12）计算；l_t 为最高温度持续时间对型钢混凝土残余粘结强度的影响系数，用式（1-14）计算；τ_r 为常温下型钢混凝土的残余粘结强度，用式（1-16）计算[10]。

$$\tau_r = \left(-0.0117 + 0.3675\frac{C_{ss}}{d} - 0.0078\rho_{sv}\right)f_t \tag{1-16}$$

式中，C_{ss} 为型钢混凝土保护层厚度（mm），当 C_{ss} 大于临界保护层厚度 $0.832b_f$ 时，取 $C_{ss} = 0.832b_f$，b_f 为型钢翼缘宽度；d 为型钢截面高度（mm）；ρ_{sv} 为横向配箍率（%），f_t 为混凝土抗拉强度（MPa）。

1.3.7　与极限粘结强度相对应的滑移计算

表 1-7 和表 1-8 分别给出了试验中与极限粘结强度相对应的滑移 s_u 随最高温度 T 以及最高温度持续时间 t 的变化情况。从表 1-7 和表 1-8 中可以看出，在其他条件相同的情况

下，随着温度的升高，试件与极限粘结强度相对应的滑移有减小的趋势。除个别试件外，对应滑移随最高温度持续时间的增加总体上也呈减小趋势。

升温最高温度 T 对 s_u 的影响　　　表 1-7

试件编号	锚固长度 l/mm	保护层厚度/mm	最高温度 T/℃	最高温度持续时间 t/min	极限滑移 s_u/mm
SRC-20	600	100	室温	—	2.9331
SRC-1	600	100	200	30	2.6800
SRC-2	600	100	400	30	2.6725
SRC-3	600	100	600	30	2.7000
SRC-4	600	100	800	30	1.9300

最高温度持续时间 t 对极限粘结强度 s_u 的影响　　　表 1-8

试件编号	锚固长度 l/mm	保护层厚度/mm	最高温度 T/℃	最高温度持续时间 t/min	极限滑移 s_u/mm
SRC-2	600	100	400	30	2.6800
SRC-5	600	100	400	60	3.5825
SRC-6	600	100	400	90	1.9738
SRC-7	600	100	400	120	2.0650

定义高温下最高温度对型钢混凝土极限粘结强度相对应滑移的影响系数为：

$$m_T = \frac{s_u(T)}{s_u} \tag{1-17}$$

式中，$s_u(T)$ 和 s_u 分别为最高温度为 T 时与极限粘结强度对应的滑移以及常温下与极限粘结强度对应的滑移。图 1-21 为最高温度持续时间为 30min 时，m_T 的试验结果及拟合曲线图，通过对试验结果的统计分析，m_T 大致为：

$$m_T = -0.003T + 1.0205 \quad (200℃ \leqslant T \leqslant 800℃) \tag{1-18}$$

定义高温下最高温度持续时间对型钢混凝土极限粘结强度相对应滑移的影响系数为：

$$m_t = \frac{s_u(T,t)}{s_u(T,30)} \tag{1-19}$$

式中，$s_u(T, t)$ 和 $s_u(T, 30)$ 分别为最高温度为 T、持续时间为 t 时型钢混凝土与极限粘结强度相对应的滑移以及最高温度为 T、持续时间为 30min 时型钢混凝土与极限粘结强度相对应的滑移。图 1-22 为最高温度为 400℃ 时，m_t 的试验结果及拟合曲线图，通过对试验结果的统计分析，m_t 大致为：

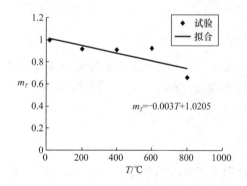

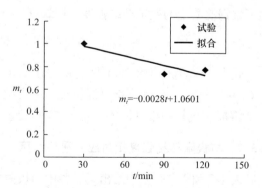

图 1-21　m_T 试验结果与拟合曲线　　　图 1-22　m_t 试验结果与拟合曲线

$$m_t = -0.0028t + 1.0601 \quad (0\text{min} \leqslant t \leqslant 120\text{min}) \tag{1-20}$$

确定了最高温度及持续时间对高温下型钢混凝土极限粘结强度相对应滑移的影响规律后，任意高温及最高温度持续时间下型钢混凝土与极限粘结强度相对应滑移可用式（1-21）计算。

$$s_u(T,t) = m_T m_t s_u \tag{1-21}$$

式中，m_T 为最高温度对型钢混凝土极限粘结强度对应滑移的影响系数，用式（1-18）计算；m_t 为最高温度持续时间对型钢混凝土极限粘结强度对应滑移的影响系数，用式（1-20）计算；s_u 为常温下型钢混凝土与极限粘结强度相对应的滑移。s_u 主要与型钢的锚固长度有关，结合本文常温下试件的滑移测试结果，用式（1-22）计算。

$$s_u = 4.8885 \times 10^{-3} \cdot l_e \tag{1-22}$$

式中，l_e 为型钢锚固长度（mm）。

1.3.8 与残余粘结强度对应的滑移计算

表 1-9 和表 1-10 分别给出了试验中与残余粘结强度相对应的滑移 s_r 随最高温度 T 以及最高温度持续时间 t 的变化情况。从表 1-9 和表 1-10 中可以看出，在其他条件相同的情况下，随着温度的升高和最高温度持续时间增加，试件与残余粘结强度相对应的滑移增大。

升温最高温度 T 对 s_r 的影响 表 1-9

试件编号	锚固长度 l/mm	保护层厚度/mm	最高温度 T/℃	最高温度持续时间 t/min	极限滑移 s_r/mm
SRC-20	600	100	室温	—	6.6625
SRC-1	600	100	200	30	7.1325
SRC-2	600	100	400	30	8.1900
SRC-3	600	100	600	30	8.3000
SRC-4	600	100	800	30	8.8000

最高温度持续时间 t 对极限粘结强度 s_r 的影响 表 1-10

试件编号	锚固长度 l/mm	保护层厚度/mm	最高温度 T/℃	最高温度持续时间 t/min	极限滑移 s_r/mm
SRC-2	600	100	400	30	8.1900
SRC-5	600	100	400	60	9.2300
SRC-6	600	100	400	90	10.1087
SRC-7	600	100	400	120	10.1283

定义高温下最高温度对型钢混凝土残余粘结强度对应滑移的影响系数为：

$$n_T = \frac{s_r(T)}{s_r} \tag{1-23}$$

式中，$s_r(T)$ 和 s_r 分别为最高温度为 T 时与残余粘结强度对应的滑移以及常温下与残余粘结强度对应的滑移。图 1-23 为最高温度持续时间为 30min 时，n_T 的试验结果及拟合曲线图，通过对试验结果的统计分析，n_T 大致为：

$$n_T = 0.0004T + 1.0052 \quad (200℃ \leqslant T \leqslant 800℃) \tag{1-24}$$

定义高温下最高温度持续时间对型钢混凝土残余粘结强度对应滑移的影响系数为：

$$n_t = \frac{s_r(T,t)}{s_r(T,30)} \tag{1-25}$$

式中，$s_r(T,t)$ 和 $s_r(T,30)$ 分别为最高温度为 T、持续时间为 t 时型钢混凝土与残余粘结强度相对应的滑移以及最高温度为 T、持续时间为 30min 时型钢混凝土与残余粘结强度相对应的滑移。图 1-24 为最高温度为 400℃时，n_t 的试验结果及拟合曲线图，通过对试验结果的统计分析，n_t 大致为：

$$n_t = 0.0027t + 0.9451 \quad (0\text{min} \leqslant t \leqslant 120\text{min}) \tag{1-26}$$

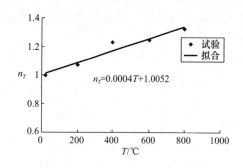

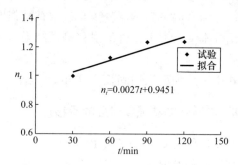

图 1-23　n_T 试验结果与拟合曲线　　　　图 1-24　n_t 试验结果与拟合曲线

确定了最高温度及持续时间对高温下型钢混凝土残余粘结强度相对应滑移的影响规律后，任意高温及最高温度持续时间下型钢混凝土与残余粘结强度相对应的滑移可用式（1-27）计算。

$$s_r(T,t) = n_T n_t s_r \tag{1-27}$$

式中，n_T 为最高温度对型钢混凝土残余粘结强度对应滑移的影响系数，用式（1-24）计算；n_t 为最高温度持续时间对型钢混凝土残余粘结强度对应滑移的影响系数，用式（1-26）计算；s_r 为常温下型钢混凝土与极限粘结强度相对应的滑移。s_r 主要与型钢的锚固长度有关，结合常温下试件的滑移测试结果，用式（1-28）计算。

$$s_r = 11.1 \times 10^{-3} \cdot l_e \tag{1-28}$$

式中，l_e 为型钢锚固长度（mm）。

1.3.9　计算结果与试验结果对比

利用式（1-6）～式（1-28）对本次高温下所有试件的粘结强度及对应滑移进行了计算，计算结果与试验结果的对比如表 1-11 所示。从表中可以看出，除个别试件外，公式计算结果与试验结果总体相符。

计算结果与试验结果比较　　　　　　　　　　　　　　表 1-11

试件编号	$\tau_u(T,t)$/MPa		$\tau_r(T,t)$/MPa		$s_u(T,t)$/mm		$s_r(T,t)$/mm	
	试验值	计算值	试验值	计算值	试验值	计算值	试验值	计算值
1	1.1244	0.9916	0.9418	0.9857	2.6800	2.6102	7.1325	7.5305
2	0.4424	0.4848	0.3510	0.5470	2.6725	2.6200	8.1900	8.0551
3	0.3567	0.2347	0.1284	0.2372	2.7000	2.6297	8.3000	8.5797
4	0.0856	0.1127	0.0514	0.0174	1.9300	2.6394	8.8000	9.1043
5	0.3938	0.3556	0.2854	0.4048	3.5825	2.3945	9.2300	8.6910

试件编号	$\tau_u(T, t)$/MPa		$\tau_r(T, t)$/MPa		$s_u(T, t)$/mm		$s_r(T, t)$/mm	
	试验值	计算值	试验值	计算值	试验值	计算值	试验值	计算值
6	0.1798	0.2420	0.1655	0.2802	1.9738	2.1690	10.1087	9.3269
7	0.1484	0.1284	0.1141	0.1556	2.0650	1.9436	10.1283	9.9627
8	0.4081	0.4629	0.2568	0.5179	2.1613	2.6200	12.4413	8.0551
9	0.6078	0.4925	0.3425	0.5557	3.5700	2.6200	10.2813	8.0551
10	—	0.0815	—	0.0126	—	2.4123	—	9.8230
11	0.0611	0.0868	0.0422	0.0135	2.0500	2.4123	7.8475	9.8230
12	0.3639	0.5158	0.3382	0.5679	1.4075	2.6200	6.7050	8.0551
13	0.2440	0.4907	0.2033	0.5679	2.9313	2.6200	10.7338	8.0551
14	0.1427	0.0879	0.0885	0.0137	2.0388	2.4123	8.0688	9.8230
15	0.0428	0.0598	0.0160	0.0095	0.8033	2.1851	4.5588	10.5417
16	0.0656	0.1440	0.0511	0.0221	1.1025	2.8666	7.9133	8.3856
17	0.1541	0.0909	0.0839	0.0138	0.9975	2.4123	6.5350	9.8230
18	0.04067	0.0864	0.0227	0.0138	2.0100	2.4123	8.3913	9.8230

1.4 高温后的粘结滑移性能试验

1.4.1 试验参数

本次试验一共设计了 21 个型钢混凝土短柱试件，对其中 18 个试件先进行升温试验，待其自然冷却后，进行高温后的推出试验；剩下 3 个试件进行常温下的对比试验。试验参数包括型钢锚固长度、型钢外围混凝土保护层厚度、升温时曾经经历的最高温度、最高温度的持续时间等，试件参数设计如表 1-12 所示。

试件参数设计 表 1-12

试件编号	混凝土强度/MPa	锚固长度/mm	保护层厚度/mm	最高温度/℃	最高温度持续时间/min
SRC-1	50.2	600	100	200	30
SRC-2	50.2	600	100	400	30
SRC 3	50.2	600	100	600	30
SRC-4	50.2	600	100	800	30
SRC-5	47.8	600	100	400	60
SRC 6	47.8	600	100	400	90
SRC-7	47.8	600	100	400	120
SRC-8	51.4	600	75	400	30
SRC-9	51.4	600	125	400	30
SRC-10	51.4	600	75	800	60
SRC-11	51.4	600	125	800	60
SRC-12	53.1	400	100	400	30
SRC-13	53.1	800	100	400	30
SRC-14	52.4	600	100	800	60

续表

试件编号	混凝土强度/MPa	锚固长度/mm	保护层厚度/mm	最高温度/℃	最高温度持续时间/min
SRC-15	52.4	600	100	800	90
SRC-16	52.4	600	100	800	0
SRC-17	53.1	400	100	800	60
SRC-18	53.1	800	100	800	60
SRC-19	47.4	600	75	室温	—
SRC-20	47.8	600	100	室温	—
SRC-21	47.4	600	125	室温	—

1.4.2 试件形状与材料属性

试件的截面尺寸有三种，分别为 350mm×350mm、300mm×300mm、250mm×250mm，核心区均布置 Q235 热轧 H 型钢，型钢规格为 HW100×100×6×8，与三种截面尺寸对应的型钢外围混凝土保护层厚度分别为 125mm，100mm，75mm。试件四角配有 4 根直径为 12mm 的纵向受力钢筋，钢筋外围混凝土保护层厚度为 30mm；所有试件的截面配箍率均为 0.38%，对应三种不同截面尺寸分别采用 $\phi6@100$、$\phi6@150$、$\phi6@160$。试件形状、截面尺寸及配钢情况如图 1-25 所示。

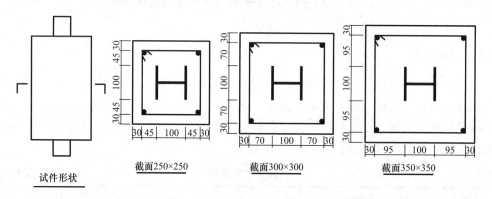

图 1-25　试件的形状和截面配钢情况

试件制作所用混凝土在实验室现场配置，强制搅拌机搅拌而成。在浇筑混凝土制作试件的同时，浇筑边长为 150mm 的混凝土立方体试块，与试件在同等条件下进行养护，测定其常温下的抗压强度。根据《普通混凝土力学性能试验方法标准》GB/T 50081—2002 测得各个试件常温下混凝土抗压强度见表 1-12。按《金属材料　拉伸试验　第 1 部分：室温试验方法》GB/T 228.1—2010 进行拉伸试验，测得常温下型钢、纵向受力钢筋、箍筋的材料强度见表 1-13。

材料属性试验结果　　　　　　　　　　　　　　表 1-13

钢材种类		屈服强度（N/mm²）	抗拉强度（N/mm²）
型钢	翼缘	237.93	368.53
	腹板	242.80	323.73
纵向受力钢筋		340.55	476.46
箍筋		359.60	519.90

1.4.3 升温过程

试件的升温在电加热升温炉内进行，升温过程如下：①用石棉将试件端部裸露型钢包覆，做好端部型钢的隔热处理；②打开炉门，将试件置于炉膛中央；③设定升温炉在升温过程中所要达到的最高温度及升温功率，就绪后通电使试件升温；④当温度达到设计最高温度且最高温度的持续时间达到预定值后，断开电源，打开炉门，使试件自然冷却。由升温炉自带的热电偶测得的 200℃、400℃、600℃、800℃炉膛的典型升温曲线如图 1-26 所示。

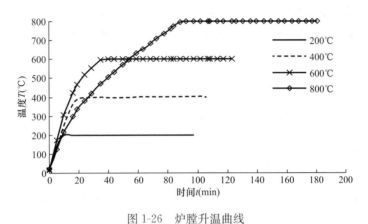

图 1-26 炉膛升温曲线

1.4.4 加载与测试方案

试件在升温炉内自行冷却后，转移至 500t 压力试验机上，进行推出试验，试验装置及其示意图如图 1-27 所示，试件下部突出型钢与试验机底板接触，上部型钢自由。加载时，试验机底板向上抬升产生推力，使下部型钢（加载端型钢）受力，而后通过型钢和混凝土之间的粘结作用将推力逐渐转移给混凝土。

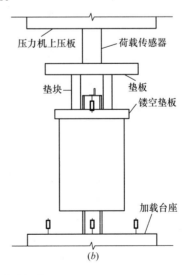

(*a*)   (*b*)

图 1-27 试验加载
(*a*) 装置实图；(*b*) 示意图

在试验正式加载前，先进行预加载，以检查仪器仪表的正常运行情况。正常加载时，根据试验机仪表盘显示的荷载值控制加载速度，通过荷载传感器测定纵向推力大小，同时通过位移计测定加载端和自由端型钢与混凝土之间的相对滑移。

1.4.5　试验结果与分析

（1）试验现象

升温冷却后，试件表面发生了显著变化，其中升温最高温度为 200℃和 400℃的试件，冷却后其表面混凝土呈暗灰色，升温最高温度为 600℃和 800℃的试件，其表面混凝土呈白色，局部有细小的网状裂缝。由于试件的型钢保护层厚度较大，且经历高温影响后型钢与混凝土之间的粘结强度减小，在加载过程中，随着荷载的不断加大，型钢从锚固段混凝土中缓缓推出而混凝土表面未见明显粘结裂缝。

（2）荷载-滑移曲线

图 1-28 为试验获得的部分试件荷载-滑移关系曲线。从图中可以看出，高温后试件的荷载-滑移曲线与高温及常温下大致相似，整个曲线可分为三段：①上升段。从开始加载到荷载接近峰值以前，随着荷载的增大，端部滑移逐渐增加，二者大致呈线性关系；②下降段。荷载达到峰值后开始降低，荷载滑移关系曲线大致为双曲线；③残余段。荷载降低到一定值后，不再下降或下降幅度明显减缓，但滑移仍不断增加，荷载-滑移曲线出现一明显水平段。加载端与自由端的荷载-滑移曲线形状大致相似，但自由端滑移稍显滞后。

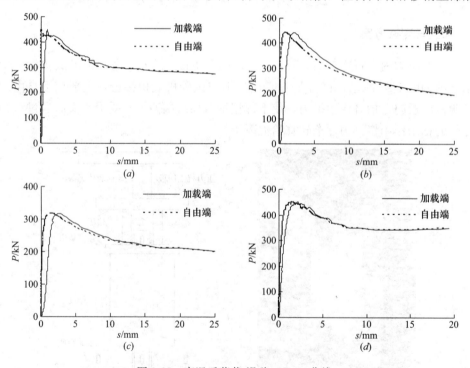

图 1-28　高温后荷载-滑移（P-s）曲线

（a）SRC-1；（b）SRC-5；（c）SRC-9；（d）SRC-13

（3）参数分析

图 1-29 给出了试验参数对试件荷载滑移曲线的影响。从图 1-29（a）中可以看到，在

型钢锚固长度、混凝土保护层厚度、曾经经历最高温度的持续时间相同的情况下，试件的荷载滑移曲线形状大体相似，但承载力随着最高温度的升高而不断降低。图 1-29（b）表明，当型钢锚固长度、混凝土保护层厚度、曾经经历的最高温度相同时，除 SRC-5 外，试件的承载力总体上随着最高温度持续时间的增加而降低。试件 SRC-5 最高温度持续时间为 60min，其承载力却比最高温度持续时间为 30min 试件 SRC-2 的承载力高，原因在于升温试验时，SRC-5 的升温功率设置比其他试件略高，因而从常温到最高温度用时较短，升温总时间偏小从而导致了试验误差。图 1-29（c）显示，当型钢锚固长度、曾经经历的最高温度、最高温度的持续时间相同时，试件的承载力随着型钢外围混凝土保护层厚度的加大而增大。

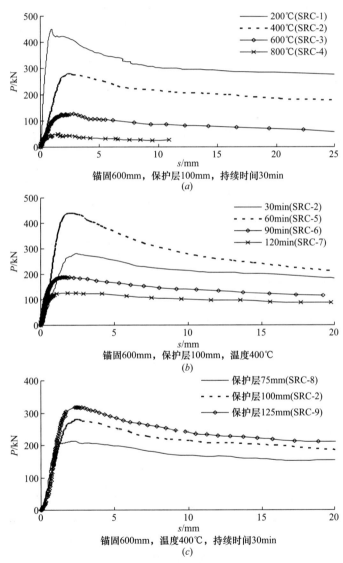

图 1-29　试验参数对高温后荷载滑移曲线（P-s 曲线）的影响

（a）曾经经历的最高温度对荷载与加载端滑移曲线的影响；

（b）最高温度持续时间对荷载与加载端滑移曲线的影响；

（c）混凝土保护层厚度对荷载与加载端滑移曲线的影响

1.5　高温后的粘结滑移本构关系

1.5.1　高温后的 τ-s 曲线

在试件经历高温后的推出试验中，与高温下试件一样，可以根据式（1-1）换算得到型钢与混凝土粘结面上的平均粘结应力，由此得到高温后各试件型钢与混凝土之间的平均粘结应力-端部滑移曲线即 τ-s 曲线如图 1-30 所示。

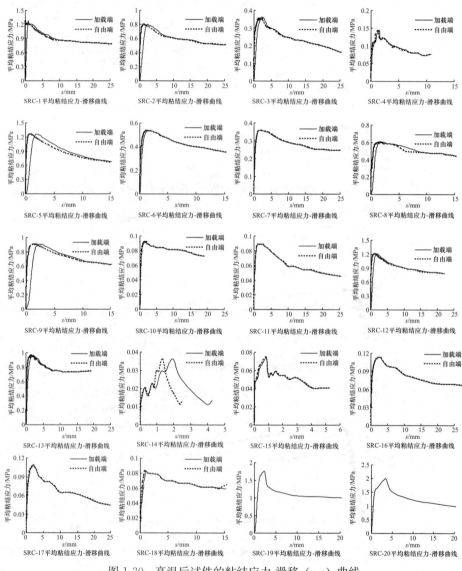

图 1-30　高温后试件的粘结应力-滑移（τ-s）曲线

1.5.2　高温后 τ-s 本构模型

从图 1-14 和图 1-30 可以看出，高温后与高温下试件的 τ-s 曲线大致相似，分为上升段、下降段、残余段，因此可用如图 1-31 所示的模型来描述。

图 1-31 中，A、B、C 为高温后粘结应力-滑移本构模型中的特征点，A 点对应粘结应力-滑移曲线上的峰值点，相应的粘结应力称之为极限粘结强度，用 τ_u 表示，与 τ_u 对应的滑移用 s_u 表示；B 点对应粘结应力-滑移曲线下降平缓段的起始点，相应的粘结应力称之为残余粘结强度，用 τ_r 表示，与 τ_r 对应的滑移用 s_r 表示。特征粘结强度 τ_u、τ_r 及特征滑移 s_u、s_r 可由试验或通过计算确定，确定上述特征点坐标后，分段定义 τ-s 本构模型的曲线方程。

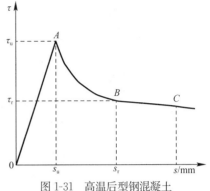

图 1-31　高温后型钢混凝土
粘结滑移本构模型

（1）OA 段：粘结应力与滑移呈线性关系增长，数学表达式为：

$$\tau = k \cdot s \quad (0 < s \leqslant s_u) \tag{1-29}$$

其中，$k = \dfrac{\tau_u}{s_u}$，τ_u 和 s_u 由试验或计算确定。

（2）AB 段：根据对试验曲线的观察和分析，AB 段粘结应力与滑移的关系可以采用双曲线描述，数学表达式为：

$$\tau = \frac{s}{as - b} \quad (s_u \leqslant s \leqslant s_r) \tag{1-30}$$

其中，$a = \dfrac{s_u \tau_r - s_r \tau_u}{\tau_r \tau_u (s_u - s_r)}$，$b = \dfrac{s_u s_r (\tau_u - \tau_r)}{\tau_r \tau_u (s_r - s_u)}$，$\tau_u$、$\tau_r$ 及 s_u、s_r 由计算或试验确定。

（3）BC 段：粘结应力与滑移关系用一水平直线段描述：

$$\tau = \tau_r \quad (s \geqslant s_r) \tag{1-31}$$

其中，τ_r 和 s_r 由试验或计算确定。

1.5.3　τ-s 本构模型的验证

图 1-32 为高温后部分试件的荷载-加载端滑移本构模型与试验曲线的对比。其中，模型曲线中的特征粘结应力 τ_u、s_u 及相对应的滑移值 s_u、s_r 根据图 1-30 中实测的粘结应力-滑移曲线确定，τ_u、s_u 取曲线峰值点坐标值，τ_r、s_r 取粘结应力-滑移曲线下降平缓段的起始点坐标值。从图 1-32 中可以看出，模型曲线与试验曲线总体相符，分段式的本构模型能较好地反映出高温后型钢混凝土的粘结应力-滑移关系曲线特征。

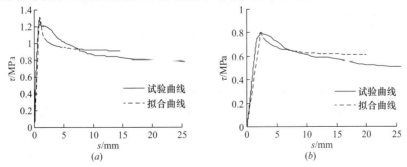

图 1-32　本构模型与试验曲线对比（一）

（a）SRC-1；（b）SRC-2

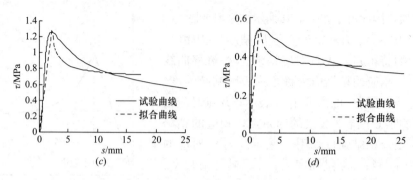

图 1-32 本构模型与试验曲线对比（二）

(c) SRC-5；(d) SRC-6

1.5.4 特征粘结强度与特征滑移值计算

根据试验测得的粘结应力 τ_u、s_u 及相对应的滑移值 s_u、s_r，由式（1-29）、式（1-30）、式（1-31）可以得到本节所有高温后试件的粘结滑移本构关系，但这样得到的本构关系尚并具有普适性。要提高高温后型钢混凝土粘结应力与滑移本构关系的适用性，还需在试验结果基础上，通过理论计算确定特征粘结强度与相应的滑移值。

1.5.5 高温后极限粘结强度计算

经历高温影响后，型钢与混凝土之间的粘结强度与升温时曾经经历的最高温度以及最高温度的持续时间密切相关。表 1-14 和表 1-15 分别反映曾经经历的最高温度 T 以及最高温度持续时间 t 对试件极限粘结强度的影响。

曾经经历最高温度 T 对高温后极限粘结强度 τ_u 的影响 表 1-14

试件编号	锚固长度 l/mm	保护层厚度/mm	最高温度 T/℃	最高温度持续时间 t/min	极限粘结强度 τ_u/MPa
SRC-20	600	100	室温	—	1.9927
SRC-1	600	100	200	30	1.2843
SRC-2	600	100	400	30	0.8031
SRC-3	600	100	600	30	0.3598
SRC-4	600	100	800	30	0.1427

最高温度持续时间 t 对高温后极限粘结强度 τ_u 的影响 表 1-15

试件编号	锚固长度 l/mm	保护层厚度/mm	最高温度 T/℃	最高温度持续时间 t/min	极限粘结强度 τ_u/MPa
SRC-2	600	100	400	30	0.8031
SRC-6	600	100	400	90	0.5380
SRC-7	600	100	400	120	0.3576

表 1-14 中的数据显示，在其他条件相同的情况下，曾经经历的最高温度达到 200℃、400℃、600℃、800℃时，试件的极限粘结强度分别下降到常温下极限粘结强度的 64.5%、40.3%、18.1%、7.2%。表 1-15 中的数据显示，当曾经经历的最高温度相同时，最高温度持续时间为 90min、120min 试件的极限粘结强度分别只有持续时间为 30min 试件极限粘结强度的 67.0%、44.5%。

定义高温后曾经经历的最高温度对型钢混凝土极限粘结强度的影响系数为：

$$k_T = \frac{\tau_u(T)}{\tau_u} \tag{1-32}$$

式中，$\tau_u(T)$ 和 τ_u 分别为高温后曾经经历的最高温度为 T 时的极限粘结强度以及常温下的极限粘结强度。图 1-33 为曾经经历的最高温度持续时间为 30min 时，k_T 的试验结果及拟合曲线图，通过对试验结果的统计分析得：

$$k_T = 1.05e^{-0.0031T} \quad (20℃ \leqslant T \leqslant 800℃) \tag{1-33}$$

定义高温后曾经经历最高温度的持续时间对型钢混凝土极限粘结强度的影响系数为：

$$k_t = \frac{\tau_u(T,t)}{\tau_u(T,30)} \tag{1-34}$$

式中，$\tau_u(T,t)$ 和 $\tau_u(T,30)$ 分别为高温后曾经经历最高温度为 T、持续时间为 t 时型钢混凝土的极限粘结强度以及曾经经历最高温度为 T、持续时间为 30min 时型钢混凝土的极限粘结强度。图 1-34 为最高温度为 400℃ 时，k_t 的试验结果及拟合曲线图，通过对试验结果的统计分析：

$$k_t = -0.0061t + 1.1906 \quad (30min \leqslant t \leqslant 120min；当 t < 30min 时，取 t = 30min) \tag{1-35}$$

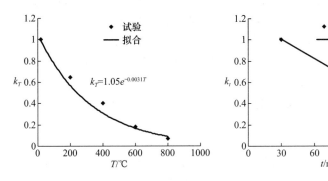

图 1-33 k_T 试验结果与拟合曲线　　　　图 1-34 k_t 试验结果与拟合曲线

确定了曾经经历的最高温度及持续时间对高温后型钢混凝土极限粘结强度的影响规律后，任意曾经经历过的最高温度及最高温度持续时间下型钢混凝土极限粘结强度可用式（1-36）计算：

$$\tau_u(T,t) = k_T k_t \tau_u \tag{1-36}$$

式中，k_T 为高温后曾经经历最高温度对型钢混凝土极限粘结强度的影响系数，用式（1-33）计算；k_t 为曾经经历最高温度的持续时间对型钢混凝土极限粘结强度的影响系数，用式（1-35）计算；τ_u 为常温下型钢混凝土的极限粘结强度，用式（1-37）计算[10]：

$$\tau_u = \left(0.2921 + 0.4593\frac{C_{ss}}{d} - 0.0078\frac{l_e}{d}\right)f_t \tag{1-37}$$

式中，C_{ss} 为型钢混凝土保护层厚度（mm），当 C_{ss} 大于临界保护层厚度 $0.832b_f$ 时，取 $C_{ss} = 0.832b_f$，b_f 为型钢翼缘宽度；d 为型钢截面高度（mm）；l_e 为型钢锚固长度（mm），f_t 为混凝土抗拉强度（MPa）。

1.5.6 高温后残余粘结强度计算

与极限粘结强度一样，经历高温作用后，型钢与混凝土之间的残余粘结强度也与曾经经历的最高温度及最高温度的持续时间密切相关。表 1-16 和表 1-17 分别反映曾经经历的最高温度 T 以及最高温度持续时间 t 对试件残余粘结强度的影响。

曾经经历最高温度 T 对残余粘结强度 τ_r 的影响 　　　　　　表 1-16

试件编号	锚固长度 l/mm	保护层厚度/mm	最高温度 T/℃	最高温度持续时间 t/min	残余粘结强度 τ_r/MPa
SRC-20	600	100	室温	—	1.3066
SRC-1	600	100	200	30	0.9301
SRC-2	600	100	400	30	0.6472
SRC-3	600	100	600	30	0.2907
SRC-4	600	100	800	30	0.0928

曾经经历最高温度的持续时间 t 对残余粘结强度 τ_r 的影响 　　　表 1-17

试件编号	锚固长度 l/mm	保护层厚度/mm	最高温度 T/℃	最高温度持续时间 t/min	残余粘结强度 τ_r/MPa
SRC-2	600	100	400	30	0.6472
SRC-6	600	100	400	90	0.3531
SRC-7	600	100	400	120	0.2529

表 1-16 中的数据显示，在其他条件相同的情况下，曾经经历的最高温度达到 200℃、400℃、600℃、800℃时，试件的残余粘结强度分别下降到常温下残余粘结强度的 71.2%、49.5%22.2%、7.1%。表 1-17 中的数据显示，当曾经经历的最高温度相同时，最高温度持续时间为 90min、120min 试件的残余粘结强度分别只有持续时间为 30min 试件残余粘结强度的 54.5%、39.1%。

定义高温后曾经经历的最高温度对型钢混凝土残余粘结强度的影响系数为：

$$l_T = \frac{\tau_r(T)}{\tau_r} \tag{1-38}$$

式中，$\tau_r(T)$ 和 τ_r 分别为曾经经历最高温度为 T 时的残余粘结强度以及常温下的残余粘结强度。图 1-35 为曾经经历最高温度的持续时间为 30min 时，l_T 的试验结果及拟合曲线图，通过对试验结果的统计分析：

$$l_T = 1.05e^{-0.0029T} \quad (20℃ \leqslant T \leqslant 800℃) \tag{1-39}$$

定义高温后曾经经历最高温度的持续时间对型钢混凝土残余粘结强度的影响系数为：

$$l_t = \frac{\tau_r(T,t)}{\tau_r(T,30)} \tag{1-40}$$

式中，$\tau_r(T, t)$ 和 $\tau_r(T, 30)$ 分别为曾经经历的最高温度为 T、持续时间为 t 时型钢混凝土的残余粘结强度以及曾经经历的最高温度为 T、持续时间为 30min 时型钢混凝土的残余粘结强度。图 1-36 为曾经经历的最高温度为 400℃时，l_t 的试验结果及拟合曲线图，通过对试验结果的统计分析：

$$l_t = -0.0069t + 1.1962 \quad (30min \leqslant t \leqslant 120min；当 t < 30min 时，取 t = 30min) \tag{1-41}$$

确定了曾经经历最高温度及其持续时间对高温后型钢混凝土残余粘结强度的影响规律后，任意曾经经历过的最高温度及最高温度持续时间下型钢混凝土残余粘结强度可用式（1-42）计算：

$$\tau_r(T,t) = l_T l_t \tau_r \tag{1-42}$$

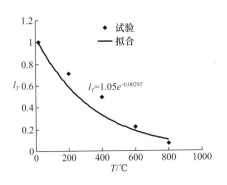

图 1-35 l_T 试验结果与拟合曲线

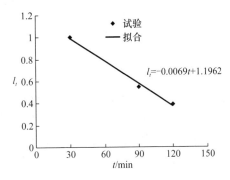

图 1-36 l_t 试验结果与拟合曲线

式中，l_T 为曾经经历过的最高温度对型钢混凝土残余粘结强度的影响系数，用式（1.39）计算；l_t 为曾经经历最高温度的持续时间对型钢混凝土残余粘结强度的影响系数，用式（1.41）计算；τ_r 为常温下型钢混凝土的残余粘结强度，用式（1-43）计算[10]：

$$\tau_r = \left(-0.0117 + 0.3675 \frac{C_{ss}}{d} - 0.0078\rho_{sv} \right) f_t \tag{1-43}$$

式中，C_{ss} 为型钢混凝土保护层厚度（mm），当 C_{ss} 大于临界保护层厚度 $0.832b_f$ 时，取 $C_{ss}=0.832b_f$，b_f 为型钢翼缘宽度；d 为型钢截面高度（mm）；ρ_{sv} 为横向配箍率（%），f_t 为混凝土抗拉强度（MPa）。

1.5.7 与极限粘结强度相对应的滑移计算

表 1-18 和表 1-19 分别给出了试验中与极限粘结强度相对应的滑移 s_u 随曾经经历的最高温度 T 以及最高温度持续时间 t 的变化情况。

曾经经历的最高温度 T 对 s_u 的影响   表 1-18

试件编号	锚固长度 l/mm	保护层厚度/mm	最高温度 T/℃	最高温度持续时间 t/min	滑移 s_u/mm
SRC-20	600	100	室温	—	2.9331
SRC-1	600	100	200	30	0.9675
SRC-2	600	100	400	30	2.3662
SRC-3	600	100	600	30	2.8125
SRC-4	600	100	800	30	1.4712

曾经经历最高温度的持续时间 t 对 s_u 的影响   表 1-19

试件编号	锚固长度 l/mm	保护层厚度/mm	最高温度 T/℃	最高温度持续时间 t/min	滑移 s_u/mm
SRC-2	600	100	400	30	2.3662
SRC-6	600	100	400	90	1.5475
SRC-7	600	100	400	120	1.5275

表 1-18 中的数据显示，在其他条件相同的情况下，与极限粘结强度相对应的滑移随曾经经历最高温度变化的趋势不太明显，需进一步加大试验样本数加以确定。表 1-19 中的数据则显示，当曾经经历的最高温度相同时，随着最高温度持续时间的增加，与极限粘结强度相对应的滑移总体呈减小趋势。

定义高温后曾经经历的最高温度对型钢混凝土极限粘结强度相对应滑移的影响系数为：

$$m_T = \frac{s_u(T)}{s_u} \qquad (1\text{-}44)$$

式中，$s_u(T)$ 和 s_u 分别为曾经经历最高温度为 T 时与极限粘结强度对应的滑移以及常温下与极限粘结强度对应的滑移。图 1-37 为曾经最高温度持续时间为 30min 时，m_T 的试验结果以及拟合曲线图。如前所述，在其他条件相同的情况下，高温后与极限粘结强度相对应的滑移随曾经经历最高温度变化的趋势并不明显，但是与常温下的试件相比，与极限粘结强度相对应的滑移均有不同程度减小，初步将其回归为：

$$m_T = -0.0005T + 1.01 \quad (20℃ \leqslant T \leqslant 800℃) \qquad (1\text{-}45)$$

定义高温后曾经经历最高温度的持续时间对型钢混凝土极限粘结强度相对应滑移的影响系数为：

$$m_t = \frac{s_u(T,t)}{s_u(T,30)} \qquad (1\text{-}46)$$

式中，$s_u(T, t)$ 和 $s_u(T, 30)$ 分别为曾经经历最高温度为 T、最高温度持续时间为 t 时型钢混凝土与极限粘结强度相对应的滑移以及曾经经历最高温度为 T、持续时间为 30min 时型钢混凝土与极限粘结强度相对应的滑移。图 1-38 为最高温度为 400℃时，m_t 的试验结果及拟合曲线图，通过对试验结果的统计分析，m_t 大致为：

$$m_t = -0.0042t + 1.1025 \quad (30min \leqslant t \leqslant 120min；当 t < 30min 时，取 t = 30min)$$
$$(1\text{-}47)$$

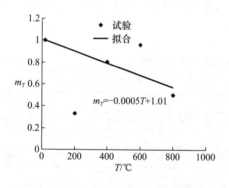

图 1-37　m_T 试验结果与拟合曲线　　　　图 1-38　m_t 试验结果与拟合曲线

确定了高温后曾经经历的最高温度及其持续时间对型钢混凝土极限粘结强度相对应滑移的影响规律后，任意曾经经历过的最高温度及最高温度持续时间下型钢混凝土与极限粘结强度相对应滑移可用式（1-48）计算：

$$s_u(T,t) = m_T m_t s_u \qquad (1\text{-}48)$$

式中，m_T 为曾经经历的最高温度对型钢混凝土极限粘结强度对应滑移的影响系数，用式（1-45）计算；m_t 为曾经经历最高温度的持续时间对型钢混凝土极限粘结强度对应滑移的影响系数，用式（1.47）计算；s_u 为常温下型钢混凝土与极限粘结强度相对应的滑移。根据文献，s_u 主要与型钢的锚固长度有关，结合本文常温下试件的滑移测试结果，用式（1-49）计算：

$$s_u = 4.8885 \times 10^{-3} \cdot l_e \tag{1-49}$$

式中，l_e 为型钢锚固长度（mm）。

1.5.8　与残余粘结强度对应的滑移计算

表 1-20 和表 1-21 分别给出了试验中与残余粘结强度相对应的滑移 s_r 随曾经经历的最高温度 T 以及最高温度持续时间 t 的变化情况。

曾经经历的最高温度 T 对 s_r 的影响　　表 1-20

试件编号	锚固长度 l/mm	保护层厚度/mm	最高温度 T/℃	最高温度持续时间 t/min	滑移 s_r/mm
SRC-20	600	100	室温	—	6.6625
SRC-1	600	100	200	30	7.6638
SRC-2	600	100	400	30	7.2483
SRC-3	600	100	600	30	6.1488
SRC-4	600	100	800	30	7.0000

曾经经历最高温度的持续时间 t 对 s_r 的影响　　表 1-21

试件编号	锚固长度 l/mm	保护层厚度/mm	最高温度 T/℃	最高温度持续时间 t/min	滑移 s_r/mm
SRC-2	600	100	400	30	7.2483
SRC-6	600	100	400	90	15.5038
SRC-7	600	100	400	120	17.6450

定义高温后曾经经历的最高温度对型钢混凝土残余粘结强度项对应滑移的影响系数为：

$$n_T = \frac{s_r(T)}{s_r} \tag{1-50}$$

式中，$s_r(T)$ 和 s_r 分别为曾经经历的最高温度为 T 时与残余粘结强度对应的滑移以及常温下与残余粘结强度对应的滑移。图 1-39 为最高温度持续时间为 30min 时，n_T 的试验结果及拟合曲线图，通过对试验结果的统计分析，n_T 大致为：

$$n_T = 0.00005T + 0.9990 \quad (20℃ \leqslant T \leqslant 800℃) \tag{1-51}$$

定义高温后曾经经历最高温度的持续时间对型钢混凝土残余粘结强度对应滑移的影响系数为：

$$n_t = \frac{s_r(T, t)}{s_r(T, 30)} \tag{1-52}$$

式中，$s_r(T, t)$ 和 $s_r(T, 30)$ 分别为曾经经历的最高温度为 T、持续时间为 t 时型钢混凝土与残余粘结强度相对应的滑移以及曾经经历的最高温度为 T、持续时间为 30min 时型钢混凝土与残余粘结强度相对应的滑移。图 1-40 为曾经经历最高温度为 400℃ 时 n_t 的试验结果及拟合曲线图，通过对试验结果的统计分析，n_t 大致为：

$$n_t = 0.0164t + 0.5080 \quad (30min \leqslant t \leqslant 120min；当 t < 30min 时，取 t = 30min) \tag{1-53}$$

确定了曾经经历的最高温度及最高温度持续时间对高温后型钢混凝土残余粘结强度相对应滑移的影响规律后，任意曾经经历温度及最高温度持续时间下型钢混凝土与残余粘结强度相对应的滑移可用式（1-54）计算：

$$s_r(T, t) = n_T n_t s_r \tag{1-54}$$

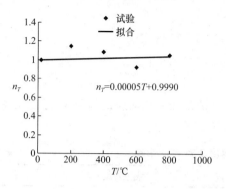

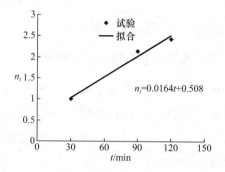

图 1-39 n_T 试验结果与拟合曲线 　　　　　图 1-40 n_t 试验结果与拟合曲线

式中，n_T 为曾经经历最高温度对高温后型钢混凝土残余粘结强度对应滑移的影响系数，用式（1-51）计算；n_t 为曾经经历最高温度的持续时间对高温后型钢混凝土残余粘结强度对应滑移的影响系数，用式（1-53）计算；s_r 为常温下型钢混凝土与极限粘结强度相对应的滑移。根据文献，s_r 主要与型钢的锚固长度有关，结合本文常温下试件的滑移测试结果，用式（1-55）计算：

$$s_r = 11.1 \times 10^{-3} \cdot l_e \tag{1-55}$$

式中，l_e 为型钢锚固长度（mm）。

1.5.9　计算结果与试验结果对比

利用式（1-32）~式（1-55）对本次高温后所有试件的粘结强度及对应滑移进行了计算，计算结果与试验结果的对比如表 1-22 所示。从表中可以看出，除个别试件外，公式计算结果与试验结果总体相符。

计算结果与试验结果比较　　　　　　　　　　　表 1-22

试件编号	$\tau_u(T, t)$/MPa		$\tau_r(T, t)$/MPa		$s_u(T, t)$/mm		$s_r(T, t)$/mm	
	试验值	计算值	试验值	计算值	试验值	计算值	试验值	计算值
1	1.284	1.094	0.930	0.912	0.967	2.606	7.663	6.719
2	0.803	0.508	0.647	0.510	2.366	2.319	7.248	6.786
3	0.359	0.236	0.290	0.285	2.812	2.033	6.148	6.853
4	0.142	0.108	0.092	0.160	1.471	1.747	7.000	6.919
5	1.257	0.403	0.749	0.390	2.045	2.020	11.637	10.125
6	0.538	0.301	0.353	0.287	1.547	1.721	15.503	13.464
7	0.357	0.224	0.252	0.183	1.527	1.421	17.645	16.803
8	0.604	0.486	0.457	0.483	2.135	2.319	13.765	6.786
9	0.905	0.517	0.665	0.518	2.380	2.319	11.236	6.786
10	0.092	0.085	0.081	0.119	1.317	1.521	10.998	10.324
11	0.088	0.090	0.058	0.128	1.048	1.521	9.872	10.324
12	1.211	0.541	0.880	0.530	1.772	1.546	11.672	4.524
13	0.959	0.515	0.736	0.530	2.175	3.093	10.906	9.048
14	0.036	0.091	0.024	0.130	1.961	1.521	—	10.324
15	0.074	0.071	0.040	0.095	0.833	1.296	—	13.728
16	0.113	0.132	0.079	0.199	1.988	1.972	12.691	6.919

续表

试件编号	$\tau_u(T, t)$/MPa		$\tau_r(T, t)$/MPa		$s_u(T, t)$/mm		$s_r(T, t)$/mm	
	试验值	计算值	试验值	计算值	试验值	计算值	试验值	计算值
17	0.108	0.094	0.064	0.131	1.922	1.014	12.521	6.882
18	0.083	0.090	0.061	0.131	1.276	2.028	10.856	13.765

1.6 高温后反复荷载下粘结滑移性能试验

1.6.1 试件设计

高温后反复荷载下粘结滑移性能试验的试件设计和升温过程与 1.3 节中高温后单调加载试验一致，试件截面尺寸与配钢情况见图 1-25，钢材力学性能见表 1-13。本次试验包含 11 个试件，主要参数包括升温时曾经经历的最高温度 T_{max}、最高温度保持时间 t 及型钢外围混凝土保护层厚度 C_{us}，各个试件的具体参数见表 1-23。

试件参数设计   表 1-23

试件编号	t/min	T_{max}/℃	C_{us}/mm	f_{cu}/MPa	加载方式
SRC-01	30	400	100	47.8	反复
SRC-02	60	400	100	47.8	反复
SRC-03	120	400	100	47.8	反复
SRC-04	30	600	100	50.2	反复
SRC-05	120	600	100	50.2	反复
SRC-06	30	600	125	50.2	反复
SRC-07	30	600	75	50.2	反复
SRC-08	30	800	100	50.2	反复
SRC-09	30	400	100	50.2	单调
SRC-10	60	400	100	50.2	单调
SRC-11	30	600	100	47.8	单调

1.6.2 加载与试验过程

升温结束后，对试件进行加载试验，单调加载在 500t 试验机上进行，加载装置与和过程与 1.3 节中相同。反复加载通过两个 50t 液压千斤顶进行，见图 1-41。

试验时，先通过钢板和螺杆将试件固定在台座上，钢板及台座中间设有方孔，可使试件两端的型钢通过。加载时，先由上部千斤顶加载至预定荷载，而后卸载，使千斤顶脱离试件一定距离；然后下部千斤顶加载，依次循环，实现反复加载要求。千斤顶加载程序按荷载控制，分级进行，分级荷载按预估最大荷载的 40%，60%，70%，80% 递进（预估最大荷载为相同参数条件下试件单调加载时的极限承载力），每一级荷载循环两次，直到试件破坏。加载程序如图 1-42 所示。

试验时，在试件端部混凝土两相对面上各布置一个位移计，位移计的磁支座吸于柱端混凝土表面，指针顶向从柱端型钢伸出来的 T 型钢上（如图 1-41 所示）。由于 T 型钢与型钢通过垫板固定在一起，相对位置不变，这样两个位移计所测数据的平均值便为试件端部混凝土与型钢的相对滑移。

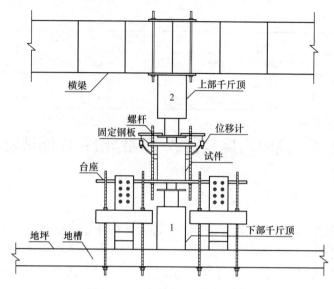

图 1-41　反复加载试验装置简图

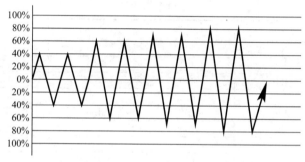

图 1-42　加载程序

从试验过程看，试件在加载初期滑移并不明显，当荷载超过极限荷载的 40% 后，滑移明显增大，直至型钢被缓慢推出。在推出过程中，试件表面完好，没有裂缝产生（如图 1-43 所示）。从试验结果看，高温后反复荷载下试件的破坏形态与高温后单调荷载下试件破坏形态无明显差异，且与常温单调荷载下试件的破坏形态大致相同。试验结束后，将试件型钢外侧混凝土砸开，发现型钢表面光滑，被砸掉的大块混凝土内表面有较多细微粘结裂缝。

(a)　　　　　　　　　　(b)

图 1-43　试件破坏形态
(a) 型钢被推出；(b) 柱身无裂缝

1.6.3 荷载-滑移滞回曲线

由试验得到的部分试件荷载-滑移滞回曲线如图 1-44 所示。从图中可以看出：

（1）滞回曲线相对加载原点并不对称，而是偏向各级荷载的首次加载方向。这是因为首次加载时沿加载方向产生的滑移，卸载时难以恢复，因此反向加载的滑移起点为前一级残余滑移点，反向加载需先克服正向加载产生的滑移，导致滞回曲线相对加载原点的不对称现象。

（2）在同一级荷载水平下，加载循环次数对滑移性能有明显的影响，第二次循环加载时的滑移值大于首次循环加载时的滑移值，表现出明显的粘结退化现象。

（3）在加载过程中，随着加载水平的提高，滑移量不断加大，荷载-滑移滞回曲线越来越饱满，且未出现明显"捏拢现象"，这与反复荷载下钢筋混凝土的荷载-滑移滞回曲线明显不同。这是因为两者的粘结机理不同，钢筋混凝土构件在反复荷载作用下由于钢筋横肋的存在，加载结束后肋后会存有空隙，反向加载时，滑移刚度很小，在荷载基本不变的情况下滑移迅速发展，形成了滞回曲线上的水平段，使荷载-滑移曲线出现"捏拢现象"。而型钢表面没有如钢筋横肋的构造，首次加载残留的滑移尽管会造成反向加载初期阶段滑移刚度的降低，但降低程度不如钢筋混凝土构件明显，荷载-滑移滞回曲线也就不会出现明显"捏拢现象"。

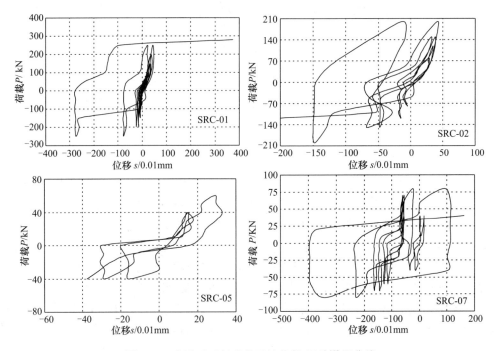

图 1-44 高温后反复荷载下的荷载-滑移滞回曲线

1.6.4 荷载-滑移骨架曲线

根据试件的荷载-滑移滞回曲线可得到其骨架曲线，部分试件骨架曲线如图 1-45 所示。

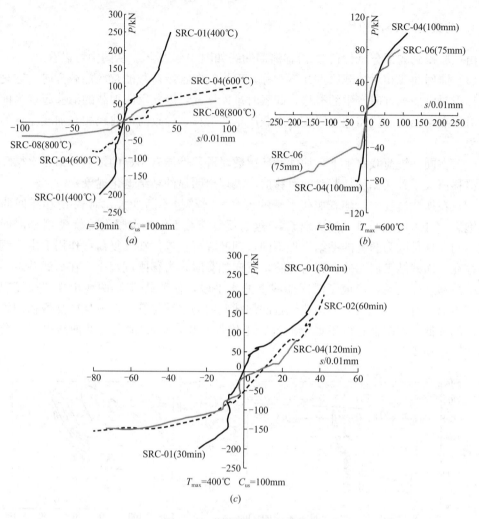

图 1-45　荷载-滑移骨架曲线

（a）升温最高温度对骨架曲线影响；（b）保护层厚度对骨架曲线影响；（c）最高温度保持时间对骨架曲线影响

从图 1-45（a）中可以看到，当保护层厚度相等，升温时曾经经历的最高温度持续时间相同时，曾经经历的最高温度越高，试件的极限荷载越小，荷载-滑移骨架曲线越平缓，表明随着升温时曾经经历最高温度的增加，试件滑移刚度降低，发生明显的粘结退化现象。从图 1-45（b）中可以看到，当升温时曾经经历最高温度及其持续时间一致时，保护层厚度越大的试件，极限荷载越高，荷载-滑移骨架曲线越陡峭，型钢外围混凝土保护层厚度对高温下型钢混凝土的粘结性能有重要影响。从图 1-45（c）中可以看到，当保护层厚度相等，升温时曾经经历的最高温度相同时，随着最高温度持续时间的提高，试件的极限荷载降低，荷载-滑移骨架曲线变得平缓。

1.6.5　极限承载力与粘结强度

推出试验时，试件破坏以型钢沿某一方向徐徐推出而告终，此时正向与反向加载时所达到的最大荷载往往并不相等，此处取正向或反向加载时所能达到的最大荷载作为试件的极限承载力，由此获得的试验结果见表 1-24。试件粘结强度与极限承载力的对应关系用

式 (1-56) 计算:

$$\tau = \frac{P_u}{L_e \cdot C} \tag{1-56}$$

式中，P_u 为试件极限承载力；L_e 为型钢锚固长度；C 为型钢截面周长。根据式 (1-56) 计算得到粘结强度见表 1-24。

高温后反复荷载下的极限承载力与粘结强度   表 1-24

试件编号	加载方式	t/min	$T_{max}/℃$	C_{us}/mm	极限承载力/kN	粘结强度/MPa
SRC-01	反复	30	400	100	260.0	0.741
SRC-02	反复	60	400	100	200.0	0.571
SRC-03	反复	120	400	100	180.0	0.513
SRC-04	反复	30	600	100	100.0	0.286
SRC-05	反复	120	600	100	60.0	0.171
SRC-06	反复	30	600	125	106.0	0.302
SRC-07	反复	30	600	75	80.0	0.228
SRC-08	反复	30	800	100	60.0	0.171
SRC-09	单调	30	400	100	281.4	0.803
SRC-10	单调	60	400	100	440.6	1.257
SRC-11	单调	30	600	100	126.1	0.360

从表 1-24 中可以看到，当型钢外围混凝土保护层相等，升温时曾经经历的最高温度相同时，随着最高温度持续时间的增加，试件的极限承载力与粘结强度不断降低。型钢外围混凝土保护层厚度为 100mm、升温时曾经经历最高温度为 400℃的 SRC-01、SRC-02、SRC-03 三个试件，当最高温度持续时间从 30min 增加到 60min 和 120min 时，极限承载力与粘结强度分别下降 22.9%和 30.8%。型钢外围混凝土保护层厚度为 100mm、升温时曾经经历最高温度为 600℃的 SRC-04 和 SRC-05 两个试件，当最高温度持续时间从 30min 增加到 120min 时，极限承载力与粘结强度下降 40.2%。

同时，从表 1-24 中可以看到，当型钢外围混凝土保护层相等，升温时曾经经历最高温度持续时间相同时，随着曾经经历最高温度的升高，试件的极限承载力与粘结强度不断降低。型钢外围混凝土保护层厚度为 100mm、升温时曾经经历最高温度持续时间为 30min 的三个试件 SRC-01、SRC-04、SRC-08，当曾经经历最高温度从 400℃增加到 600℃和 800℃时，极限承载力与粘结强度分别下降 61.4%和 76.9%。型钢外围混凝土保护层厚度为 100mm、升温时曾经经历最高温度持续时间为 120min 的 SRC-03 和 SRC-05 两个试件，当曾经经历最高温度从 400℃增加到 600℃，极限承载力与粘结强度下降 66.7%，升温时曾经经历的最高温度对型钢混凝土粘结强度退化影响非常大。

另一方面，从表 1-24 中可以看到，当升温时曾经经历最高温度及其持续时间相同时，随着型钢外围混凝土保护层厚度的增大，试件的极限承载力与粘结强度提高。升温时曾经经历最高温度为 600℃，最高温度持续时间为 30min 的三个试件 SRC-07、SRC-04、SRC-06，当型钢外围混凝土保护层厚度从 75mm 增大到 100mm 和 125mm 时，极限承载力与粘结强度分别提高 25.4%和 32.5%。

1.6.6　反复荷载下的粘结退化

（1）粘结强度退化

为了了解高温后反复荷载下型钢混凝土粘结退化程度，对三个高温后试件进行单调荷载下的对比试验，对比结果列于表 1-25 中。

单调与反复荷载下粘结强度对比　　　　　　　　　　　　　　表 1-25

试件编号	加载方式	极限承载力/kN	粘结强度/MPa	反复/单调	下降比例
SRC-01	反复	260.0	0.741	92.4%	7.6%
SRC-09	单调	281.4	0.803		
SRC-02	反复	200.0	0.571	45.6%	54.6%
SRC-10	单调	440.6	1.257		
SRC-04	反复	100.0	0.286	79.3%	20.7%
SRC-11	单调	126.1	0.360		

从表 1-25 中可以看到，升温时曾经经历最高温度为 400℃时，最高温度保持时间为 30min 的两个对比试件 SRC-01 和 SRC-09，高温后反复下极限承载力与粘结强度下降了 7.6%；升温时曾经经历最高温度为 400℃时，最高温度保持时间为 120min 的两个对比试件 SRC-02 和 SRC-10，高温后反复荷载下极限承载力与粘结强度下降了 54.61%。升温时曾经经历的最高温度保持时间越长，因反复加载引起的粘结强度退化越明显。

同时可以看到，当最高温度持续时间均为 30min 时，升温最高温度为 600℃的两个对比试件 SRC-04 和 SRC-11，反复荷载下极限承载力与粘结强度下降了 20.7%，相对于 SRC-01 和 SRC-09 两对比试件粘结强度 7.6% 的下降率可看出，升温时曾经经历的最高温度越高，因反复加载引起的粘结强度退化越明显。

（2）滑移刚度退化

表 1-26 给出了两代表试件分别加载到 60% 极限荷载、75% 极限荷载以及极限荷载时，在不同荷载循环次数下试件端部型钢与混凝土之间的滑移对比情况。

特定荷载下滑移量对比　　　　　　　　　　　　　　表 1-26

循环次数	特定荷载下的滑移/0.01mm					
	SRC-01			SRC-02		
	$0.6P_u$	$0.75P_u$	P_u	$0.6P_u$	$0.75P_u$	P_u
$n=1$	39.2	51.8	121.8	49.8	86.0	189.8
$n=2$	42.5	62.0	269.1	53.5	99.2	221.0
增量	7.8%	16.5%	54.7%	6.9%	13.3%	63.6%

从表 1-26 中可以看到，在特定荷载水平下，第二次循环加载时型钢与混凝土之间的滑移量比第一次循环加载的滑移量增大，且增大程度与荷载水平有关，荷载水平越高，滑移增量越大，滑移刚度退化越明显。

1.7　本 章 小 结

本章通过试验研究和理论分析，研究了高温及高温后下型钢混凝土的粘结滑移特性，建立了高温下及高温后型钢混凝土与温度或曾经经历温度相关的粘结强度计算公式与粘结滑移本构关系。研究了高温后反复荷载下型钢混凝土的粘结退化性能，获得了高温后反复荷载下的粘结强度与滑移刚度随曾经经历的高温温度和最高温度持续时间的关系。

参 考 文 献

[1] Bryson J，Mathey R G. Surface Condition Effect on Bond Strength of Steel Beams Embedded in Concrete [J]. Journal of ACI，1962，59 (3)：397-406.

[2] Roeder C W. Bond of Embedded Steel Shapes in Concrete [J]. Composite and Mixed Construction，1984：227-240.

[3] Emoto J. Bond Shear Demand in Composite Concrete and Steel Member [D]. Universityof Washington，1996.

[4] 孙国良，王英杰. 劲性混凝土柱端部轴力传递性能的试验研究与计算 [J]. 建筑结构学报，1989 (6)：40-49.

[5] 肖季秋，钟树生，邹良明. 劲性钢筋混凝土粘结性能的试验研究 [J]. 四川建筑科学研究，1992 (4)：2-6.

[6] 李红. 型钢混凝土粘结性能的试验研究 [D]. 西安：西安建筑科技大学，1995.

[7] C W Roeder，C Robert. Shear Connector Requirement for Embedded Steel Sections [J]. Journal of Structural Engineering，ASCE，1999，125 (2)：142-151.

[8] 张誉，李向民，李辉，等. 钢骨高强混凝土结构的粘结性能研究 [J]. 建筑结构，1999，29 (7)：3-5.

[9] 刘灿，何益斌. 劲性混凝土粘结性能的试验研究 [J]. 湖南大学学报，2002，29 (3)：168-173.

[10] 杨勇. 型钢混凝土粘结滑移基本理论及应用研究 [D]. 西安：西安建筑科技大学，2003.

[11] 杨勇，薛建阳，赵鸿铁. 型钢混凝土结构粘结强度分析 [J]. 建筑结构，2001 (7)：31-34.

[12] 杨勇，赵鸿铁，薛建阳，等. 型钢混凝土粘结-滑移本构关系理论分析 [J]. 工业建筑，2002 (6)：60-63.

[13] 杨勇，薛建阳，赵鸿铁. 考虑粘结滑移的型钢混凝土结构 ANSYS 模拟方法研究 [J]. 西安建筑科技大学学报，2006，38 (3)：302-310.

[14] 杨勇，郭子雄，聂建国，等. 型钢混凝土结构 ANSYS 数值模拟技术研究 [J]. 工程力学，2006，23 (4)：79-85.

[15] 薛建阳，赵鸿铁. 型钢混凝土粘结滑移理论及其工程应用 [M]. 北京：科学出版社，2007.

[16] 杨勇，郭子雄，薛建阳，等. 型钢混凝土粘结滑移性能试验研究 [J]. 建筑结构学报，2005 (04)：1-9.

[17] 郑山锁，邓国专，杨勇，等. 型钢混凝土结构粘结滑移性能试验研究 [J]. 工程力学，2003，20 (5)：63-69.

[18] 郑山锁，李磊，王斌，等. 型钢与混凝土界面剪力传递能力 [J]. 工程力学，2009 (3)：148-154.

[19] 郑山锁，杨勇，薛建阳，等. 型钢混凝土粘结滑移性能研究 [J]. 土木工程学报，2002 (4)：47-51.

[20] 赵根田，李永和，杨丽梅. 型钢与混凝土的粘结性能研究 [J]. 包头钢铁学院学报，2004，23 (4)：360-364.

[21] 赵根田，杨丽梅. 型钢混凝土的粘结承载力 [J]. 包头钢铁学院学报，2005，24 (1)：12-14.

[22] 赵根田，李永和. 型钢与混凝土的极限粘结强度 [J]. 建筑结构，2007，37 (1)：68-70.

[23] 李俊华，薛建阳，王新堂，等. 反复荷载下型钢高强混凝土柱粘结强度试验研究 [J]. 哈尔滨工业大学学报，2007，39 (Sup. 2)：122-128.

［24］　Junhua L，Jianyang X，Hongtie Z．Experimental study on slip behavior between shaped steel and concrete in SRC columns under cyclic reversed loading［J］．Journal of Xi'an University of Architecture and Technology，2008，40（3）：348-353．

［25］　李俊华，薛建阳，王新堂，等．反复荷载下型钢高强混凝土柱粘结滑移性能试验研究［J］．工程力学，2009，26（5）．

［26］　李俊华，李玉顺，王建民，等．型钢混凝土柱粘结滑移本构关系与粘结滑移恢复力模型［J］．土木工程学报，2010（3）：46-52．

［27］　殷小溦．型钢混凝土粘结-滑移推出试验的理论分析［J］．结构工程师，2010，26（3）：48-53．

［28］　刘灿，何益斌．劲性混凝土粘结性能的试验研究［J］．湖南大学学报（自然科学版），2002（S1）：168-173．

［29］　朱伯龙，陆洲导，胡克旭．高温（火灾）下混凝土与钢筋的本构关系［J］．四川建筑科学研究，No1，1990：37-34．

［30］　朱伯龙等．工程结构抗火性能研究报告［R］．同济大学工程结构研究所，1990．

［31］　周新刚，吴江龙．高温后混凝土与钢筋的粘结性能的实验研究［J］．工业建筑，1995，25（5）：37-40．

［32］　谢狄敏，钱在兹．高温作用后混凝土抗拉强度与粘结强度的试验研究［J］．浙江大学学报，1998，32（5）：597-602．

［33］　Haddad R H，Al-Saleh R J and Al-Akhras N M．Effect of elevated temperature on bond between steel reinforcement and fiber reinforced concrete［J］．Fire Safety Journal，2008，43（5）：334-343．

［34］　王孔藩，许清风，刘挺林．高温自然冷却后钢筋与混凝土之间粘结强度的试验研究［J］．施工技术，2005，34（8）：6-11．

［35］　Chiang C H，Tsai C L and Kan Y C．Acoustic inspection of bond strength of steel-reinforced mortar after exposure to elevated temperatures［J］．Ultrasonics，2000，38（1-8）：534-536．

［36］　Chiang C H，Tsai C L．Time-temperature analysis of bond strength of a rebar after fire exposure［J］．Cement and Concrete Research，2003，33（10）：1651-1654．

［37］　Haddad R H，Shannis L G．Post-fire behavior of bond between high strength pozzolanic concrete and reinforcing steel［J］．Construction and Building Materials，2004，18（6）：425-435．

［38］　李红，李新忠．高温下钢板与混凝土的粘结强度［J］．陕西工学院学报，2003，19（3）：42-45．

［39］　蒋首超，李国强，李明菲．高温下压型钢板-混凝土粘结强度的试验［［J］．同济大学学报，2003，31（3）：273-276．

［40］　吴兵．火灾前后钢管混凝土核心柱界面粘结性能的研究［D］．杭州：浙江大学，2006．

［41］　李俊华，邱栋梁，俞凯，王国锋．高温下型钢混凝土粘结滑移性能研究［J］．应力基础与工程科学学报，2015，23（5）：914-931．

［42］　李俊华，邱栋梁，俞凯，孙彬．高温后型钢混凝土粘结滑移性能研究［J］．工程力学，2015，32（2）：190-200．

［43］　吴华宗，李俊华，池玉宇，邱栋梁．高温后反复荷载下型钢混凝土粘结滑移性能研究［J］．工业建筑，2015，45（5）：138-142．

第 2 章　常温下带栓钉连接件型钢混凝土纵向剪力传递性能

2.1　引　　言

型钢混凝土结构在高层建筑和大跨度结构中应用非常广泛,常温下型钢与混凝土之间的粘结强度根据国内外的试验大约只有光圆钢筋与混凝土之间粘结强度的 45%[1]。工程中为了保证型钢与混凝土之间的粘结作用,通常在型钢混凝土柱脚位置处、型钢混凝土柱向钢柱或钢筋混凝土柱过渡、型钢混凝土梁与钢筋混凝土梁过渡等区域布置一定数量的栓钉[2-7]。由于栓钉的存在,使型钢混凝土构件界面剪力传递机理与自然粘结有很大不同;同时由于型钢及其表面布置的栓钉均处于混凝土的包覆当中,使栓钉的受力性能又有别通常意义上的标准栓钉抗剪试验。

目前,国内外有较多关于栓钉抗剪方面的研究文献与成果[8-23],但关于带栓钉连接件型钢混凝土粘结与剪力传递性能的研究尚不多见[24,25]。本章主要对常温下带栓钉连接件的型钢混凝土受力性能进行研究,提出带栓钉连接件型钢混凝土纵向剪力传递承载力计算公式及防止栓钉外侧混凝土劈裂破坏的构造措施。

2.2　带栓钉连接件型钢混凝土剪力传递性能试验

2.2.1　试验参数与截面设计

本次试验共包括 16 个型钢混凝土短柱试件,主要考虑混凝土强度、配箍率、栓钉长度和直径、栓钉设置位置、型钢锚固长度等对构件受力性能的影响,同时为考察自然粘结和栓钉抗剪在构件纵向剪力传递中各自的贡献及二者的组合效应,对其中 4 个试件的型钢表面进行了粘贴透明胶带并刷油的隔离处理。试件的参数设计详见表 2-1。所有试件的截面尺寸均为 350mm×350mm;型钢采用热轧 H 型钢,规格为 H100×100;纵向钢筋采用HRB335;箍筋采用 HPB235,双肢箍。试件形状与截面配钢情况如图 2-1 所示。

试件的参数设计　　　　　　　　　　　　　　　　　　　　表 2-1

编号	混凝土强度(MPa)	箍筋配置	栓钉规格(mm)	栓钉布置位置	栓钉数量间距	锚固长度(mm)	隔离处理
1	59.8	$\phi6@180$	无	无	无	400	无
2	52.8	$\phi6@180$	13×90	翼缘	3@100	400	无
3	60.6	$\phi6@180$	13×70	翼缘	3@100	400	无
4	58.0	$\phi6@100$	13×70	翼缘	2@175	400	无
5	54.0	$\phi6@90$	16×70	翼缘	2@175	400	无
6	63.0	$\phi6@70$	19×70	翼缘	1@250	400	无

续表

编号	混凝土强度（MPa）	箍筋配置	栓钉规格（mm）	栓钉布置位置	栓钉数量间距	锚固长度（mm）	隔离处理
7	51.8	φ6@180	13×70	腹板	3@100	400	无
8	58.0	φ6@100	13×70	腹板	2@175	400	无
9	62.5	φ6@90	16×70	腹板	2@175	400	无
10	64.3	φ6@70	19×70	腹板	1@250	400	无
11	55.0	φ6@70	13×70	翼缘	3@175	600	无
12	59.0	φ6@90	19×70	腹板	5@100	600	无
13	52.8	φ6@140	16×70	翼缘	2@250	600	隔离
14	52.8	φ6@90	13×70	翼缘	3@175	600	隔离
15	52.8	φ6@140	16×70	腹板	2@250	600	隔离
16	54.1	φ6@90	13×70	腹板	3@175	600	隔离

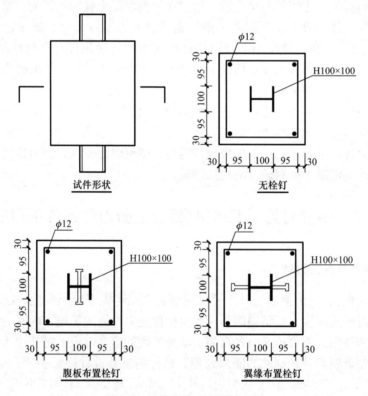

图 2-1　试件形状和配钢情况图

2.2.2　试件制作和材料属性

试验所用的混凝土在实验室现场配置，强制搅拌机搅拌而成，在浇筑混凝土制作试件的同时，浇筑边长为150mm的混凝土立方体试块，与试件在同等条件下进行养护，以测定其抗压强度。根据《普通混凝土力学性能试验方法标准》GB/T 50081—2002测得的各个试件的混凝土抗压强度见表2-1。

型钢材料属性测试办法是：先将型钢的腹板和翼缘割开，各做三个标准试件，然后按《金属材料　拉伸试验　第1部分：室温试验方法》GB/T 228.1—2010进行拉伸试验，测定型钢的屈服强度、极限抗拉强度、弹性模量。纵向受力钢筋、箍筋以及栓钉的材料属性测试方法均按《金属材料 拉伸试验 第 1 部分：室温试验方法》GB/T 228.1—2010 进行。由试验测得的钢材及栓钉力学性能试验结果见表 2-2。

钢材力学性能试验结果　　　　　　　　　　　　　　　　　表 2-2

钢材种类		屈服强度（N/mm²）	极限强度（N/mm²）	弹性模量（N/mm²）
型钢	翼缘	237.93	368.53	1.67×10^5
	腹板	242.80	323.73	1.59×10^5
纵向受力钢筋		340.55	476.46	2.00×10^5
箍筋		359.60	519.90	2.10×10^5
栓钉		496.73	569.90	—

2.2.3 加载与测点布置

加载试验在宁波大学结构试验室 500t 压力试验机上进行，图 2-2 为加载装置示意图。加载过程中，通过位移计测定加载端和自由端型钢与混凝土之间的相对滑移。同时，为了测定不同荷载水平下型钢的应变分布及栓钉布置对型钢应变发展的影响，在 SRC-1、SRC-2、SRC-7 三个试件型钢翼缘和腹板表面分别粘贴了应变片，应变片布置如图 2-3 所示。

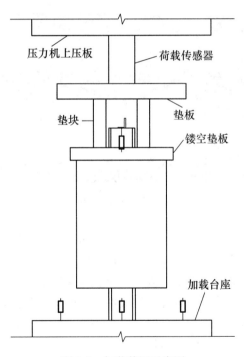

图 2-2　加载装置示意图

在试验正式加载前，先进行预加载，以检查各仪器仪表正常运行情况。正常加载时，根据试验机自带压力传感器显示的荷载值控制加载速度，加载速度大约 20kN/min。加载荷载、型钢端部滑移以及型钢应变数据由静态应变测试仪全程采集，采点频率为每 5 秒钟一次。试验时人工观察试件在加载过程中的开裂、裂缝发展等各种试验现象。

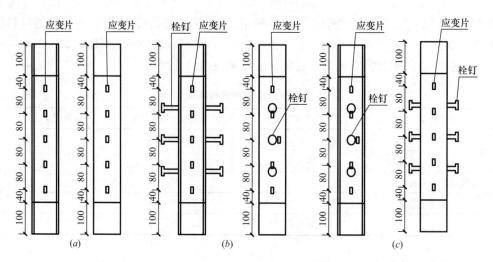

图 2-3　应变片布意图

(*a*) SRC-1；(*b*) SRC-2；(*c*) SRC-7

2.2.4　破坏形态

16 个试件的最终破坏形态如图 2-4 所示。试件的破坏主要有两种：

图 2-4　试件破坏形态

（1）混凝土劈裂。试验中，大部分试件发生这种破坏：当荷载增加到一定程度后，在混凝土某一表面突然出现上下贯通的纵向裂缝，将该面混凝土一分为二，纵向裂缝出现后，试件承载能力很快下降并导致最终破坏。试验结果表明，混凝土劈裂破坏的方位主要和栓钉的布置位置有关，当栓钉布置在型钢翼缘外侧时，劈裂破坏发生在与型钢翼缘垂直的混凝土面内；当栓钉布置在型钢腹板时，劈裂破坏主要发生在与型钢腹板垂直的两混凝土面内。此外，对栓钉长度较大的试件 SRC-6、SRC-9、SRC-10、SRC-13、SRC-15，由于栓钉外侧混凝土保护层相对较小，除了上述的劈裂主裂缝外，在荷载下降阶段还会出现与劈裂裂缝垂直的横向裂缝。

（2）型钢屈服。试验中，当荷载增加到一定程度后，栓钉间距较小的试件 SRC-3 以及锚固长度较大的两个试件 SRC-11、SRC-12，其加载端部的型钢屈服，试件达到最大承载力而破坏，破坏时型钢外侧的混凝土尚未开裂。

2.2.5　端部裂缝模式

图 2-5 为试件加载端与自由端裂缝图，从图中可以看到，试件加载端和自由端的裂缝走向大致相似，但自由端的裂缝数量更多。根据对试验过程的观察，可以将发生劈裂破坏试件的端部裂缝分为三种主要模式：

(a)　　　　　　　　　　　　　　　*(b)*

图 2-5　试件端部裂缝
(a) 加载端；*(b)* 自由端

（1）第一种：仅在型钢翼缘中部出现垂直翼缘的裂缝，随着荷载的增加，裂缝迅速由内向外扩展，最终发展至试件表面，并在纵向形成贯通的破坏主裂缝（图 2-6a）。这种裂缝形态主要出现在未布置栓钉和少数翼缘外侧布置栓钉的试件中。

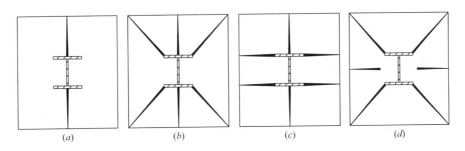

(a)　　　　　　*(b)*　　　　　　*(c)*　　　　　　*(d)*

图 2-6　试件端部主要裂缝形态
(a) 第一种；*(b)*（*c*）第二种；*(d)* 第三种

（2）第二种：在大部分型钢翼缘外侧布置栓钉的试件中，当荷载增加到一定程度后，栓钉外端部位置和型钢翼缘肢尖处几乎同时出现裂缝。在随后的加载过程中，栓钉外端部位置的裂缝同时向型钢翼缘和栓钉外侧的混凝土保护层发展；型钢翼缘肢尖处的裂缝开展有两种情况，大多数试件中，该处裂缝大致沿 45°角度向外扩展（图 2-6b），同时也有少数试件，该处裂缝沿平行于翼缘的方向朝两边水平扩展（图 2-6c）。由于栓钉外侧的混凝土保护层相对型钢翼缘肢尖外侧的混凝土保护层要小，在试件临近破坏时，栓钉外侧裂缝很快发展到试件表面，并沿试件纵向形成劈裂主裂缝，而此时型钢翼缘肢尖处的裂缝不管是沿 45°角度方向还是沿平行于翼缘的方向，都未能发展到试件的表面形成纵向贯通裂缝。

（3）第三种：在型钢腹板布置栓钉的试件中，当荷载增加到一定程度后，在栓钉外端部位置和型钢翼缘肢尖处几乎同时出现裂缝。在随后的加载中，栓钉外端部位置的裂缝不断向外侧混凝土保护层发展，靠近腹板处的混凝土由于受到型钢翼缘和腹板的约束，其裂缝发展不明显；型钢翼缘肢尖处的裂缝则大致沿 45°角度向外扩展（图 2-6d）。由于栓钉外侧混凝土保护层与型钢翼缘肢尖外侧混凝土保护层厚度大致相当，因此试件临近破坏时，栓钉外侧裂缝和型钢翼缘肢尖处的裂缝都能发展到试件表面，形成纵向贯通裂缝，将试件外围的混凝土劈裂。

2.2.6 荷载-滑移曲线

图 2-7 为试验测得的试件荷载-加载端滑移曲线和荷载-自由端滑移曲线。从图中可以看出，荷载-加载端滑移曲线与荷载-自由端滑移曲线形状基本一致；与加载端滑移相比，自由端滑移存在一定滞后现象。除 SRC-3、SRC-11、SRC-12 三个试件由于加载端型钢屈服导致荷载-滑移曲线不完整外，其余试件的荷载-滑移曲线大致可分为五个不同阶段：

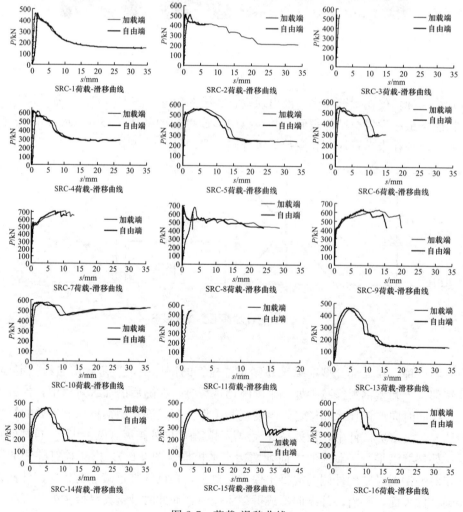

图 2-7 荷载-滑移曲线

（1）无滑移段：加载初期，试件加载端和自由端均不发生明显滑移，型钢与混凝土之间的化学胶结力发挥主要作用，对试件的纵向荷载传递起主要贡献，栓钉的抗剪效应则不明显。

（2）滑移段：加载至极限荷载的 20%～80% 时，加载端发生滑移，但自由端滑移不明显。由于相对滑移的产生，型钢与混凝土之间的化学胶结力消失，试件主要依靠型钢与混凝土界面摩擦力及栓钉抗剪传递纵向荷载。

（3）破坏段：当荷载超过 80% 极限荷载时，加载端滑移发展很快，同时自由端开始滑移，当荷载接近极限荷载时，试件出现纵向劈裂裂缝，荷载达到极限值。该阶段内，在型钢翼缘布置栓钉和型钢腹板布置栓钉的试件，其荷载-滑移曲线存在显著差异。当栓钉布置在型钢翼缘时，该区段的荷载-滑移曲线较为陡峭，极限荷载对应的滑移较小；而栓钉布置在型钢腹板时，该区段的荷载-滑移曲线较为平缓，极限荷载对应的滑移相对较大。

（4）下降段：荷载达到峰值后，加载端和自由端滑移均大幅度发展，裂缝宽度加大。由于布置在型钢翼缘或腹板的栓钉逐排断裂，荷载-滑移曲线呈阶梯状下降。

（5）残余段：在此阶段内，试件自由端和加载端滑移量不断增大，但荷载不再下降而稳定在一定的水平，试件主要依靠型钢与混凝土之间的界面摩擦力传递纵向剪力。

2.2.7　型钢应变

图 2-8 分别为未布置栓钉、型钢翼缘布置栓钉、型钢腹板布置栓钉的三个试件 SRC-1、SRC-2、SRC-7 在不同荷载水平下型钢应变分布图。从图中可以看到：①未布置栓钉的试件 SRC-1，在不同荷载水平下，其型钢翼缘和腹板的应变大致呈指数分布。②型钢翼缘布置栓钉的试件 SRC-2，荷载水平较低时，型钢翼缘应变也呈指数分布，当荷载大于 60% 极限荷载后，由于栓钉变形的增加，引起近栓钉位置处型钢翼缘应变产生突变，翼缘应变不再满足指数分布，而型钢腹板因距离栓钉较远，其应变分布受栓钉变形影响较小，应变仍呈指数分布。③型钢腹板布置栓钉的试件 SRC-7，当荷载水平较低时，腹板应变也基本满足指数分布，当荷载增加到一定程度后，由于栓钉变形的增加，引起近栓钉位置处型钢腹板应变产生突变，腹板应变不再满足指数分布，此时型钢翼缘由于受到核心混凝土挤压，应变有增大趋势。

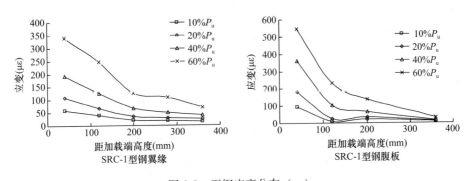

图 2-8　型钢应变分布（一）

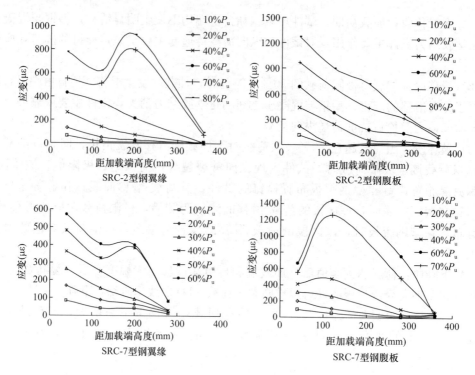

图 2-8 型钢应变分布（二）

2.2.8 承载力与滑移

表 2-3 为试件极限荷载、残余荷载、极限荷载对应的加载端和自由端滑移试验测试结果。可以看出：

主要试验结果　　　　　　　　　　　　　　　　表 2-3

试件编号	极限荷载对应的滑移/mm		限荷载/kN	残余荷载/kN
	加载端	自由端		
SRC-1	1.00	1.53	460.2	153.4
SRC-2	1.91	0.53	519.0	211.9
SRC-3	—	—	型钢屈服	—
SRC-4	1.78	0.39	608.9	290.1
SRC-5	7.05	5.36	555.4	243.2
SRC-6	2.52	1.19	549.2	301.7
SRC-7	10.56	7.16	710.7	651.4
SRC-8	3.59	0.25	681.2	440.1
SRC-9	13.28	8.44	629.6	430.5
SRC-10	5.25	3.16	574.9	528.9
SRC-11	—	—	型钢屈服	—
SRC-12	—	—	型钢屈服	—
SRC-13	5.94	4.65	459.4	137.8
SRC-14	5.77	4.65	458.6	149.5
SRC-15	7.05	5.78	438.3	292.3
SRC-16	8.79	7.32	551.5	206.5

（1）在其他参数基本相同的条件下，栓钉布置于型钢腹板的试件，其极限荷载和残余荷载均高于栓钉布置于型钢翼缘的试件。这是由于加载过程中，型钢翼缘和腹板间的核心混凝土受到栓钉的挤压与两侧翼缘摩擦效应增大，提高了试件的纵向抗剪能力。

（2）对于同一个试件而言，栓钉布置于翼缘时，其残余荷载水平相对较低，约占极限荷载的 35%～55%；栓钉布置于腹板时，其残余荷载水平相对较高，约占极限荷载的 65%～90%。

（3）在其他参数基本相同的条件下，栓钉布置于型钢腹板处的试件，其极限荷载对应的加载端与自由端的滑移量比栓钉布置于型钢翼缘的试件大。

（4）对试件的型钢表面粘贴透明胶带并刷油隔离处理后，混凝土与型钢之间的摩擦效应减弱，试件的极限荷载与残余荷载均明显降低。同时，由于隔离效应的存在，试件极限荷载时加载端和自由端对应的滑移量相差不大。

2.3 纵向剪力传递承载力计算

2.3.1 型钢腹板布置栓钉

在型钢腹板布置栓钉时，栓钉受力变形将使型钢翼缘内侧受到附加挤压，加大型钢翼缘内侧与混凝土之间的摩擦力，因此试件的承载力 P_u 主要由三部分组成，即栓钉抗剪承载力 P_1、型钢与混凝土的自然粘结力 P_2、型钢翼缘内侧与混凝土之间由于混凝土受栓钉挤压而产生的摩擦力 P_3：

$$P_u = P_1 + P_2 + P_3 \tag{2-1}$$

按照现行国家标准《钢结构设计规范》GB 50017，栓钉的抗剪承载力取栓钉剪断或混凝土压碎时二者承载力的较小值，即：

$$P_1 = n \cdot \min(0.7A_s\gamma f ; 0.43A_s \sqrt{f_c E_c}) \tag{2-2}$$

式中，n 为栓钉个数；A_s 为栓钉栓杆截面面积；f 为栓钉材料抗拉强度；γ 为栓钉材料抗拉强度最小值与屈服强度比值；f_c 为混凝土轴心抗压强度；E_c 为混凝土的弹性模量。

型钢与混凝土间的自然粘结力 P_2 用式（2-3）计算：

$$P_2 = \tau A \tag{2-3}$$

式（2-3）中，τ 为型钢与混凝土之间的自然粘结强度。根据文献，不带剪力连接件的自然粘结试件与极限荷载相对应的加载端滑移在 0.20～0.49mm；表 2-3 的试验结果则表明，带栓钉连接件试件与极限荷载相对应的加载端滑移在 1.78～13.28mm，显然与此滑移量相对应的自然粘结试件处于荷载-滑移曲线下降段。因此，τ 可近似取残余粘结强度，根据参考文献[27]：

$$\tau = (-0.0117 + 0.0.3675 \times C_{ss}/d + 0.3927\rho_{sv})f_t \tag{2-4}$$

式中，C_{ss} 为型钢的混凝土保护层厚度；d 为型钢截面高度；ρ_{sv} 为配箍率；f_t 为混凝土抗拉强度。

式（2-3）中，A 为型钢与混凝土的有效粘结面积。在型钢表面布置栓钉时，由于栓钉剪切变形的影响，栓钉根部混凝土受局部承压作用，混凝土与型钢表面原有的自然粘结将受到损坏，因此在型钢腹板布置栓钉时，忽略型钢腹板对粘结作用的贡献，取有效粘结面积为：

$$A = 4b_f L_e \tag{2-5}$$

式中，b_f 为型钢翼缘宽度；L_e 为型钢锚固长度。

在型钢腹板布置栓钉后，栓钉对混凝土的挤压将加大型钢翼缘内表面与混凝土的摩擦效应，提高试件的纵向剪力传递能力。取栓钉的剪力扩散角度为 $\theta = 45°$（如图 2-9 所示），可得：

$$P_3 = \frac{n_1}{2n} \mu P_1 \tag{2-6}$$

式中，n_1 为靠近翼缘的栓钉个数，当只有一排栓钉时，由于栓钉两旁有翼缘，故取 $n_1 = 2n$；μ 为型钢翼缘与混凝土的摩擦系数，取 $\mu = 0.5$。

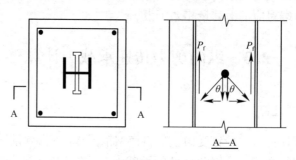

图 2-9　栓钉剪刀扩散示意图

2.3.2　型钢翼缘布置栓钉

在型钢翼缘布置栓钉时，试件的承载力 P_u 主要由两部分组成，即栓钉抗剪承载力 P_1 及型钢与混凝土的自然粘结力 P_2：

$$P_u = P_1 + P_2 \tag{2-7}$$

式中，P_1 按式（2-2）计算；P_2 按式（2-3）计算，但此时忽略型钢翼缘外侧对自然粘结的贡献，因此有效粘结面积变为：

$$A = 2(b_f + h)L_e \tag{2-8}$$

式中，b_f 为型钢翼缘宽度；h 为型钢腹板高度；L_e 为型钢锚固长度。

2.3.3　计算结果与试验结果比较

表 2-4 为试验结果及文献公式计算结果的比较情况。计算中，材料强度采用试验实测值。从表 2-4 中可以看出，计算结果与试验结果总体相符且偏于安全，可用于工程设计。

承载力计算结果与试验结果比较　　　　　　　　　　　　　　　　表 2-4

试件编号	栓钉布置情况		载力试验值（kN）	承载力计算值（kN）	试验值/计算值
	位置	数量			
SRC-2	翼缘	6	519.0	509.8	1.02
SRC-4	翼缘	4	608.9	423.3	1.44
SRC-5	翼缘	4	555.4	527.4	1.05
SRC-6	翼缘	2	549.2	456.9	1.20

试件编号	栓钉布置情况		载力试验值（kN）	承载力计算值（kN）	试验值/计算值
	位置	数量			
SRC-7	腹板	6	710.7	579.9	1.23
SRC-8	腹板	4	681.2	432.7	1.57
SRC-9	腹板	4	629.6	601.4	1.05
SRC-10	腹板	2	574.9	464.8	1.24
Ⅱ/1[12]	腹板	4	882	682.66	1.29
Ⅱ/2[12]	腹板	4	862.4	661.8	1.30
Ⅱ/3[12]	腹板	8	1445	1235.7	1.17
Ⅱ/4[12]	腹板	8	1513	1215.4	1.24
Ⅲ/1[12]	翼缘	8	1259.3	1008.3	1.25
Ⅲ/2[12]	翼缘	12	1435.7	1333.6	1.08
Ⅲ/3[12]	翼缘	12	1793.4	1402.5	1.28
Ⅲ/4[12]	翼缘	8	1274	958.8	1.33
Ⅲ/5[12]	翼缘	12	1342.6	1333.6	1.01
Ⅲ/6[12]	翼缘	8	1274	1017.4	1.25
Ⅲ/7[12]	翼缘	8	1323	982.3	1.35
Ⅲ/8[12]	翼缘	12	1470	1327.9	1.11

2.3.4 构造要求

（1）混凝土保护层厚度

在型钢翼缘外侧布置栓钉后，如果栓钉外侧的混凝土保护层太小，将出现垂直于栓钉的纵向劈裂裂缝。假定栓钉的剪力扩散角度 $\theta=45°$（图 2-10），则水平方向的扩散力 T_t 与栓钉纵向抗剪强度的关系为：

$$T_t = 0.5q_u \qquad (2-9)$$

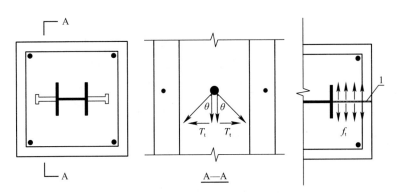

图 2-10 栓钉剪刀扩散及混凝土壁裂破坏示意图

式中，q_u 为单个栓钉的抗剪强度。为安全起见，取 q_u 为 $0.7A_s\gamma f$ 和 $0.43A_s\sqrt{f_cE_c}$ 之间的较大值，由此可得：

$$T_t = 0.5\max(0.7A_s\gamma f; 0.43A_s\sqrt{f_cE_c}) \qquad (2-10)$$

T_t 主要由型钢翼缘外侧混凝土和箍筋承担，当混凝土的应变达到其极限拉应变时，混凝土沿纵向产生劈裂裂缝。假定型钢翼缘外侧混凝土应力均匀分布，且忽略箍筋的作用（与混凝土开裂应变对应的箍筋应力水平相对较低），可得：

$$T_t = aC_{ss}f_t \tag{2-11}$$

式中，a 为栓钉的纵向间距；C_{ss} 为型钢翼缘保护层厚度；f_t 为混凝土抗拉强度。

因此，在型钢翼缘外侧布置栓钉时，为防止栓钉外侧混凝土劈裂的最小混凝土保护层厚度为：

$$C_{ss} = \frac{T_t}{af_t} \tag{2-12}$$

在型钢腹板布置栓钉时，由于型钢两个翼缘对内部核心混凝土的约束，且栓钉外侧的混凝土保护层相对较大，混凝土劈裂破坏的可能性降低。因此，可将式（2-12）的计算结果取 0.85 的折减系数作为防止栓钉外侧混凝土劈裂的最小混凝土保护层厚度。

（2）最小配箍率

在型钢翼缘外侧布置栓钉的型钢混凝土构件，当栓钉外侧混凝土发生劈裂后，水平方向的扩散力 T_t 主要由箍筋承担，由此可得：

$$T_t = \omega f_{yv}A_{sv1} \tag{2-13}$$

式中，ω 为栓钉间距范围内的箍筋数量；f_{yv} 为箍筋的屈服强度；A_{sv1} 为箍筋的截面积。当截面上配置双肢箍时，经换算可得保证栓钉剪力充分扩散的最小面积配箍率为：

$$\rho_{sv} = \frac{2T_t}{abf_{yv}} \tag{2-14}$$

式中，a 为栓钉的纵向间距；b 为试件与型钢翼缘平行的截面边长。

在型钢腹板布置栓钉时，混凝土劈裂后，型钢翼缘将承担很大部分水平扩散力，因此可将式（2-14）的计算结果取 0.85 的折减系数作为最小配箍率限值要求。

2.4　有限元模拟分析

2.4.1　概述

在世界范围内，ANSYS 是土木行业 CAE 仿真分析的重要软件，在钢结构和混凝土房屋建筑、桥梁、大坝、隧道及地下建筑物等工程中得到了广泛应用。本节主要介绍带栓钉连接件型钢混凝土构件考虑粘结滑移效应的 ANSYS 数值模拟分析方法。

2.4.2　单元类型

（1）混凝土单元

ANSYS 中专门为混凝土材料提供了一种单元 Solid65，Solid65 单元为八节点六面体单元，每个节点均有 X，Y，Z 三个方向的平动自由度（如图 2-11 所示），可以有效地模拟混凝土材料的开裂、压碎等力学现象。Solid65 单元本身可以通过体积配筋率的方法考虑钢筋的作用，相当于将钢筋采用分散模型进行处理，这对钢筋混凝土结构的整体分析比较有效，但不能单独地研究钢筋的应力变化情况。为获得荷载下钢筋的应力变化情况，通常采用分离模式对钢筋进行建模处理。

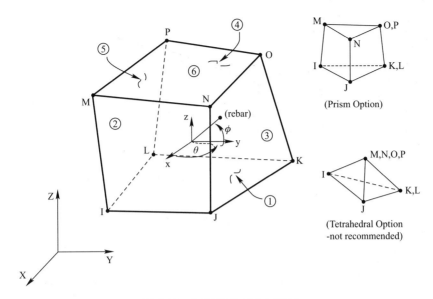

图 2-11　Solid65 单元几何描述

（2）型钢与栓钉单元

型钢与栓钉均采用 Solid45 单元模拟。Solid45 单元为八节点六面体单元，每个节点均有三个沿着 X、Y、Z 方向的平动自由度（如图 2-12 所示）。该单元具有塑性、蠕变、膨胀、应力强化、大变形及大应变能力，主要应用于构造三维实体结构。

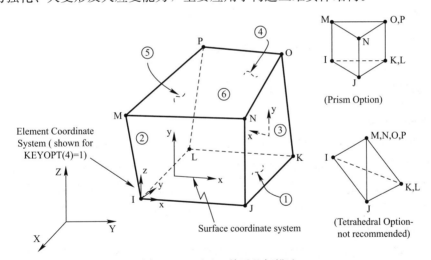

图 2-12　Solid45 单元几何描述

（3）钢筋单元

纵筋和箍筋均采用 LINK8 单元模拟。LINK8 单元是一种只能承受单轴的拉压，不承受弯矩和剪力的三维杆单元，每个节点具有 X、Y、Z 三个方向的平动自由度（如图 2-13 所示）。该单元具有塑性、蠕变、膨胀、应力刚化、大变形、大应变等功能。

（4）型钢和混凝土间的粘结单元

采用三维非线性弹簧单元 Combination39 作为型钢和混凝土之间的粘结单元，以模拟型钢-混凝土之间的粘结-滑移关系。非线性弹簧单元 Combination39 单元具有两个结点（如图 2-14 所示），可通过力位移 F-D 曲线来定义非线性弹簧的受力性质。

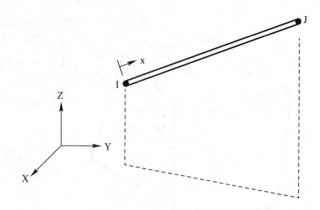

图 2-13　LINK8 单元几何描述

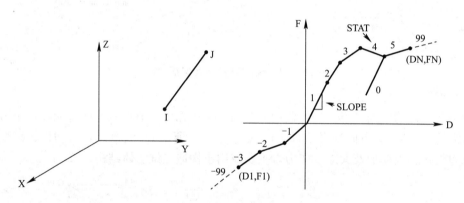

图 2-14　Combination39 单元几何描述

2.4.3　材料性质

（1）混凝土材料性质

混凝土本构采用《混凝土结构设计规范》GB 50010—2010 附录 C 中定义的混凝土单轴受压的应力-应变曲线，混凝土强度准则采用 William-Warnke 五参数破坏准则。ANSYS 分析中，需输入的参数包括弹性模量 E_c、单轴抗压强度 f_c、单轴抗拉强度 f_t、泊松比 υ、裂缝间剪力传递系数 β_t 和 β_c、单轴受压应力-应变曲线等。

（2）钢材材料性质

型钢、纵筋、箍筋和栓钉均采用双线性随动强化模型（BKIN），需输入的参数有包括钢材的弹性模量 E_s、钢材的泊松比 γ、钢材单轴应力状态下的应力-应变曲线等。分析中钢筋、型钢均采用理想弹塑性模型，泊松比取 0.3。

2.4.4　粘结滑移本构关系

在型钢和混凝土连接面上采用三个非线性弹簧单元（Combination39 单元）来模拟型钢与混凝土间的粘结滑移，分别代表沿法向、纵向切向和横向切向的相互作用，每个弹簧单元的长度为零。由于本次试验采用推出加载方式，故只考虑纵向切线的一个弹簧，法向和横向切线采用结点耦合的方式进行处理。纵向切线弹簧的性能表现为型钢与混凝土之间的粘结滑移现象，可以通过粘结滑移本构关系 $\tau\text{-}s$ 曲线来确定力位移 $F\text{-}D$ 曲线。其数学表达式为

$$F = \tau(D) \times A_i \tag{2-15}$$

其中，A_i 为该弹簧所对应的连接面面积。

常温下型钢与混凝土之间的粘结滑移本构关系采用如图 2-15 所示的三段线模型进行描述[27]。

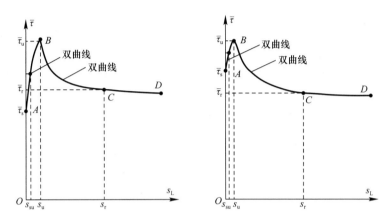

图 2-15　本构关系数学模型

（1）OA 段：加载端不发生滑移，数学表达式为：

$$s_L = 0 \quad (0 < \bar{\tau} \leqslant \bar{\tau}_s) \tag{2-16}$$

（2）AB 段：采用双曲线进行描述，数学表达式为：

$$\bar{\tau} = \frac{s_L}{p s_L + q} + \bar{\tau}_s \quad (0 < s_L \leqslant s_u) \tag{2-17}$$

其中，$p = \dfrac{s_u - 2 s_{su}}{(\bar{\tau}_u - \bar{\tau}_s)(s_u - s_{su})}$，$q = \dfrac{s_u s_{su}}{(\bar{\tau} - \bar{\tau}_s)(s_u - s_{su})}$。

（3）BCD 段：采用双曲线进行描述，数学表达式为：

$$\bar{\tau} = \frac{s_L}{a s_L - b} \quad (s_u \leqslant s_L) \tag{2-18}$$

其中，$a = \dfrac{s_L \bar{\tau}_r - s_r \bar{\tau}_u}{\bar{\tau} \bar{\tau}_r (s_u - s_r)}$，$b = \dfrac{\bar{\tau}_r - \bar{\tau}_u}{s_u - s_r} \dfrac{s_u s_r}{\bar{\tau} \bar{\tau}_u}$。

上面各表达式中，特征强度和特征滑移值用以下公式确定：

初始滑移粘结强度：$\bar{\tau}_s = (0.314 + 0.3292 C_{ss}/d - 0.01821 l_e/d) f_t \tag{2-19}$

极限粘结强度：$\bar{\tau}_u = (0.2921 + 0.4593 C_{ss}/d - 0.00781 l_e/d) f_t \tag{2-20}$

残余粘结强度：$\bar{\tau}_r = (-0.0117 + 0.3675 C_{ss}/d + 0.3927 \rho_{sv}) f_t \tag{2-21}$

极限状态滑移：$s_u = 4.098 \times 10^{-4} l_e \tag{2-22}$

残余阶段初始滑移：$s_r = 27.165 \times 10^{-4} l_e \tag{2-23}$

转折点滑移：$s_{su} = 0.456 s_u \tag{2-24}$

其中，C_{ss} 为型钢保护层厚度；d 为型钢截面高度；l_e 为型钢锚固长度；ρ_{sv} 为体积配箍率；f_t 为混凝土抗拉强度。

由于 ANSYS 程序中要求输入的 $F\text{-}D$ 曲线必须经过坐标原点，而本次模拟采用的粘结滑移曲线不经过坐标原点，因此在输入 $F\text{-}D$ 曲线数据时将初始滑移点的坐标 $A(0, \tau_s)$ 用点 $A'(1E\text{-}06, \tau_s)$ 代替，并加入原点坐标，然后按照式（2-15）得到要输入的 $F\text{-}D$ 曲线。

2.4.5　建模与网格划分

（1）混凝土、型钢、栓钉单元

采用"由底向顶"的实体建模方法，先定义关键点，由关键点生成线，再由线生成面，最后将面拉伸成体。由于栓钉为圆柱体形状，而型钢与混凝土为立方体形状，增加了网格划分的难度。因此在栓钉所在的位置先生成一个实心圆柱体和一个空心圆柱体，并且贯穿型钢与混凝土，再通过坐标平面切割和布尔操作的方式生成混凝土、型钢、栓钉的几何模型，如图 2-16 所示。建模过程中充分利用对称性原理，取实际结构的四分之一和对称边界条件，减少单元和节点数，加快了运算速度。

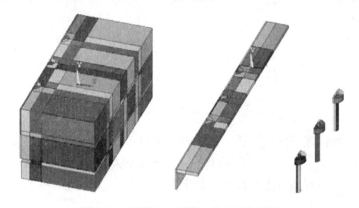

图 2-16　混凝土、型钢、栓钉几何模型

网格划分时，对混凝土、型钢、栓钉的几何模型采用扫掠网格划分的方式进行，先选定源面和目标面并进行网格划分，再进行扫掠网格划分。网格划分结果见图 2-17。

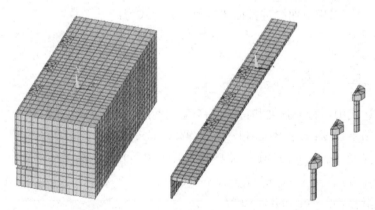

图 2-17　混凝土、型钢、栓钉网格划分

（2）纵筋和箍筋单元的

钢筋采用分离式模型，通过单元生成命令 E，I，J 的方式生成，不考虑钢筋与混凝土之间的粘结滑移。钢筋单元生成结果见图 2-18。

（3）型钢与混凝土之间的弹簧单元

由于型钢单元和混凝土单元是分开划分的网格，通过命令 EINTF 在型钢与混凝土接触面上的重合节点间加上弹簧单元，再利用命令 CPINTF 耦合弹簧节点 x、y 方向的自由度，考虑型钢与混凝土接触面上纵向滑移作用。考虑栓钉的影响，在其布置位置的一定范围内不考虑粘结滑移效应，这些位置的重合节点处不生成弹簧单元。

（4）栓钉与型钢之间的弹簧单元

为了达到栓钉能剪断的效果，在栓钉与型钢之间加入弹簧单元。弹簧单元的本构关系曲线采用折线段形式，上升段为斜率很大的直线，屈服段为水平直线，下降段为直线，体现栓钉剪断效果。栓钉的屈服荷载参照我国现行《钢结构设计规范》计算：

$$P_d = 0.43A_s \sqrt{f_c E_c} \leqslant 0.7 f A_s \tag{2-25}$$

式中，f_c 为混凝土棱柱体轴心抗压强度设计值；f 为栓钉抗拉强度设计值。

2.4.6　边界条件及加载方式

在两个对称面利用 DSYM 命令施加对称约束，同时将加载端和自由端处混凝土端面节点进行约束，边界条件如图 2-19 所示。采用位移加载方式，对试件自由端型钢表面施加位移荷载。

图 2-18　钢筋单元

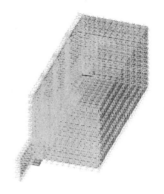

图 2-19　边界条件

2.4.7　后处理技术

（1）后处理器的选择

ANSYS 有两个后处理器，即通用后处理器 POST1 和时间历程后处理器 POST26。通用后处理器可以查看整个模型在各个时间点上的分析结果，如某个荷载步或子步的分析结果等。时间历程后处理器则可以查看模型上某一点的分析结果随时间的变化曲线，如某节点的某个自由度位移随时间的变化曲线等。本模型主要模拟型钢混凝土柱在不同荷载步时的端部滑移、应变及裂缝开展情况，所以选择通用后处理器 POST1。

（2）收敛准则

收敛准则对能否正常收敛影响较大，系统默认的收敛准则包含位移收敛准则和力收敛准则。当为力加载时，建议采用位移收敛准则；当为位移加载时，建议采用力收敛准则。为加速收敛可以适当放宽收敛条件。本次模型采用 CNVTOL，F，0.03 的收敛条件。

（3）子步数

NSUBST 设置太大或太小都不能达到正常收敛。在收敛困难的情况下适当增大此值可以使计算结果更容易收敛，适宜的子步数需要不断调整获得。本次模拟经过调试将子步数设为 100 个。

（4）平衡迭代最大次数

NEQIT 命令中可以定义每个子步中平衡迭代的最大次数，在一个子步中如果超过该次数则认为该子步不能收敛，需要采取其他措施。若 SOLCONTROL 命令即非线性缺省求解设置打开，缺省时依据问题的物理特性为 15～26；如果 SOLCONTROL 关闭，则缺省为 25 次。该命令在具有收敛趋势但需要更多的迭代次数时很有用。本次模拟的每一子步中平衡迭代的最大次数限值设置为 200。

2.4.8 分析结果

（1）极限荷载分析结果

表 2-5 为部分试件极限荷载分析结果和试验结果的对比。从表中可以看出，二者总体相符。

模拟结果与试验结果汇总表 表 2-5

试件编号	极限荷载/kN		
	试验值	模拟值	模拟值/试验值
SRC-1	460.2	495.7	1.08
SRC-2	519.0	514.5	0.99
SRC-3	型钢屈服	542.3	—
SRC-4	608.9	543.7	0.89
SRC-5	555.4	519.1	0.93
SRC-6	549.2	545.3	0.99
SRC-7	710.7	714.4	1.00
SRC-8	681.2	682.3	1.00
SRC-9	629.6	657.9	1.04
SRC-10	574.9	611.4	1.06

（2）荷载-滑移曲线分析结果

图 2-20 为部分试件加载端荷载-滑移曲线形状模拟计算结果与试验结果对比，从图中可以看出，模拟曲线上升段与试验曲线上升段基本吻合，下降段由于试验中栓钉的逐排剪断较难模拟而出现一定偏差，但水平残余段又基本相符，表明有限元模型和分析方法总体可行。

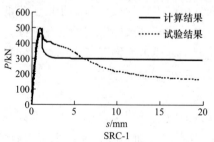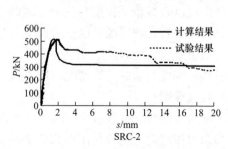

图 2-20 模拟荷载-滑移曲线与试验荷载-滑移曲线对比（一）

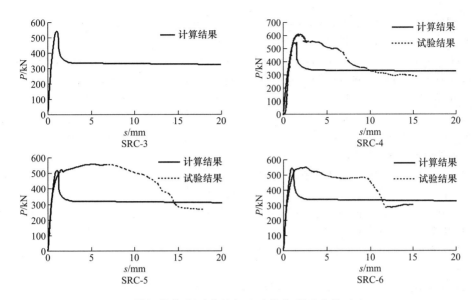

图 2-20　模拟荷载-滑移曲线与试验荷载-滑移曲线对比（二）

2.5　本章小结

　　本章通过试验研究和理论分析，研究了常温下带栓钉连接件型钢混凝土构件界面纵向剪力传递性能，分析提出带栓钉连接件型钢混凝土推出试件的承载力计算公式及防止栓钉外侧混凝土劈裂破坏的构造措施。建立了带栓钉连接件型钢混凝土构件的有限元分析模型，对带栓钉连接件型钢混凝土短柱推出状态下的承载力与荷载-滑移特性进行了模拟分析。

参 考 文 献

[1]　赵鸿铁. 钢与混凝土组合结构 [M]. 北京：科学出版社，2001.

[2]　马翔. 配箍率对有栓钉的型钢高强混凝土柱受力性能影响的试验研究 [D]. 重庆：重庆大学，2009.

[3]　黄雅意. 加栓钉的型钢高强混凝土柱合理含钢量的试验研究 [D]. 重庆：重庆大学，2009.

[4]　张杰. 预应力钢板箍加固 RC 短柱抗震性能研究 [D]. 厦门：华侨大学，2005.

[5]　徐海涛. 型钢混凝土柱内力分析 [D]. 成都：西南交通大学，2007.

[6]　单维欣. 抗剪连接件对型钢混凝土梁粘结滑移性能的影响 [D]. 武汉：武汉理工大学，2009.

[7]　袁泉，李炳益. 剪力连接件对型钢混凝土超短柱抗震性能的影响 [J]. 武汉大学学报，2008，41（1）：18-22.

[8]　Buttry K E. Behavior of stud shear connectors in lightweight and normal-weight concrete [D]. University of Missour，1965.

[9]　Ollgaard J，Slutter R G，Fisher J W. The Strength of stud shear connection in lightweight and normal-weight concrete [J]. Engineering Journa，1971，8（2）：55-64.

[10]　Burgan B A，Naji F J. Steel-concrete-steel sandwich construction [J]. Journal of Constructional Steel Research，1998，46（1-3）：219.

[11]　Calixto J，Lavall A C，Melo C B，et al. Behaviour and strength of composite slabs with ribbed decking [J]. Journal of Constructional Steel Research，1998，46（1-3）：211-212.

［12］　Sun B J，Johnson D．Shear resistance of steel-concrete-steel beams ［J］．Journal of Constructional Steel Research，1998，46 (1-3)：225.

［13］　Xu C，Sugiura K．FEM analysis on failure development of group studs shear connector under effects of concrete strength and stud dimension ［J］．Engineering Failure Analysis．

［14］　Shim C，Lee P，Yoon T．Static behavior of large stud shear connectors ［J］．Engineering Structures，2004，26 (12)：1853-1860.

［15］　Bouchair A，Bujnak J，Duratna P，et al．Modeling of the Steel-Concrete Push-Out Test ［J］．Procedia Engineering，2012，40：102-107.

［16］　薛伟辰，丁敏，王骅，等．单调荷载下栓钉连接件受剪性能试验研究 ［J］．建筑结构学报，2009 (01)：95-100.

［17］　聂建国，谭英，王洪全．钢-高强混凝土组合梁栓钉剪力连接件的设计计算 ［J］．清华大学学报（自然科学版），1999 (12)：94-97.

［18］　周安，戴航，刘其伟．栓钉连接件极限承载力及剪切刚度的试验 ［J］．工业建筑，2007 (10)：84-87.

［19］　胡夏闽，杨伟．混凝土强度对组合梁栓钉连接件受剪承载力的影响分析 ［C］//中国钢结构协会钢-混凝土组合结构分会第十次年会．哈尔滨，2005.

［20］　Xue D，Liu Y，Yu Z，et al．Static behavior of multi-stud shear connectors for steel-concrete composite bridge ［J］．Journal of Constructional Steel Research，2012，74：1-7.

［21］　王隽．组合梁中栓钉受力的有限元模拟分析 ［J］．建筑钢结构进展，2011，13 (3)：20-28.

［22］　邓国专．栓钉剪切连接件在 SRHPC 结构中的数值分析 ［J］．山西建筑，2009，35 (15)：5-6.

［23］　袁卫宁，安忠海．基于 ANSYS 的栓钉推出试验仿真分析 ［J］．工业建筑．2009，12 (3)：51-53.

［24］　孙国良，王英杰．劲性混凝土柱端部轴力传递性能的试验研究与计算 ［J］．建筑结构学报，1989 (6)：40-49.

［25］　李俊华，王国锋，邱栋梁，等．带栓钉连接件型钢混凝土剪力传递性能研究 ［J］．土木工程学报，2012 (12)：74-82.

［26］　钢结构设计规范（GB 50017—2003）［S］．北京：中国计划出版社，2003.

［27］　杨勇．型钢混凝土粘结滑移基本理论及应用研究 ［D］．西安：西安建筑科技大学，2003.

第3章 火灾高温及高温后带栓钉连接件型钢混凝土剪力传递性能

3.1 引　言

火灾高温及高温后，型钢、混凝土、栓钉的材料性能将发生很大变化。随着温度的升高，钢材和混凝土的强度降低；高温过火冷却后，材料强度虽会有部分恢复，但恢复的程度与火灾时所经历的最高温度及受火时间有关，且总体上都达不到受火前的强度水平[1-8]。火灾高温及高温后钢材、混凝土、栓钉材料强度的降低，导致钢与混凝土之间的自然粘结和栓钉的抗剪作用下降[9-20]，由此造成带栓钉连接件型钢混凝土的剪力传递能力较常温下大幅退化[21-24]。

本章通过试验，研究火灾高温及高温后带栓钉连接件型钢混凝土构件界面剪力传递性能，建立火灾高温及高温后带栓钉连接件型钢混凝土剪力传递承载力计算方法。

3.2　高温下带栓钉连接件型钢混凝土剪力传递性能试验

3.2.1　试件设计和制作

本次试验共设计了22个带栓钉连接件的型钢混凝土短柱试件，试验参数包括型钢锚固长度、栓钉布置位置、升温达到的最高温度、最高温度持续时间，具体参数设计见表3-1。

试件的参数设计　　　　　　　　　　　　　　表3-1

试件编号	混凝土强度/MPa	锚固长度/mm	单侧栓钉数量与间距	栓钉布置位置	最高温度/℃	最高温度持续时间/min
SRC-1	56.7	400	2@175	翼缘	200	30
SRC-2	56.7	400	2@175	翼缘	400	30
SRC-3	56.7	400	2@175	翼缘	600	30
SRC-4	45.7	400	2@175	翼缘	800	30
SRC-5	52.1	600	3@175	翼缘	200	30
SRC-6	51.0	600	3@175	翼缘	400	30
SRC-7	53.8	600	3@175	翼缘	600	30
SRC-8	49.7	600	3@175	翼缘	800	30
SRC-9	45.7	400	2@175	翼缘	400	60
SRC-10	45.7	400	2@175	翼缘	400	90
SRC-11	53.8	400	2@175	翼缘	400	0
SRC-12	49.9	600	3@175	翼缘	400	60
SRC-13	49.0	600	3@175	翼缘	400	90
SRC-14	45.5	600	3@175	翼缘	400	0
SRC-15	51.0	400	2@175	腹板	200	30

续表

试件编号	混凝土强度/MPa	锚固长度/mm	单侧栓钉数量与间距	栓钉布置位置	最高温度/℃	最高温度持续时间/min
SRC-16	52.1	400	2@175	腹板	400	30
SRC-17	49.9	400	2@175	腹板	600	30
SRC-18	49.7	400	2@175	腹板	800	30
SRC-19	45.5	400	2@175	腹板	400	60
SRC-20	49.0	400	2@175	腹板	400	90
SRC-21	58.0	400	2@175	翼缘	常温	—
SRC-22	58.0	400	2@175	腹板	常温	—

试件的截面尺寸为 350mm×350mm，内配型钢与钢筋。试件基本样式分为两种，第一种样式包括 SRC-1、SRC-2、SRC-3、SRC-9 四个试件，其特点为型钢锚固段下端与混凝土面齐平，试验时依靠顶面下凹的加载台座将型钢推出；剩余试件均为第二种样式，在型钢锚固端下部预留了空洞，使型钢能顺利推出。型钢规格为 HW100×100×6×8，截面含钢率为 1.78%；型钢翼缘或腹板上布置规格为 13mm×70mm 的栓钉；试件四角配有 4φ12 的纵向钢筋，钢筋的混凝土保护层厚度为 30mm，截面配筋率为 0.37%；箍筋 φ6@100。试件的样式、截面形状与配钢情况分别如图 3-1 和图 3-2 所示。为了测定试件在高温作用下内部的温度场分布，在部分试件的内部预埋一定数量的热电偶，热电偶在截面上的测点布置见图 3-3。

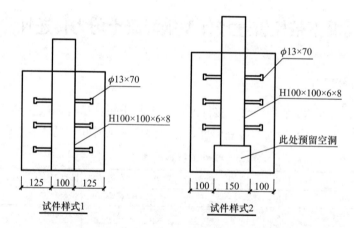

图 3-1 试件样式

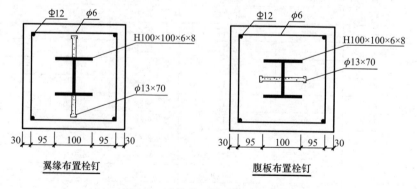

图 3-2 试件截面尺寸与配钢情况

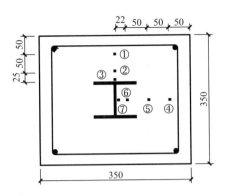

图 3-3　热电偶测点布置

试件所用型钢的切割和栓钉的焊接在工厂进行，加工完后运往试验室进行混凝土浇筑。在浇筑试件的同时浇筑边长为 150mm 的混凝土标准立方体试块，养护 28d 后，测定其常温下的抗压强度，测试结果见表 3-1。型钢、钢筋、栓钉的屈服强度和极限抗拉强度测试结果见表 3-2。

材料属性试验结果　　　　　　　　　　　　　　　表 3-2

钢材种类		屈服强度（N/mm²）	极限强度（N/mm²）	弹性模量（N/mm²）
型钢	翼缘	237.93	368.53	$1.67×10^5$
	腹板	242.80	323.73	$1.59×10^5$
纵向受力钢筋		340.55	476.46	$2.00×10^5$
箍筋		359.60	519.90	$2.10×10^5$
栓钉		496.73	569.90	—

3.2.2　试验升温与加载

试验升温与加载方案与本书 1.2.3 相同。

为了便于观察混凝土裂缝开裂情况，加载前对试件表面进行刷白处理，并打上网格线。由于试件上端型钢裸露在外，因此在升温加载前首先在试件上部突出的型钢周围砌筑耐火砖，再塞填石棉，做好隔热处理（如图 3-4 所示）。

（a）　　　　　　　　　　　　　（b）

图 3-4　试验刷白与隔热处理

（a）表面刷白；（b）端部型钢耐火砖围砌

61

3.2.3　截面温度分布

图 3-5 为试件 SRC-8 在炉腔中升温时，由预埋在试件内部的热电偶测定的截面温度分布曲线。从图中可以看到以下几个特点：

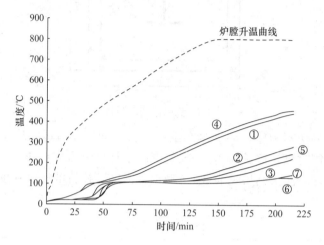

图 3-5　试件截面温度分布（SRC-8）

（1）与炉温相比，试件内部温度存在明显的滞后性，当炉腔温度保持恒定后，试件内部的温度还会持续升高。

（2）试件内部各测点的最高温度均低于 500℃，在同一升温时间点，距离试件表面越远，该区域的温度越低，靠近型钢翼缘测点的最高温度大约为 200℃，靠近型钢腹板测点的最高温度大约为 100℃。

（3）试件内部各个测点的温度-时间曲线均存在明显的拐点与弯折段，这些拐点与弯折段的出现主要与试件内部水分移动及蒸发散逸有关：升温时，试件外围混凝土（图 3-3中距试件表面 50mm 的①、④测点）温度增加较快，当外围混凝土温度升高至 85～100℃时，其内部水分移动速度加快，一部分水分朝混凝土外表面蒸发逸出，带走部分热量，使外围混凝土升温速度减慢；另一部分水分则向内移动扩散，这样在一定的区域内聚集了较多数量的游离水（图 3-3 中距试件表面 100mm 的②、⑤测点以内），这部分游离水起了隔热的作用，导致了试件内部②③⑤⑥⑦处的升温缓慢；当外围混凝土温度升至 100℃以后，游离水迅速蒸发，使试件内部②③⑤⑥⑦处的温度出现了较大幅度的突然上升；此后各条曲线的升温趋势相对稳定。

3.2.4　破坏形态与裂缝模式

高温下带栓钉连接件推出试件的破坏形态及裂缝模式与常温下大致相同，试件的破坏以混凝土劈裂为主：当荷载增加到一定程度后，在试件某一表面的混凝土中突然出现上下贯通的纵向裂缝，将该面混凝土一分为二，导致试件发生破坏。根据试验结果，混凝土劈裂破坏的方位与栓钉布置的位置有关，当栓钉布置在型钢翼缘外侧时，劈裂破坏发生在与型钢翼缘垂直的混凝土面内；当栓钉布置在型钢腹板时，劈裂破坏主要发生在与型钢腹板垂直的混凝土面内。试件典型劈裂破坏形态如图 3-6 所示。

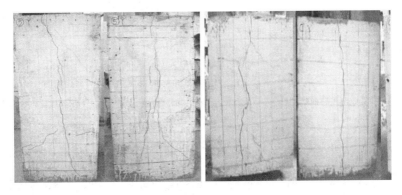

图 3-6　试件的劈裂破坏

3.2.5　荷载-滑移曲线

高温下带栓钉连接件型钢混凝土推出试件的荷载-滑移曲线（P-s 曲线）如图 3-7 所示。从图中可以看出，曲线可以分为上升段、下降段和残余段。对带栓钉连接件型钢混凝土试件而言，其内部剪力传递依靠型钢与混凝土之间的自然粘结和栓钉的纵向抗剪，在高温作用下，栓钉强度与弹性模量降低，自然粘结作用下降，因而随着荷载的增加，型钢和混凝土很快出现相对滑移，型钢与混凝土之间的化学胶结作用遭破坏；当荷载加至极限荷载的 80% 左右时，型钢与混凝土之间的相对滑移显著增大，此时的剪力传递主要依靠栓钉的抗剪能力以及型钢与混凝土之间的摩擦阻力和机械咬合力；滑移继续增大时，栓钉逐个被剪断，荷载出现跳跃式下降。栓钉全部剪断以后，型钢被缓缓推出，此时型钢与混凝土之间的摩擦阻力和机械咬合力趋于稳定，荷载不再降低，曲线出现明显的水平残余段。

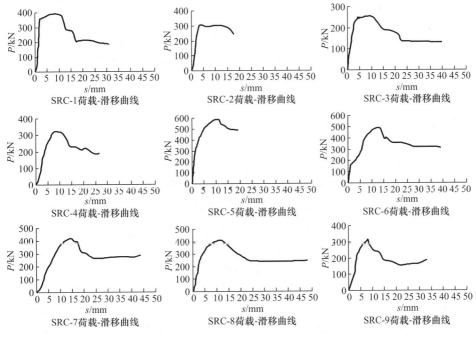

图 3-7　荷载-滑移曲线（P-s 曲线）（一）

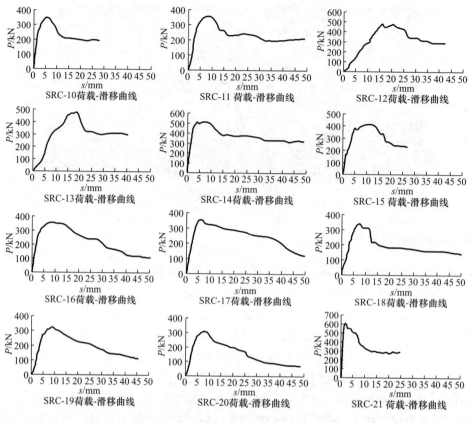

图 3-7 荷载-滑移曲线（P-s 曲线）（二）

对比常温下的试件的荷载-滑移曲线及栓钉标准推出试验地荷载-滑移曲线，可以看出以下特点：

（1）与常温下试件的荷载-滑移曲线相比，高温下带栓钉连接件推出试件荷载-滑移曲线的上升段相对平缓，曲线没有明显的无滑移段，在较小的荷载作用下即产生相对滑移。

（2）与栓钉标准推出试验相比，高温下带栓钉连接件型钢混凝土推出试件荷载-滑移曲线具有较平稳的荷载下降段，试件破坏过程更长，延性更好。

3.2.6 参数分析

（1）升温最高温度

图 3-8 给出了不同升温最高温度条件下试件荷载-滑移曲线的对比情况。从图中可以看出：当型钢锚固长度、栓钉布置位置以及升温达到设计最高温度后，最高温度的持续时间相同时，除图 3-8（a）中试件 SRC-4 外，其余试件的荷载-滑移对比曲线表明，随着升温最高温度的提高，试件的剪力传递承载力降低。试件 SRC-4 升温最高温度为 800℃，但其剪力传递承载力却比升温最高温度分别为 600℃ 和 400℃ 的两个试件 SRC-3、SRC-2 高，其原因主要在于试件 SRC-4 的制作样式与图中其他三个试件的制作样式不同造成的。SRC-4 的制作样式为图 3-1 中试件样式 2，该种样式可有效减小试件下部型钢外侧混凝土的局部压应力，使混凝土开裂推迟，因此在其他条件均相同的情况下，采用样式 2 制作模式的试件，其承载力比采用样式 1 制作模式的试件承载力略高。

（2）最高温度持续时间

图 3-9 给出了升温达到设计最高温度后，最高温度持续时间不同时，试件荷载-滑移曲线的对比情况。从图中可以看出：当型钢锚固长度、栓钉布置位置以及升温最高温度相同时，除图 3-9（*a*）中试件 SRC-10 外，其余试件的荷载-滑移对比曲线表明，随着最高温度持续时间的增加，试件的剪力传递承载力降低。试件 SRC-4 最高温度持续时间为 90min，但其剪力传递承载力却比最高温度持续时间分别为 60min 和 30min 的两个试件 SRC-9、SRC-2 高，其原因同样在于试件 SRC-10 采用了图 3-1 中样式 2 的制作模式，而试件 SRC-9、SRC-2 则采用了图 3-1 中样式 1 的制作模式，因而导致试件 SRC-4 尽管经历了最高温

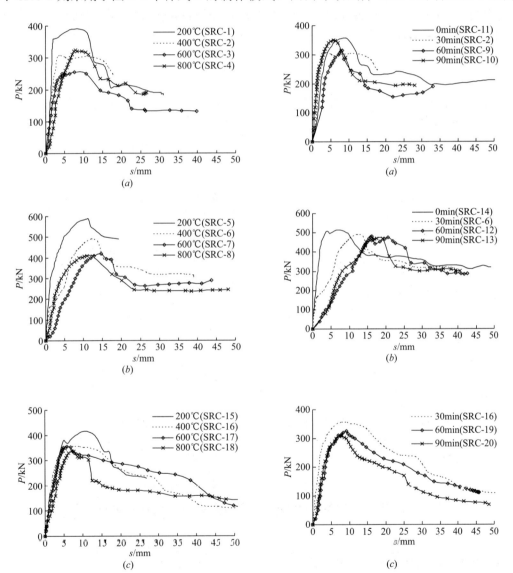

图 3-8　最高温度对荷载-滑移曲线的影响　　　图 3-9　最高温度持续时间对荷载-滑移曲线的影响

（*a*）翼缘，锚固 400mm，持续时间 30min；　　（*a*）翼缘，锚固 400mm，温度 400℃；

（*b*）翼缘，锚固 600mm，持续时间 30min；　　（*b*）翼缘，锚固 600mm，温度 400℃；

（*c*）腹板，锚固 400mm，持续时间 30min　　　（*c*）腹板，锚固 400mm，温度 400℃

度持续时间为 90min 的升温,其剪力传递承载力仍较最高温度持续时间分别为 60min 和 30min 的两个试件 SRC-9、SRC-2 的承载力高。

(3) 栓钉布置位置

图 3-10 给出了栓钉分别布置在型钢翼缘和腹板时,试件荷载-滑移曲线的对比情况。从图中可以看出,当型钢锚固长度、升温最高温度、最高温度持续时间相同的情况下,在型钢腹板布置栓钉的试件,其剪力传递承载力比在型钢翼缘布置栓钉的试件略高。

(4) 型钢锚固长度

图 3-11 给出了型钢锚固长度不同时,试件荷载-滑移曲线的对比情况。从图中可以看出,当栓钉布置位置、升温最高温度、最高温度持续时间相同的情况下,型钢锚固长度越大,其剪力传递承载能力越高。

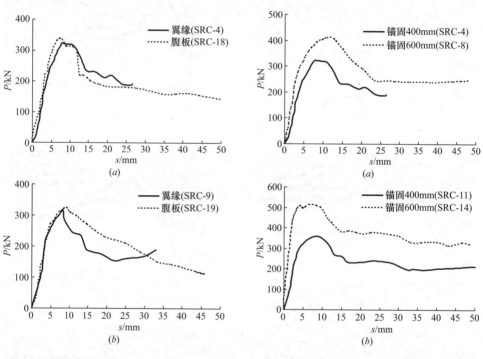

图 3-10 栓钉布置位置对荷载-滑移曲线的影响　图 3-11 型钢锚固长度对荷载-滑移曲线的影响
(a) 锚固 400mm,温度 800℃,持续时间 30min;　(a) 翼缘,温度 80℃,持续时间 30min;
(b) 锚固 400mm,温度 400℃,持续时间 60min　(b) 翼缘,温度 400℃,持续时间 0min

3.3　高温下带栓钉连接件型钢混凝土剪力传递承载力计算

3.3.1　高温下剪力传递承载力影响系数

图 3-12 为试件的剪力传递承载力与升温最高温度的关系曲线,从图 3-12 中可以看出,从常温到最高温度达到 400℃以前,试件的剪力传递承载力随最高温度提高下降很快;最高温度超过 400℃以后,剪力传递承载力随最高温度提高下降的趋势减缓。

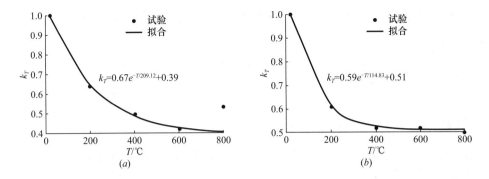

图 3-12　剪刀传递承载力与升温最高温度的关系

（a）翼缘布置栓钉，最高温度持续 30min；（b）腹板布置栓钉，最高温度持续 30min

定义高温下最高温度对带栓钉连接件型钢混凝土剪力传递承载力影响系数为：

$$k_T = \frac{P_u(T)}{P_u} \tag{3-1}$$

式中，$P_u(T)$ 和 P_u 分别为最高温度为 T、持续时间保持一定时带栓钉连接件型钢混凝土剪力传递承载力以及常温下的剪力传递承载力。通过对试验结果的统计分析，当最高温度持续时间为 30min，在型钢翼缘和型钢腹板布置栓钉时，k_T 分别为：

$$\text{翼缘：} k_T = 0.67 e^{-\frac{T}{209.12}} + 0.39 \quad (20 \leqslant T \leqslant 800℃) \tag{3-2}$$

$$\text{腹板：} k_T = 0.59 e^{-\frac{T}{114.83}} + 0.51 \quad (20 \leqslant T \leqslant 800℃) \tag{3-3}$$

图 3-13 为试件的剪力传递承载力与最高温度持续时间的关系曲线，从图 3-13 中可以看出，在升温最高温度一定时，随着最高温度持续时间的增加，试件的剪力传递承载力大致呈线性降低。

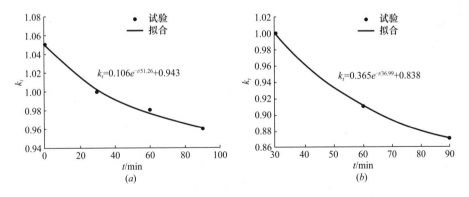

图 3-13　剪刀传递承载力与最高温度持续时间的关系

（a）翼缘布置栓钉，升温最高温度 400℃；（b）腹板布置栓钉，升温最高温度 400℃

定义特定高温下最高温度持续时间对带栓钉连接件型钢混凝土剪力传递承载力影响系数为：

$$k_t = \frac{P_u(T,t)}{P_u(T,30)} \tag{3-4}$$

式中，$P_u(T，t)$ 和 $P_u(T，30)$ 分别为最高温度为 T、持续时间为 t 时带栓钉连接件型钢混凝土剪力传递承载力以及最高温度为 T、持续时间为 30min 时带栓钉连接件型钢混凝土剪力传递承载力。通过对试验结果的统计分析，在型钢翼缘和型钢腹板布置栓钉时，k_t 分别为：

$$翼缘：k_t = 0.106e^{\frac{t}{-51.26}} + 0.943 \quad (0 \leqslant t \leqslant 90) \tag{3-5}$$

$$腹板：k_t = 0.365e^{\frac{t}{-36.99}} + 0.838 \quad (0 \leqslant t \leqslant 90) \tag{3-6}$$

3.3.2　高温下剪力传递承载力计算方法

考虑升温最高温度和最高温度持续时间的影响，不同升温条件下带栓钉连接件型钢混凝土剪力传递承载力为：

$$P_u(T,t) = k_T k_t P_u \tag{3-7}$$

式中，k_T 为高温下最高温度对带栓钉连接件型钢混凝土剪力传递承载力影响系数，用式（3-2）或式（3-3）计算；k_t 为特定高温下最高温度持续时间对带栓钉连接件型钢混凝土剪力传递承载力影响系数，用式（3-5）或式（3-6）计算；P_u 为常温下带栓钉连接件型钢混凝土的剪力传递承载力，用第 2 章式（2-1）～式（2-8）计算。

3.3.3　计算结果与试验结果比较

表 3-3 为本次主要试验结果与上述公式计算结果的比较情况。计算中，常温下材料强度采用试验实测值。从表 3-3 中可以看出，公式计算结果与试验结果总体相符且偏于安全。

承载力计算结果与试验结果比较　　　　　　　　　　　　表 3-3

试件编号	承载力试验值/kN	承载力计算值/kN	试验值/计算值
SRC-1	390	302.0	1.29
SRC-2	307	227.9	1.35
SRC-3	255	199.5	1.28
SRC-4	324	174.8	1.85
SRC-5	588	439.1	1.34
SRC-6	490	329.1	1.49
SRC-7	420	293.6	1.43
SRC-8	410	269.9	1.52
SRC-9	315	205.7	1.53
SRC-10	350	202.6	1.73
SRC-11	357	234.1	1.52
SRC-12	480	318.0	1.51
SRC-13	471	311.3	1.51
SRC-14	513	331.2	1.54
SRC-15	415	352.2	1.18
SRC-16	355	305.2	1.16
SRC-17	355	292.7	1.21
SRC-18	338	290.9	1.16
SRC-19	324	266.8	1.21
SRC-20	309	260.6	1.18

3.4　高温后带栓钉连接件型钢混凝土剪力传递性能试验

3.4.1　试件设计和制作

共设计了 22 个带栓钉连接件型钢混凝土短柱试件，试验参数包括型钢锚固长度、栓钉布置位置、升温曾经达到的最高温度、最高温持续时间。试件的参数设计见表 3-4，试件样式见图 3-14。试件截面尺寸、配钢情况以及钢材材料性能与 3.2 节高温下带栓钉连接件型钢混凝土试件一样（图 3-2 和表 3-2）。

试件的参数设计　　　　　　　　　　　　　表 3-4

试件编号	混凝土强度/MPa	锚固长度/mm	栓钉布置位置	单侧栓钉数量与间距	曾经经历最高温度/℃	最高温度持续时间/min
SRC-1	59.1	400	翼缘	2@175	200	30
SRC-2	61	400	翼缘	2@175	400	30
SRC-3	61	400	翼缘	2@175	600	30
SRC-4	61	400	翼缘	2@175	800	30
SRC-5	55.4	600	翼缘	3@175	200	30
SRC-6	55.4	600	翼缘	3@175	400	30
SRC-7	52.6	600	翼缘	3@175	600	30
SRC-8	63.5	600	翼缘	3@175	800	30
SRC-9	59.7	400	翼缘	2@175	400	60
SRC-10	59.7	400	翼缘	2@175	400	90
SRC-11	55	400	翼缘	2@175	400	0
SRC-12	52.6	600	翼缘	3@175	400	60
SRC-13	53.4	600	翼缘	3@175	400	90
SRC-14	53.4	600	翼缘	3@175	400	0
SRC-15	55	400	腹板	2@175	200	30
SRC-16	55	400	腹板	2@175	400	30
SRC-17	49.8	400	腹板	2@175	600	30
SRC-18	56.3	400	腹板	2@175	800	30
SRC-19	56.3	400	腹板	2@175	400	60
SRC-20	56.3	400	腹板	2@175	400	90
SRC-21	58.0	400	翼缘	2@175	室温	—
SRC-22	58.0	400	腹板	2@175	室温	—

3.4.2　试验升温与加载

升温方案与 3.2 节高温下带栓钉型钢混凝土短柱试件一样，当升温达到设计最高温度并且最高温度达到预定的持续时间后，断开电源，同时打开升温炉炉门，使试件自然冷却。

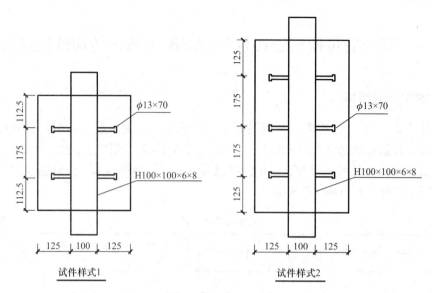

图 3-14　试件样式

　　试件冷却后，将其置于 500t 压力试验机上进行加载试验，加载装置与 1.3 节中高温后自然粘结下的推出试验一样（如图 3-15 所示），试件下部突出的型钢与试验机底板接触，上部型钢自由。试验时，试验机底板向上抬升产生纵向推力，使下部型钢（加载端）先受力，然后通过型钢和混凝土之间的自然粘结和栓钉的抗剪作用将推力逐渐转移给混凝土。加载过程中，通过荷载传感器测定纵向推力大小，通过位移计测定加载端和自由端型钢与混凝土之间的相对滑移。

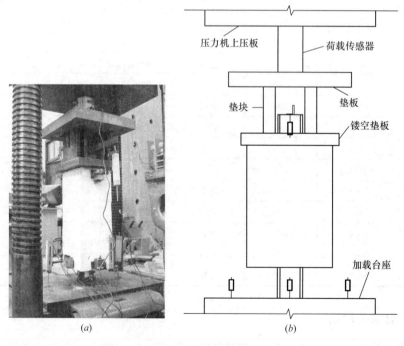

图 3-15　试验加载装置
（a）装置实图；（b）示意图

3.4.3　试验结果

（1）破坏过程与破坏形态

加载初期阶段，试件表面未发现明显裂缝。当荷载增加到大约65%的极限荷载时，在试件上部布置栓钉一侧的混凝土中出现纵向裂缝，纵向裂缝随着荷载的增加向下延伸发展，当延伸至栓钉位置时，裂缝宽度增大，并以栓钉为核心向四周扩散，在试件中产生横向裂缝。继续增加荷载，裂缝宽度进一步加大，栓钉变形增加，当变形增加到一定程度后，栓钉被剪断而发出清脆的断裂声，荷载随即下降，并最终稳定在一定水平。典型破坏形态如图3-16所示，从试验结果看，没有布置栓钉的混凝土面上一般不会出现明显的纵向裂缝。

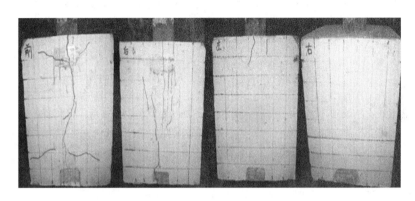

图3-16　试件破坏形态

（2）端部裂缝

图3-17为试件加载端与自由端典型裂缝图。从图3-17中可以看到，试件端部裂缝主要沿栓钉外侧及型钢翼缘肢尖处出现，其中肢尖处的裂缝大部分沿45°角向外扩展，少数肢尖裂缝沿平行于翼缘的方向朝两边水平扩展。从试验结果看，加载端与自由端主体裂缝模式大致相同，但自由端裂缝数量更多。

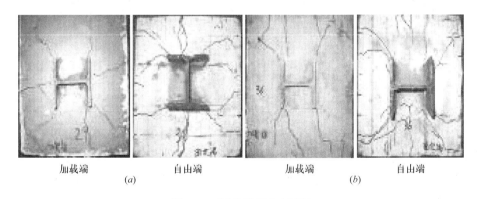

加载端　　　　　自由端　　　　　加载端　　　　　自由端
　　　(a)　　　　　　　　　　　　　(b)

图3-17　试件端部典型裂缝
(a) 栓钉布置在翼缘；(b) 栓钉布置在腹板

（3）荷载-滑移曲线

图3-18为试验得到的高温后试件荷载-滑移曲线。从图3-18中可以看出，荷载-加载

端滑移曲线与荷载-自由端滑移曲线基本一致。高温冷却后，由于栓钉的强度和弹性模量基本恢复，试件的荷载-滑移曲线形状与常温下大致一样，曲线可以分为5段。

① 无滑移段。当荷载小于20％极限荷载以前，试件加载端与自由端均不产生明显滑移，型钢与混凝土之间的化学胶结力起发挥主要效应，栓钉抗剪作用不明显。

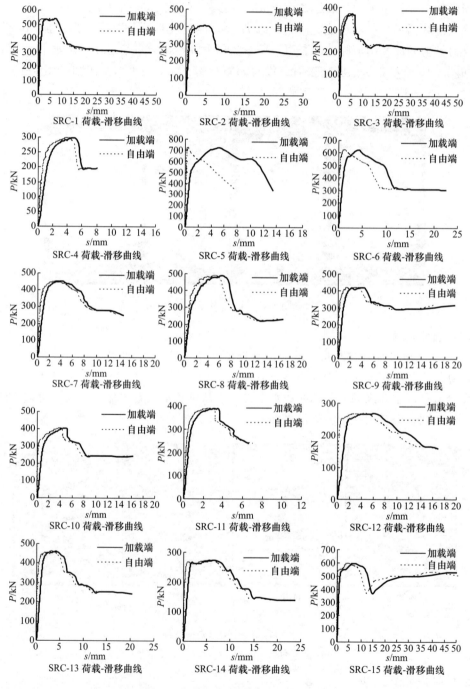

图3-18　试件荷载-滑移曲线（P-s曲线）（一）

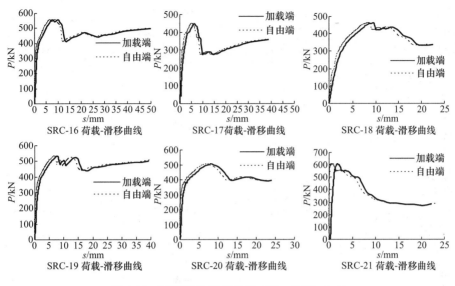

图 3-18　试件荷载-滑移曲线（P-s 曲线）（二）

② 直线上升段。当荷载增加到大约 20%～80% 的极限荷载时，加载端发生滑移，此时自由端滑移仍不明显。由于相对滑移的产生，型钢与混凝土之间的化学胶结力逐渐遭到破坏，试件主要依靠型钢与混凝土间的摩擦力及栓钉抗剪传递纵向荷载，荷载与滑移之间大致满足线性关系，滑移刚度较大。

③ 曲线上升段。当荷载超过 80% 极限荷载时，加载端滑移迅速加大，同时自由端也出现明显滑移，型钢与混凝土之间的化学胶结力完全消失。当荷载接近极限荷载时，栓钉外侧混凝土中出现纵向劈裂裂缝，滑移刚度显著降低。

④ 曲线下降段。荷载达到峰值后，加载端和自由端滑移均大幅增加，裂缝宽度不断加大。当滑移达到一定数值后，栓钉被逐一剪断，荷载-滑移曲线呈阶梯状下降。

⑤ 残余段。当滑移增加到一定程度后，荷载不再降低，荷载-滑移曲线大致呈水平状。

3.4.4　参数分析

（1）曾经经历最高温度

图 3-19 给出了高温后升温曾经达到的最高温度不同时试件荷载-滑移曲线的对比情况。从图 3-19 中可以看出：其他设计参数相同的情况下，随着升温曾经到达的最高温度的提高，试件的剪力传递承载力降低。

（2）最高温度持续时间

图 3-20 给出了高温后曾经升温达到设计最高温度后，最高温度持续时间不同时，试件荷载-滑移曲线的对比情况。从图 3-20 中可以看出，其他设计参数相同的情况下，随着最高温度持续时间的增加，试件的剪力传递承载力降低。

（3）栓钉布置位置

图 3-21 给出了栓钉分别布置在型钢翼缘和腹板时，试件高温后荷载-滑移曲线的对比。从图 3-21 中可以看出，其他条件基本相同的情况下，型钢腹板布置栓钉的试件，其剪力传递极限荷载与残余荷载均比在型钢翼缘布置栓钉的试件高。

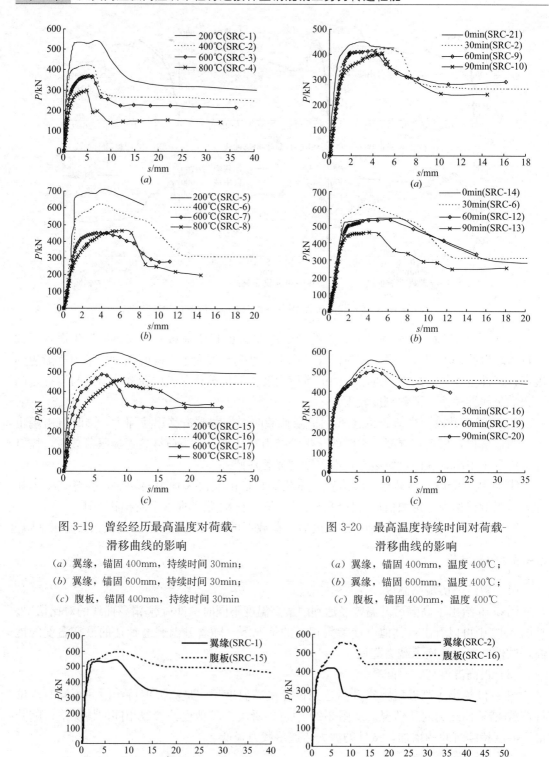

图 3-19　曾经经历最高温度对荷载-
滑移曲线的影响

（a）翼缘，锚固 400mm，持续时间 30min；

（b）翼缘，锚固 600mm，持续时间 30min；

（c）腹板，锚固 400mm，持续时间 30min

图 3-20　最高温度持续时间对荷载-
滑移曲线的影响

（a）翼缘，锚固 400mm，温度 400℃；

（b）翼缘，锚固 600mm，温度 400℃；

（c）腹板，锚固 400mm，温度 400℃

图 3-21　栓钉布置位置对荷载-滑移曲线的影响

（a）锚固 400mm，温度 200℃，持续时间 30min；（b）锚固 400mm，温度 400℃，持续时间 30min

（4）型钢锚固长度

图 3-22 给出了型钢锚固长度不同时，试件高温后荷载-滑移曲线的对比情况。从图 3-22 中可以看出，当栓钉布置位置、升温最高温度、最高温度持续时间相同的情况下，型钢锚固长度越大，其剪力传递承载能力越高。

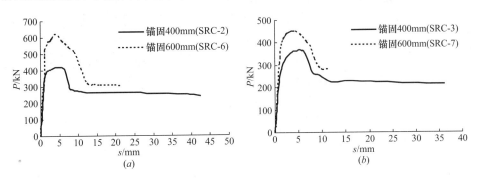

图 3-22　型钢锚固长度对荷载-滑移曲线的影响

（a）翼缘，温度 400℃，持续时间 30min；（b）翼缘，温度 600℃，持续时间 30min

3.5　高温后带栓钉连接件型钢混凝土剪力传递承载力计算

3.5.1　高温后剪力传递承载力影响系数

图 3-23 为试件的剪力传递承载力与曾经经历的最高温度之间的关系曲线。从图 3-23 中可以看到，试件的剪力传递承载力与升温时曾经经历的最高温度大致满足指数分布关系。定义 k_T 为高温后曾经经历最高温度对带栓钉连接件型钢混凝土剪力传递承载力影响系数，k_T 用式（3-8）表示：

$$k_T = \frac{P_u(T)}{P_u} \tag{3-8}$$

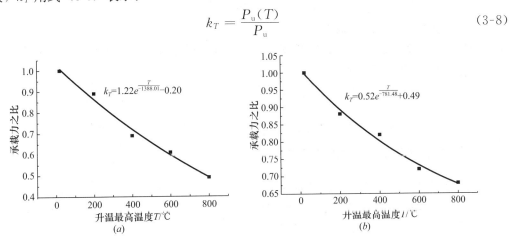

图 3-23　剪刀传递承载力与升温最高温度的关系

（a）翼缘布置栓钉，最高温度持续时间 30min；（b）腹板布置栓钉，最高温度持续时间 30min

式中，$P_u(T)$ 和 P_u 分别为曾经经历最高温度达到 T 以及最高温度 T 的持续时间保持一定时带栓钉连接件型钢混凝土剪力传递承载力以及常温下的剪力传递承载力。通过对试验结果的统计分析，当最高温度持续时间为 30min，在型钢翼缘和型钢腹板布置栓钉时，k_T 分别为：

$$翼缘：k_T = 1.22e^{-\frac{T}{1388.01}} - 0.20 \quad （20℃ \leqslant T \leqslant 800℃） \tag{3-9}$$

$$腹板：k_T = 0.52e^{-\frac{T}{781.48}} + 0.49 \quad （20℃ \leqslant T \leqslant 800℃） \tag{3-10}$$

图 3-24 为试件的剪力传递承载力与曾经经历的最高温度持续时间之间的关系曲线。从图 3-24 中可以看出，当升温时曾经经历的最高温度一定，随着最高温度持续时间的增加，试件的剪力传递承载力大致呈指数下降。定义 k_t 为升温时曾经经历的最高温度持续时间对带栓钉连接件型钢混凝土短柱试件剪力传递承载力影响系数，k_t 用式（3-11）表示：

$$k_t = \frac{P_u(T,t)}{P_u(T,30)} \tag{3-11}$$

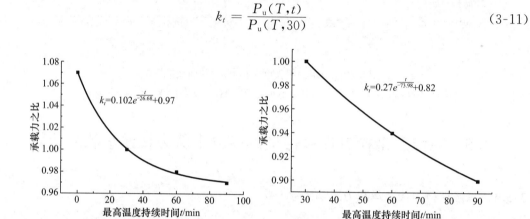

图 3-24　剪刀传递承载力与最高温度持续时间的关系
(a) 翼缘布置栓钉，升温最高温度 400℃；(b) 腹板布置栓钉，升温最高温度 400℃

式中，$P_u(T, t)$ 和 $P_u(T, 30)$ 分别为曾经经历最高温度为 T、且最高温度持续时间为 t 时带栓钉连接件型钢混凝土剪力传递承载力以及最高温度为 T、持续时间为 30min 时带栓钉连接件型钢混凝土剪力传递承载力。通过对试验结果的统计分析，在型钢翼缘和型钢腹板布置栓钉时，k_t 分别为：

$$翼缘：k_t = 0.102e^{-\frac{t}{26.68}} + 0.97 \quad （0min \leqslant t \leqslant 90min） \tag{3-12}$$

$$腹板：k_t = 0.27e^{-\frac{t}{73.98}} + 0.82 \quad （0min \leqslant t \leqslant 90min） \tag{3-13}$$

3.5.2　高温下剪力传递承载力计算方法

考虑升温过程中曾经经历的最高温度和最高温度持续时间影响，高温后曾经经历不同升温条件时带栓钉连接件型钢混凝土剪力传递承载力为：

$$P_u(T,t) = k_T k_t P_u \tag{3-14}$$

式中，k_T 为高温后曾经经历的最高温度对带栓钉连接件型钢混凝土剪力传递承载力影响系数，用式（3-9）或式（3-10）计算；k_t 为高温后曾经经历的最高温度持续时间对带栓钉连接件型钢混凝土剪力传递承载力影响系数，用式（3-12）或式（3-13）计算；P_u 为常温下带栓钉连接件型钢混凝土的剪力传递承载力，用第 2 章式（2-1）~式（2-8）计算。

3.5.3　计算结果与试验结果比较

表 3-5 为本次主要试验结果与上述公式计算结果的比较情况。计算中，常温下材料强度采用试验实测值。从表 3-5 中可以看出，公式计算结果与试验结果总体相符且偏于安全。

承载力计算结果与试验结果比较　　　　　　　　　　　　表 3-5

试件编号	承载力试验值/kN	承载力计算值/kN	试验值/计算值
SRC-1	539.0	407.4	1.32
SRC-2	421.2	342.4	1.23
SRC-3	370.9	283.6	1.31
SRC-4	297.9	232.7	1.28
SRC-5	723.6	594.2	1.22
SRC-6	624.6	495.9	1.26
SRC-7	452.6	403.1	1.22
SRC-8	466.0	354.3	1.32
SRC-9	411.8	332.2	1.24
SRC-10	407.1	329.7	1.23
SRC-11	452.6	352.3	1.28
SRC-12	535.9	475.9	1.13
SRC-13	460.5	474.9	0.97
SRC-14	546.1	523.0	1.04
SRC-15	598.0	524.2	1.14
SRC-16	560.2	470.8	1.19
SRC-17	489.5	416.8	1.17
SRC-18	464.4	400.3	1.16
SRC-19	532.8	445.8	1.19
SRC-20	504.5	426.9	1.18
SRC-21	609	432.5	1.41
SRC-22	681	566.1	1.20

3.6　高温后反复荷载下剪力传递性能退化试验

3.6.1　试件设计

高温后反复荷载下带栓钉连接件型钢混凝土界面剪力传递性能退化试验包含 12 个试件，试件截面与 2.2 节中常温下单调加载试验一致，截面尺寸与配钢情况见图 2-1，钢材力学性能见表 2-2。试验参数包括升温时曾经经历的最高温度 T_{max}、最高温度保持时间 t、型钢外围混凝土保护层厚度 C_{us} 以及栓钉布置位置，试件编号与参数设计见表 3-6。

试件参数设计　　　　　　　　　　　　　　　　　表 3-6

试件编号	混凝土强度 f_{cu}/MPa	栓钉数量间距	栓钉布置位置	最高温度 T /℃	最高温度持续时 t /min	加载方式
SRC-F-1	59.1	2@175	翼缘	200	30	反复
SRC-F-2	61	2@175	翼缘	400	30	反复
SRC-F-3	61	2@175	翼缘	600	30	反复
SRC-F-4	59.7	2@175	翼缘	400	60	反复
SRC-F-5	55	2@175	腹板	400	30	反复
SRC-F-6	49.8	2@175	腹板	600	30	反复
SRC-D-1	59.1	2@175	翼缘	200	30	单调
SRC-D-2	61	2@175	翼缘	400	30	单调
SRC-D-3	61	2@175	翼缘	600	30	单调
SRC-D-4	59.7	2@175	翼缘	400	60	单调
SRC-D-5	55	2@175	腹板	400	30	单调
SRC-D-6	49.8	2@175	腹板	600	30	单调

3.6.2　加载与试验过程

试件制作并养护至设定时间后，进行升温试验。升温过程与 3.2 节高温下和 3.4 节高温后单调加载试验一致。升温结束后，对试件进行加载试验，单调加载在 500t 试验机上进行，加载装置与和加载过程与 2.2 节常温下、3.4 节高温后单调加载试验相同。反复加载与 1.6 节自然粘结下反复加载试验一样，通过两个 50t 液压千斤顶进行，加载装置见图 1-41，加载程序见图 1-42。若反复循环加载至液压千斤顶最大荷载时试件仍未破坏，将试件置于 500t 压力试验机进行单向推出试验，得到极限荷载。

3.6.3　试验现象

（1）破坏形态

在加载初期阶段，试件表面未出现明显裂缝，反复荷载加载至预估荷载 60％ 左右时，在试件四个侧面的靠近端部位置陆续出现细小裂缝，并向中间发展。反复荷载加载至预估荷载 70％～80％（不同试件存在差异），沿着栓钉布置位置外侧的混凝土表面裂缝数量增多，并互相连通，裂缝宽度不断加大。继续加载，纵向裂缝上下贯通，试件承载力降低，型钢滑移明显，试件最终破坏。

试验结果表明，反复荷载下试件破坏形态与单调荷载大致相同，试件破坏以混凝土劈裂为主，典型破坏形态见图 3-25。混凝土劈裂裂缝出现位置主要与栓钉的布置位置有关，当栓钉位于型钢翼缘外侧时，劈裂裂缝出现在与型钢翼缘垂直的混凝土面内；当栓钉位于型钢腹板时，劈裂裂缝主要出现在与型钢腹板垂直的混凝土面内。与常温下试件相比，高温后试件开裂更早。

（2）端部裂缝模式

观察破坏后的试件发现，反复荷载试件端部裂缝模式与单调荷载试件基本相同，端部裂缝主要有 3 种模式（如图 3-26 所示）。

第一种裂缝模式：沿翼缘垂直方向出现劈裂裂缝，裂缝穿透型钢翼缘外侧混凝土保护层，直至试件表面。这种裂缝形态出现在翼缘布置栓钉的试件。

(a)   (b)

图 3-25　试件破坏形态

(a) 翼缘侧栓钉；(b) 腹板侧栓钉

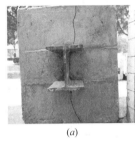 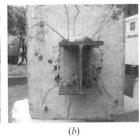 

(a)   (b)   (c)

图 3-26　试件端部主要裂缝模式

(a) 第一种；(b) 第二种；(c) 第三种

第二种裂缝模式：沿翼缘垂直方向出现明显裂缝，裂缝穿透型钢翼缘外侧混凝土保护层直到试件表面；同时沿翼缘肢尖 45°方向出现向外发散式的裂纹。大部分型钢翼缘布置栓钉的试件出现这种裂缝形态。

第三种裂缝模式：沿腹板垂直方向和翼缘肢尖 45°方向出现向外发散式的裂纹，这种裂缝形态主要出现在腹板布置栓钉的试件。

（3）栓钉破坏模式

试验结束后，敲掉试件 SRC-F-1、SRC-F-5、SRC-F-6 外部混凝土，发现在翼缘外侧布置栓钉的试件 SRC-F-1，其栓钉全部剪断，而腹板布置栓钉的两个试件 SRC-F-5 和 SRC-F-6，尚有部分栓钉未剪断，如图 3-27 所示。同时发现敲掉混凝土后，型钢翼缘外侧面较为光滑，而翼缘内侧和腹板表面会残留较多混凝土。

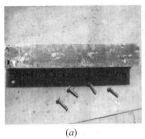  

(a)   (b)   (c)

图 3-27　栓钉破坏形态

(a) 翼缘栓钉全部剪断；(b) 腹板栓钉部分剪断；(c) 栓钉剪断详图

3.6.4　荷载-滑移滞回曲线

由试验得到的部分试件荷载-滑移滞回曲线如图 3-28 所示。从图 3-28 可以看出：

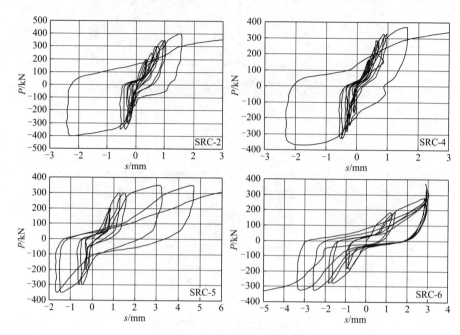

图 3-28　荷载-滑移滞回曲线

（1）反复荷载加载至极限荷载 60％之前，滑移量非常小，荷载滑移的加载和卸载曲线接近直线状态，荷载卸载至零时，滑移基本恢复，当荷载超过 60％极限荷载以后，滑移开始加大，加载曲线斜率逐渐变小，曲线逐渐偏离直线，卸载至零时，滑移没有完全恢复，需反向加载至一定值时滑移才回到零点。随着反向荷载增加，滑移朝反向发展并不断增大，反向卸载曲线与滞回环的前半环过程相似，卸载到零时依然存在残余滑移。当荷载超过极限荷载以后，荷载-滑移曲线形态与之前类似，但是滑移刚度不断退化，滑移量增加明显，此时很小的荷载增量会导致滑移成倍增长。如试件 SRC-5 在 200kN 以前滑移量只有 0.5mm 左右，且在卸载后回到零点，当荷载超过 300kN 以后，滑移量增大至 2mm 以上，增大幅度明显，当荷载到达极限荷载 350kN 以后，滑移量超过 4mm 直至型钢被推出，试件滑移刚度明显退化。

（2）荷载循环次数对滑移性能存在明显影响，在同一循环荷载大小下，第二次循环相比第一次循环，其循环的加载、卸载规律相似，但滑移量增加，滑移刚度衰退。

（3）随着滑移量的增加，荷载-滑移滞回曲线出现了"捏拢现象"。主要原因：带栓钉连接件型钢混凝土中，型钢与混凝土的粘结力主要由型钢与混凝土之间的化学粘结力、摩擦力、机械咬合力及栓钉的剪切力组成，试件在经历高温后混凝土强度下降明显，加之反复荷载的作用，型钢与混凝土的化学粘结力基本丧失，型钢与栓钉周围的混凝土也出现碎裂、松动的情况，随着反复荷载循环次数增多加剧了栓钉周围混凝土的破坏，当反向荷载加载时，由于滑移方向改变，此时滑移刚度极小，滑移剧增形成荷载-滑移曲线上的类似水平段，使滞回曲线出现"捏拢现象"。

3.6.5 荷载-滑移骨架曲线

由试件荷载-滑移滞回曲线峰值点连线得到骨架曲线如图 3-29 所示。其中图 3-29（a）中，SRC-F-5、SRC-F-6 最高温度持续时间均为 30min，栓钉均位于腹板处，而升温时曾经经历的最高温度分别为 400℃、600℃。从中可以看出，SRC-F-5 骨架曲线明显陡于 SRC-F-6，同时 SRC-F-5 剪切承载力高于 SRC-F-6。表明随着升温曾经经历最高温度的上升，试件滑移刚度下降，剪切承载力下降。

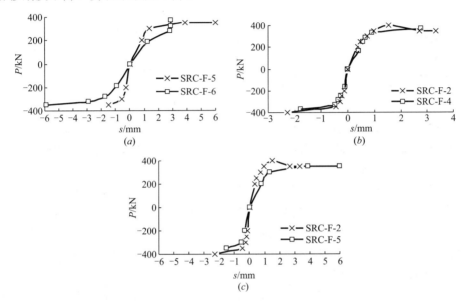

图 3-29　荷载-滑移骨架曲线

图 3-29（b）SRC-F-2、SRC-F-4 升温时曾经经历的最高温度均为 400℃，栓钉均位于翼缘处，而最高温度持续时间分别为 30min 和 60min，从中可以看出，SRC-F-2 骨架曲线略陡于 SRC-F-4，同时 SRC-2 剪切承载力稍高于 SRC-F-4。表明随着最高温度持续时间的上升，试件滑移刚度和剪切承载力都逐渐下降。

图 3-29（c）SRC-2、SRC-5 升温时曾经经历的最高温度均为 400℃，最高温度持续时间均为 30min，而栓钉位置分别是翼缘、腹板处，从中可以看出，SRC-F-2 骨架曲线明显陡于SRC-F-5 斜率，同时 SRC-F-2 剪切承载力高于 SRC-F-5。表明高温后栓钉位于翼缘时，试件的滑移刚度和剪切承载力都优于栓钉位于腹板的试件，这与常温下的试验结果完全不同。

3.6.6 反复荷载下界面力传递性能退化

由试验得到的高温后单调及反复荷载下试件界面剪切承载力及相同参数条件下反复加载与单调加载时试件界面剪切承载力对比情况见表 3-7。

承载力对比			表 3-7
试件编号	试验剪切承载力 P_u/kN	反复加载/单调加载	承载力下降比例
SRC-F-1	516.00	95.73%	4.27%
SRC-D-1	539.00		

续表

试件编号	试验剪切承载力 P_u/kN	反复加载/单调加载	承载力下降比例
SRC-F-2	400.00	94.97%	5.53%
SRC-D-2	421.20		
SRC-F-3	370.00	99.76%	0.24%
SRC-D-3	370.90		
SRC-F-4	370.00	89.85%	10.15%
SRC-D-4	411.80		
SRC-F-5	350.00	62.48%	37.52%
SRC-D-5	560.20		
SRC-F-6	370.00	78.59%	21.41%
SRC-D-6	489.50		

从表 3-7 中 SRC-F-1、SRC-F-2、SRC-F-3 和 SRC-D-1、SRC-D-2、SRC-D-3 试件界面剪切承载力对比中可以看到，当栓钉布置在型钢翼缘外侧，曾经经历最高温度为 200℃、400℃、600℃，最高温度持续时间相同时，反复荷载下试件界面剪切承载力较单调荷载下的界面剪切承载力分别下降 4.27%、5.03%、0.24%。从表 3-7 SRC-F-5、SRC-F-6 和 SRC-D-5、SRC-D-6 试件界面剪切承载力对比可以看到，当栓钉布置在型钢腹板，曾经经历最高温度为 400℃、600℃，最高温度持续时间相同时，反复荷载下试件界面剪切承载力较单调荷载下的界面剪切承载力分别下降 37.52%、24.41%。从以上数据可以看出，曾经经历的最高温度大约在 400℃时，试件反复荷载下界面力传递性能退化最为显著，且腹板布置栓钉试件的界面剪切承载力退化率远大于翼缘布置栓钉的试件。

从表 3-7 中 SRC-F-3、SRC-F-4 和 SRC-D-3、SRC-D-4 试件界面剪切承载力对比中可以看到，当曾经经历的最高温度相同（400℃），而最高温度持续时间分别为 30min、60min 时，反复荷载下试件界面剪切承载力较单调荷载下的界面剪切承载力分别下降 5.03%、10.15%。结果表明当曾经经历的最高温度一定，随着最高温度持续时间的增加，反复荷载下试件的界面力传递性能退化加大。

3.7　本章小结

本章通过试验研究和理论分析，研究了高温及高温带栓钉连接件型钢混凝土构件界面纵向剪力传递性能，建立与温度或曾经经历温度相关的纵向剪力传递承载能力计算公式。研究了高温冷却后反复荷载下带栓钉连接件型钢混凝土剪力传递性能退化，获得了反复荷载下带栓钉连接件的型钢混凝土纵向剪力传递承载能力衰减退化规律。

参 考 文 献

[1] 吴波. 火灾后钢筋混凝土结构的力学性能 [M]. 北京：科学出版社，2003.

[2] 李国强. 钢结构及钢-混凝土组合结构抗火设计 [M]. 北京：中国建筑工业出版社，2006.

[3] 徐泽晶. 火灾后钢筋混凝土结构的材料特性、寿命预估和加固研究 [D]. 大连：大连理工大学，2005.

[4] 肖明辉，时旭东，邢万里. 不同等级混凝土强度高温衰退性能试验研究 [J]. 建筑结构学报，

2009，39（7）：113-116.

[5] 王健，胡海涛. 高温后钢筋混凝土材料性能的研究 [J]. 青岛理工大学学报，2006，27（5）：17-21.

[6] 胡倍雷，宋玉普，赵国藩. 高温后混凝土在复杂应力状态下的变形和强度特性的试验研究 [J]. 四川建筑科学研究，1994，1（1）：47-50.

[7] 吴波，马忠诚，欧进萍. 高温后混凝土在重复荷载作用下的应力应变关系 [J]. 地震工程与工程振动，1997，17（3）：36-43.

[8] 朱伯龙，陆洲导，胡克旭. 高温（火灾）下混凝土与钢筋的本构关系 [J]. 四川建筑科学研究，1991，17（1）：37-43.

[9] 袁广林，郭操，吕志涛. 高温后钢筋混凝土黏结性能试验研究 [J]. 河海大学学报，2006，34（3）：290-294.

[10] 吴昊，陈礼刚. 高温后钢筋混凝土粘结性能试验研究 [J]. 工业建筑，2010，40（2）：105-108.

[11] 周新刚，吴江龙. 高温后混凝土与钢筋粘结性能的试验研究 [J]. 工业建筑，1997，25（5）：37-40.

[12] 王孔藩，许清风. 高温自然冷却后钢筋与混凝土之间粘结强度的试验研究 [J]. 施工技术，2005，34（8）：6-11.

[13] 蒋首超，李国强. 高温下压型钢板-混凝土粘结强度的试验 [J]. 同济大学学报，2003，31（3）：273-276.

[14] 肖建庄，黄均亮，赵勇. 高温后高性能混凝土和细晶粒钢筋间粘结性能 [J]. 同济大学学报（自然科学版），2009，37（10）：1296-1301.

[15] 牛向阳，王全凤，徐玉野. 高温后 HRB 高强钢筋粘结锚固性能的试验研究 [J]. 工业建筑，2010，40（9）：84-87.

[16] Haddad R，Shannis L. Post-fire behavior of bond between high strength Pozzolanic concrete and reinforcing steel [J]. Constr. Build. Mater.，2004（18）：425-435.

[17] Zhao B. Fire resistance of composite slabs with profiled steel sheet and of composite steel concrete beams part2：composite beams [R]. French：Directorate General Science，Research and Development，1997，1-20.

[18] Choi S K，Han S H. Performance of shear studs in fire [C]. Proceedings of International Conference Application of Structural Fire Engineering，2009：490-495.

[19] Mirza O，Uy B. Behaviour of headed stud shear conncetors for composite steel concrete beams at elevated temperatures [J]. Journal of Constructional Steel Research，2009（65）：662-674.

[20] 陈玲珠，蒋首超，李国强. 高温下栓钉剪力连接件的结构性能数值模拟研究 [J]. 防灾减灾工程学报，2012，32（1）：77-83.

[21] 李俊华，王国锋，邱栋梁，俞凯. 带栓钉连接件型钢混凝土剪力传递性能研究 [J]. 土木工程学报，2012，45（12）：74-82.

[22] 李俊华，俞凯，邱栋梁，王国锋. 高温下带栓钉连接件型钢混凝土界面剪力传递性能研究 [J]. 建筑结构学报，2013，34（2）：37-45.

[23] Zihua ZHANG，Junhua LI＊，Lei ZHANG，Kai YU. Study on the interfacial shear behavior of steel reinforced concrete（SRC）members with stud connectors after fire [J]. Frontiers of Structural and Civil Engineering，2014，8（2）：140-150.

[24] 池玉宇，李俊华，俞凯，石哲. 高温后反复荷载下带栓钉连接件型钢混凝土界面力传递性能研究 [J]. 工业建筑，2015，45（7）：159-163.

第4章　非均匀火灾下约束型钢混凝土柱抗火性能

4.1 引　言

型钢混凝土结构承载力高、刚度大、抗震性能好，是高层与超高层建筑中的理想结构形式[1-4]。高层与超高层建筑层数多、使用面积大、用途复合化，结构的安全问题尤其是火灾安全问题十分突出。作为型钢混凝土结构的主要承重构件，型钢混凝土柱火灾下的力学行为及灾后的剩余承载特性对结构安全起至关重要作用。工程结构中，柱与剪力墙、隔墙等组成竖向受力和维护体系，由于墙体的隔离作用，火灾下柱处于四面均匀受火的情况并不多见，更多的是遭受单面、相邻或相对两面、三面等非均匀火灾情况。非均匀火灾下，柱截面不同方位的温升程度存在显著差异，造成构件不同方向的材料损伤程度不同，从而导致截面形心偏移。由于形心的偏移，常温下的轴压构件将成为偏压构件，常温下的偏压构件由于偏心距的变化，其承载力与破坏性质较受火前均有可能发生较大变化。同时，在非均匀火灾场下，构件边缘沿轴向产生不均等膨胀，受火侧膨胀变形大，背火侧膨胀变形小，从而在构件中产生附加挠度。如果附加挠度与原荷载产生的挠度方向相反，将延缓构件侧向变形的发展；反之如果附加挠度与原荷载产生的挠度方向相同，则加速构件的破坏。另一方面，工程结构中，柱不可避免地与梁、楼板等构件相连，相邻构件的约束作用将在一定程度上限制火灾下柱端轴向和侧向变形的发展，从而在柱截面中产生附加温度应力，火灾下柱的破坏是由于荷载效应与温度应力效应叠加产生的结果。

目前国内外有较多不同火灾工况下约束钢柱和约束钢筋混凝土柱抗火性能的研究报导[5-111]，而有关约束型钢混凝土柱抗火性能的研究还不多见[112]。本章主要介绍各种非均匀火灾下约束型钢混凝土柱的抗火性能以及火灾后的剩余承载力试验及常温下的对比试验，分析轴向与转动约束刚度比、受火方式、升温时间、荷载比、偏心率等参数对型钢混凝土柱抗火性能和火灾后剩余承载力的影响。

4.2 型钢混凝土柱常温承载力试验

4.2.1 试验目的

型钢混凝土柱抗火性能试验中，荷载比是其中一个重要参数，该参数的具体取值与试件常温极限承载力密切相关，为此先进行型钢混凝土柱常温下的承载力试验，为后续开展抗火试验时选择合适的荷载比奠定基础。

4.2.2 试件设计与加工

共设计 3 个型钢混凝土柱试件，所有试件截面尺寸均为 250mm×250mm，柱高为

1820mm；内置 HW125×125×6.5×9 热轧 H 型钢，含钢率为 4.85%；纵向配置 4φ16；箍筋在柱端各 400mm 范围内采用 φ6@50，其余部位为 φ6@100；型钢保护层厚度为 62.5mm，钢筋保护层厚度为 30mm。试件的截面形状和配钢情况如图 4-1 所示，设计参数与混凝土强度如表 4-1 所示。表 4-1 中，构件长细比 λ 定义为 $\lambda = l_0/h$，其中 l_0 为构件长度，h 为构件截面高度。

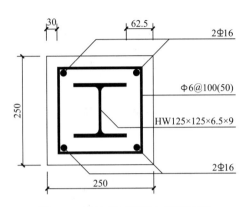

图 4-1　试件截面形状与配钢情况

试件参数与混凝土强度等级				表 4-1
试件编号	混凝土立方体抗压强度/MPa	长细比	偏心距/mm	极限承载力/kN
SRC-C-1	30.50	7.28	0	2280
SRC-C-2	30.50	7.28	25	2070
SRC-C-3	30.50	7.28	50	1520

　　为保证试件加工时型钢和钢筋在截面中的位置，同时方便后续抗火试验时试件与约束装置的连接，在试件两端各设一块边长为 350mm、厚为 30mm 的方形钢端板，端板上预留螺栓孔及型钢和钢筋穿越孔洞，试验中不同荷载偏心率的试件通过调节钢端板形心与型钢形心之间的距离来实现，如图 4-2 所示。

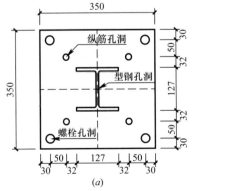 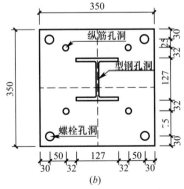

图 4-2　钢端板加工示意图（一）
（a）偏心率 0.0；（b）偏心率 0.2

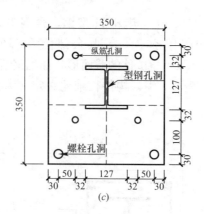

图 4-2　钢端板加工示意图（二）

(c) 偏心率 0.4

型钢、纵筋、箍筋以及钢端板的加工均在工厂完成，浇筑混凝土前用角焊缝将型钢、钢筋及钢端板相连，由此成形的钢骨架如图 4-3 所示。

图 4-3　试件钢骨架

4.2.3　材料属性

试验柱所用混凝土采用同一批次商品混凝土，实测得其立方体抗压强度为 30.5MPa。型钢与钢筋的各项性能由标准拉伸试验确定，测试结果如表 4-2 所示。

钢材力学性能　　　　　　　　　　　　　　　　表 4-2

钢材种类		屈服强度/MPa	极限强度/MPa	弹性模量/MPa
型钢	翼缘	249.40	393.19	2.23×10^5
	腹板	255.67	402.46	2.26×10^5
纵向受力钢筋		363.49	573.58	2.00×10^5
箍筋		348.51	514.23	2.10×10^5

4.2.4 试验内容及装置

试验加载在 500t 长柱试验机上完成，主要测试以下几项内容：①试件的极限承载力；②试验过程中裂缝的开展情况及试件的破坏形态；③轴心受压试件的荷载-轴向变形的关系曲线；④偏心受压试件的荷载-侧向挠度的关系曲线。

试验时，在轴压试件和偏压试件柱端分别设置单向刀铰，使柱端能自由转动。利用百分表测定轴向受压试件的纵向变形和偏心受压试件的侧向位移。对于轴压柱，采取在压力机顶板和底板各设位移百分表的方式量测试件端部的位移变化，从而获取试件全高范围内的纵向变形；对于偏压柱，利用沿柱端、柱高 1/3、柱高 1/2 处以及柱高 2/3 处的位移百分表来测定试件的侧向变形。试件的加载和测量方法如图 4-4 所示，加载装置如图 4-5 所示。

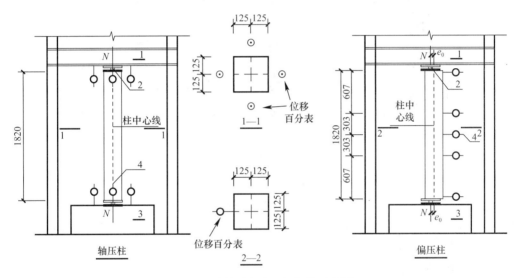

图 4-4 试件测点布置与加载示意图

1—试验机钢板；2—单向刀铰支座；3—试验机油缸；4—位移百分表

图 4-5 试验加载装置

(a) 轴压；(b) 偏压 0.2；(c) 偏压 0.4

4.2.5　试验结果与分析

（1）试验现象及破坏过程

SRC-C-1：轴心受压柱。加载初期，试件未见明显裂缝；荷载增加到 700kN（大约 30％的极限荷载）时，在试件中部出现若干条长度在 5～10cm 的竖向裂缝；到约 1800kN（大约 75％的极限荷载）时，在试件下端产生裂缝，且裂缝数量逐步增多；到约 2000kN（大约 85％的极限荷载）时，该处裂缝发展迅速，裂缝之间相互交叉，混凝土开始碎裂；到约 2200kN（接近极限荷载）时，混凝土剥落严重，纵筋屈曲向外鼓出，同时在混凝土脱落处的相对面则有贯通试件截面的横向裂缝产生。试件破坏形态如图 4-6（a）所示。

图 4-6　试件破坏形态
(a) SRC-C-1；(b) SRC-C-2；(c) SRC-C-3

SRC-C-2：偏心 0.2 受压柱。在荷载加载初期并未产生明显裂缝；加载到约 1300kN（大约 60％的极限荷载）时，靠近偏心荷载一侧的表面出现长度约 6cm 的竖向裂缝；到约 1700kN（大约 60％的极限荷载）时，靠近偏心荷载一侧表面出现若干条新的竖向裂缝，原有裂缝不断发展延伸；加载至约 1900kN（大约 90％的极限荷载）时，竖向裂缝发展迅速，同时有少许横向裂缝产生；到约 2000kN（大约 95％的极限荷载）时，裂缝开始合并，并伴随有混凝土压碎响声；到约 2100kN（极限荷载）时，混凝土剥落严重，纵筋屈曲破坏，远离偏心荷载一侧混凝土表面出现贯通的横向裂缝，试件表现出明显的小偏心受压破坏特征。试件破坏形态如图 4-6（b）所示。

SRC-C-3：偏心 0.4 受压柱。试件破坏形态与 SRC-C-2 不同之处在于，加载过程中首先在远离偏心荷载方向一侧表面产生横向裂缝，在接近极限承载力时才在相对面出现纵向裂缝，伴随着混凝土的压溃而迅速达到极限荷载，整个破坏过程属于大偏心破坏。试件破坏形态如图 4-6（c）所示。

（2）荷载-轴向变形曲线

由试验得到试件 SRC-C-1 的荷载-轴向变形曲线如如图 4-7 所示。从图 4-7 中可以看出，试件的轴向刚度从加载到达到最大承载力大致呈现三种变化：加载初期，试件的轴向变形较小，此时轴力主要由截面的混凝土承担，试件轴向刚度较小；随着荷载和混凝土纵向变形的增加，混凝土承受的轴力通过型钢与混凝土的粘结作用逐渐向型钢转移，型钢与混凝土共同承受轴力，试件的刚度增大；当混凝土出现纵向裂缝以后，试件的刚度又减小，试件纵向变形增加的速度加快，直到试件达到最大承载力而发生破坏。

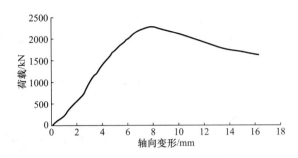

图 4-7　SRC-C-1 荷载-轴向变形曲线

（3）荷载-侧向挠度曲线

由试验得到试件 SRC-C-2 和 SRC-C-3 的荷载-侧向挠度曲线如如图 4-8 所示，从图 4-8 中可以看出，从加载到大约 80％的极限荷载以前，试件的荷载-挠度曲线几乎为一条直线，没有如钢筋混凝土构件一样在截面出现弯曲裂缝后有一明显拐点。同时可以看出，随着荷载偏心率的增大，试件的刚度减小，同等荷载作用下构件侧向挠度增加。

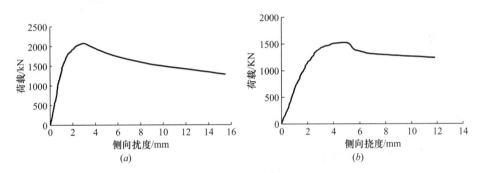

图 4-8　荷载-侧向挠度曲线
（a）SRC-C-2；（b）SRC-C-3

（4）极限承载力

通过试验得到的各试件承载力见表 4-1。从表中可以看出，试件承载力随着荷载偏心率的增大而减小。

4.3　非均匀受火下约束型钢混凝土柱抗火性能试验

4.3.1　约束装置设计

（1）约束柱分析模型

要研究梁、楼板等相邻构件对型钢混凝土柱抗火性能的影响，设计合理的柱端约束装置至关重要。一般可在柱端设置轴向和转动弹簧模拟相邻构件的约束作用，由此构件的约束型钢混凝土柱的分析模型如图 4-9 所示，其中 H 表示柱高，N 表示柱和轴向约束弹簧共同承担的轴力，M 表示柱端和转动约束弹簧共同承受的弯矩，K_{AS} 表示约束装置所提供的轴向约束刚度，K_{RS} 表示约束装置所提供的转动约束刚度。

根据该约束柱分析模型设计的约束装置如图 4-10 所示，该装置主要由 3 部分组成：

钢梁、钢柱、钢板,其中钢梁和钢柱均采用热轧 HW400×400×13×21,所用钢材均为 Q345。钢梁、钢柱和钢板通过高强度螺栓、螺杆相互连接,形成两榀十字交叉的自平衡钢框架,两榀钢框架互相支撑,可有效避免升温加载时平面外失稳,同时通过调节各榀钢框架中两钢柱的间距,可对试件施加不同程度的轴向约束与转动约束。

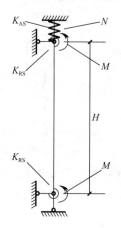

图 4-9　约束型钢混凝土柱分析模型　　　　图 4-10　约束装置

(2) 约束刚度计算

利用有限元软件 ANSYS 对约束装置所提供的轴向约束刚度和转动约束刚度进行计算分析。钢梁和钢柱均采用 Beam4 梁单元,截面尺寸定为 HW400×400×13×21,钢材常温下弹性模量取为 $2.06×10^5 N/mm^2$,泊松比取为 0.3,各梁单元采用固接连接,对称布置,整体构成空间三维体系,见图 4-11 所示。

在模型上部横梁交叉处施加一集中力 F,在底部横梁交叉处施加约束作用,计算横梁交叉处节点的竖向位移值 u,利用式 (4-1) 计算装置的轴向约束刚度:

$$K_{AS} = \frac{F}{u} \tag{4-1}$$

图 4-12 为按上述方法计算获得的约束装置变形图。由图 4-12 可见,上、下横梁分别因外力及约束作用而产生竖向变形,且梁端弯曲,结构表现出良好的轴向约束效果。

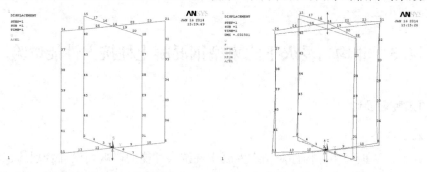

图 4-11　约束装置分析模型　　　　图 4-12　模拟约束装置轴向约束刚度

在顶部横梁施加两对方向互相垂直,数值大小相等的力偶 M,在底部横梁交叉处施加约束,计算单位长度横梁的转角 θ,利用下式计算装置的转动约束刚度:

$$K_r = \frac{M}{\theta} \tag{4-2}$$

图 4-13 为按上述方法计算获得的约束装置变形图。由图 4-13 可见，各梁单元发生相应变形，其中顶部横梁以交叉处为中心产生扭转变形，而底部横梁因约束作用变形不大，结构表现出良好的转动约束效果。

在荷载作用下，各梁单元相互作用，对与之相连的构件提供约束刚度，通过调整梁单元长度，可获得不同程度的轴向约束刚度以及转动约束刚度。本次试验中约束装置所提供的约束刚度值见表 4-3。

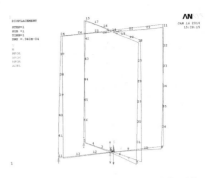

图 4-13 模拟约束装置转动约束刚度

约束装置所提供的约束刚度值 表 4-3

序号	相对钢柱间距（mm）	K_{AS}（kN/m）	K_{RS}（kN·m）
1	3000	3.18×10^5	4.19×10^5
2	3800	1.71×10^5	3.96×10^5

4.3.2 试验参数

本次试验参数包括：①受火方式。包括单面受火、相邻两面受火、相对两面受火、三面受火、四面受火四种情况。②火灾荷载比 n。$n = N/N_u$，其中 N 为试验时作用在柱上的轴向力，在试验过程中保持不变；N_u 为试件常温极限承载力。③荷载偏心率 η。$\eta = 2e/h$，其中 e 为偏心距，h 为柱截面高度。④轴向约束刚度比 a_A。$a_A = K_{AS}/K_{AC}$，其中 K_{AS} 为约束装置提供的轴向约束刚度；K_{AC} 为柱自身轴向刚度，按两端固接计算。$K_{AC} = (EA)_{eff}/L_c$，其中 $(EA)_{eff}$ 为试验柱有效轴向刚度，L_c 为试验柱高度，且 $(EA)_{eff} = E_a A_a + E_s A_s + E_c A_c$，$E_a$、$E_s$、$E_c$ 分别为型钢、钢筋、混凝土常温下的弹性模量，A_a、A_s、A_c 分别为型钢、钢筋、混凝土的截面面积。⑤转动约束刚度 β_{R1}。$\beta_R = K_{RS}/K_{RC}$，其中 K_{RS} 表示为约束装置提供的转动约束刚度，K_{RS} 为试验柱自身转动约束刚度，按两端固接计算。$K_{RS} = 4(EI)_{eff}/L_c$，$(EI)_{eff}$ 表示试验柱有效转动刚度，L_c 表示试验柱长度，且 $(EI)_{eff} = E_a I_{a,z} + E_s I_{s,z} + 0.6 E_{cm} I_{c,z}$，$E_a$、$E_s$、$E_{cm}$ 分别表示型钢、钢筋、混凝土在室温下的弹性模量，$I_{a,z}$、$I_{s,z}$、$I_{c,z}$ 则分别表示型钢、钢筋截面、混凝土绕轴的转动惯量。所有试件的基本参数如表 4-4 所示。

试件参数设计 表 4-4

试件编号	受火方式	初始轴力（kN）	荷载比 n	偏心率 η	轴向约束刚度比 α_A	转动约束刚度比 β_{R1}
SRC-1	四面	452	0.20	0.0	0.2224	20.8
SRC-2	四面	452	0.20	0.0	0.1196	19.7
SRC-3	四面	621	0.30	0.2	0.2224	20.8
SRC-4	三面	621	0.30	0.2	0.2224	20.8
SRC-5	相对两面	621	0.30	0.2	0.2224	20.8
SRC-6	相邻两面	621	0.30	0.2	0.2224	20.8
SRC-7	单面	621	0.30	0.2	0.2224	20.8
SRC-8	四面	708	0.47	0.4	0.2224	20.8
SRC-9	三面	708	0.47	0.4	0.2224	20.8

续表

试件编号	受火方式	初始轴力（kN）	荷载比 n	偏心率 η	轴向约束刚度比 α_A	转动约束刚度比 β_{R1}
SRC-10	相对两面	708	0.47	0.4	0.2224	20.8
SRC-11	相邻两面	708	0.47	0.4	0.2224	20.8
SRC-12	单面	708	0.47	0.4	0.2224	20.8
SRC-13	四面	456	0.30	0.4	0.2224	20.8
SRC-14	四面	621	0.30	0.2	0.2224	20.8

4.3.3　试验系统与测试方案

试验系统由柱端约束装置、升温系统、加载系统组成。约束装置如图4-10所示。升温系统由电加热升温炉及炉温控制系统组成，见第2章。升温前柱轴向荷载通过机械千斤顶施加，且在升降温过程中保持力值恒定。

试验中主要测试内容包括：炉温、柱截面温度分布、柱端轴力及轴向变形。炉温通过电加热升温炉自带的温度棒测定；柱截面温度通过埋置于试件内部的热电偶进行量测；柱端轴力荷载传感器测定；柱轴向变形通过设置于试件顶部和试件底部的位移计测定。所有试验数据均由数据采集仪自动采集记录。

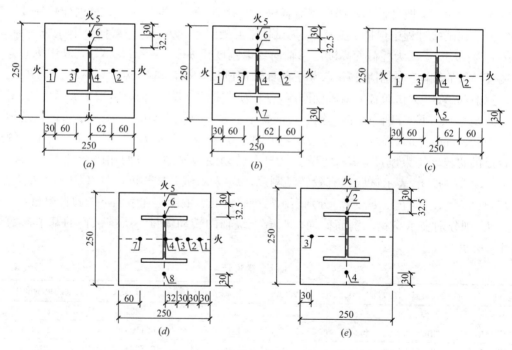

图 4-14　试件截面热电偶布置位置

（a）四面受火；（b）三面受火；（c）相对两面受火；（d）相邻两面受火；（e）单面受火

热电偶布置在试件1/2高度截面，不同受火方式下热电偶测温点在截面上的布置见图4-14，布置过程如下：首先在试件核心型钢上焊接若干短钢筋作为热电偶的固定骨架，然后在短钢筋上绑扎与试验混凝土强度等级相近的混凝土小试块，将热点偶用铁丝绑扎固定在该小试块上，再将其导线引出固定，确保热电偶的埋置位置在浇筑混凝土时不会被改变，热电偶施工布置如图 4-15 所示。

图 4-15　热电偶施工图

4.3.4　试验过程

1）粘结防火棉。对试验中拟进行非均匀受火试验的试件，在其未受火面上铺设三层厚度各为 30mm 防火棉。施工时，先用可耐 1200℃ 的高温胶将底层防火棉粘贴于试件未受火面上，然后将另外两层防火棉依次用钼丝包绑于该面外，钼丝间距为 300mm，如图 4-16 所示。

(a)　　　　　　　　　　　　　　(b)

图 4-16　防火棉施工图
(a) 首层防火棉铺设；(b) 后两层防火棉铺设

2）安装试验装置。用高强度螺栓将约束装置连接成整体，就绪后用一可平移及升降运动的支架车将升温炉运送至约束装置底梁上方并固定（与底梁不接触），如图 4-10 所示。

3）安装试件。打开升温炉炉门，去掉升温炉炉顶和炉底的滑动插块，将试件送入升温炉中，且柱顶与柱顶伸出炉腔各 10cm 左右；将柱底钢端板通过高强度螺栓与约束装置底梁相连，将柱顶钢端板通过螺杆与约束装置顶梁相连，且在柱顶与顶梁之间放置千斤顶和荷载传感器（如图 4-17 所示），用于测定加载和升降温过程中的轴力变化。

4）安装柱顶、柱底位移计。从柱顶钢端板上和柱底钢端板下沿四个互相垂直的方向引出刚度较大的钢板条。位移计磁支座吸于地面支架上，指针顶住外伸的钢板条上（如图 4-18 所示），以测定升降温过程中试件的轴向变形。

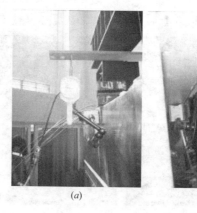

图 4-17　柱顶与约束装置连接

图 4-18　位移计布置图

(a) 柱顶；(b) 柱底

5) 施加初始轴力。利用机械千斤顶施加初始轴向力，轴向力分级施加，达到设计值后保持力值恒定不变。

6) 持荷升温。设置升温炉升温参数，启动升温控制按钮，对试件进行持荷下的升温试验。整个升温过程分为四个阶段：①温度上升阶段，从开始升温到温度达到 800℃；②恒温保持阶段，当温度达到 800℃后，保持该温度 150min 不变；③炉内降温阶段，按下升温停止按钮，在炉门关闭状态下降温；④自然冷却阶段，炉内降温 60min 后，打开炉门，使试件自然冷却。由于不同受火条件下，试件表面铺设防火棉情况各异，导致试件达到最高温度时的时间略有差异，但升降温总体趋势一致，试验过程中炉膛代表性升降温全过程曲线如图 4-19 所示。

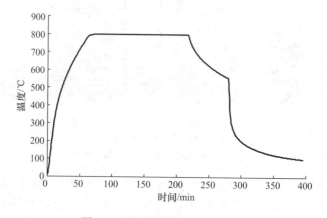

图 4-19　炉膛升降温全过程曲线

4.3.5　试验结果与分析

（1）试验现象

当升温至大约 15～30min 时，炉体上方开始有水蒸汽逸出，且随着温度升高蒸汽越来越浓密；升温大约 105～120min 后，水蒸汽逸出开始减少；升温 130～150min 后，水蒸汽基本消失。总体上看，四面受火、三面受火、两面受火、单面受火的试件，水蒸汽初始逸出和水蒸汽消失时间依此推后。

受荷与受火方式影响试件表面裂缝的发展，轴压与四面受火情况下，试件表面仅产生竖向裂缝；偏压和其他非均匀受火情况下，试件表面除竖向裂缝外，沿斜向、横向也有不规则裂缝存在。受火后试件表面裂缝情况见图 4-20。

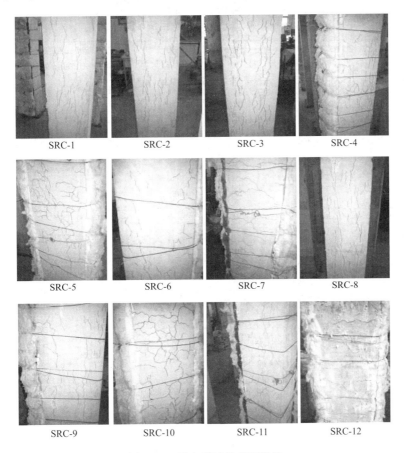

图 4-20　受火后试件表面裂缝

（2）截面温度分布

图 4-21 为热电偶测得的试件截面温度-时间变化曲线。从图 4-21 中可以看到，不同受火条件下，试件内部升降温过程大致相同，即经历初始上升段、恒温段、继续上升段、下降段。升温炉升温按钮启动后，试件截面各点的温度缓慢上升，距离试件表面的距离越远，升温速度越慢；当某点的温度达到 100℃ 左右，其周围的水分迅速蒸发，带走热量，使得该点的温度在一段时间内保持恒定，距离试件表面的距离越远，温度保持恒定的时间越长，水分蒸发后，截面各点的温度继续上升，且升温速度比初始段更快。由于热量由外往内传递，距离试件表面较远的点，其升温速度反而越快；当升温按钮关闭后，试件表面温度迅速降低，但试件内部温度仍处于上升阶段。总体上看，距离试件表面距离越远，熄火后温度开始下降的时间点越长。

受火面数量、受火方位对试件截面温度有显著影响。表 4-5 给出了不同受火条件下，型钢翼缘外侧和型钢腹板外侧（与翼缘或腹板垂直）与试件表面不同距离的测点在升降温

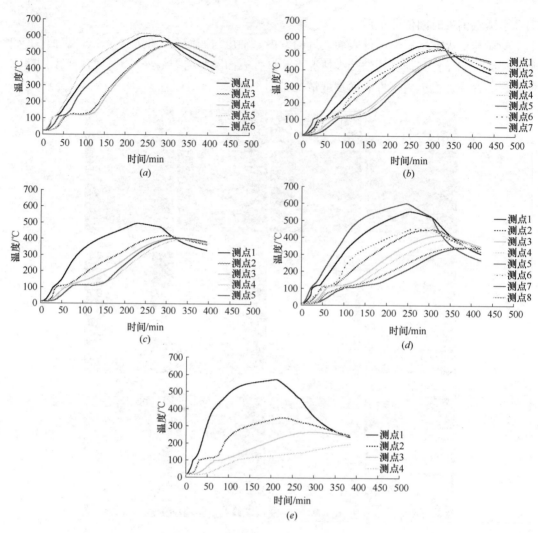

图 4-21　温度-时间曲线

（a）SRC-1 四面受火；（b）SRC-9 三面受火；（c）SRC-5 相对两面受火；
（d）SRC-6 相邻两面受火；（e）SRC-12 单面受火

全过程下的最高温度，从表 4-5 中可以看出：1）四面受火、三面受火、两面受火、单面受火时，试件截面同一位置所经历的最高温度依此降低。2）由于型钢热阻的影响，与试件表面距离相同时，型钢翼缘外侧受火面温度比型钢腹板外侧受火面温度略高，如四面受火的试件 SRC-1，其腹板外侧测点 1 最高温度为 601℃，而翼缘外侧测点 5 最高温度为 617℃；三面受火的试件 SRC-9，其腹板外侧测点 1 最高温度为 549℃，而翼缘外侧测点 5 的最高温度为 619℃。3）相对两面受火时，截面温度场对称分布，与受火表面距离相同的点，其最高温度大致相同。4）与相对两面受火相比，相邻两面受火时，未受火面温度相对较低。5）单面受火，当距试件表面距离相同时，直接受火面、受火面相邻面、受火面相对面最高温度依此降低，其中受火面相对面上距试件表面 30mm 测点 4 的最高温度为 197℃，明显低于直接受火面对应测点 1 的最高温度 573℃，表明试验中未受火面处理措施合理有效。

不同测点的最高温度 表 4-5

试件编号	测点编号	测点方位	距表面距离/mm	受火状态	与受火面关系	最高温度/℃
SRC-1	1	腹板外侧	30	四面受火	受火	601
	2	腹板外侧	60		受火	—
	3	腹板外侧	90		受火	556
	4	腹板外侧	122		受火	554
	5	翼缘外侧	30		受火	617
	6	翼缘外侧	62.5		受火	570
SRC-9	1	腹板外侧	30	三面受火	受火	549
	2	腹板外侧	60		受火	524
	3	腹板外侧	90		受火	501
	4	腹板外侧	122		受火	500
	5	翼缘外侧	30		受火	619
	6	翼缘外侧	62.5		受火	531
	7	翼缘外侧	30		相邻	489
SRC-5	1	腹板外侧	30	相对两面受火	受火	494
	2	腹板外侧	60		受火	419
	3	腹板外侧	90		受火	402
	4	腹板外侧	122		受火	399
	5	翼缘外侧	30		相邻	405
SRC-6	1	腹板外侧	30	相邻两面受火	受火	554
	2	腹板外侧	60		受火	448
	3	腹板外侧	90		受火	415
	4	腹板外侧	122		受火	387
	5	翼缘外侧	30		受火	602
	6	翼缘外侧	62.5		受火	451
	7	腹板外侧	60		相邻	340
	8	翼缘外侧	30		相邻	343
SRC-12	1	翼缘外侧	30	单面受火	受火	573
	2	翼缘外侧	62.5		受火	349
	3	腹板外侧	30		相邻	267
	4	翼缘外侧	30		相对	197

（3）轴向变形-时间关系曲线

图 4-22 为试件实测轴向变形与升降温时间关系曲线（轴向变形以试件伸长为正，试件 SRC-9、SRC-14 由于试验过程中用于测试柱轴向变形的位移计发生故障未获得完整曲线）。不同受火条件、不同荷载偏心率下，试件的轴向变形-升降温时间关系曲线大致有三种类型：①四面受火下的轴心受压试件 SRC-1、SRC-2，随着升降温时间的增加，轴向变形表现出快速伸长、缓慢伸长、变形稳定、轴向压缩四个阶段；②四面受火下的偏心受压试件 SRC-3、SRC-8、SRC-13，随着升降温时间的增加，轴向变形表现出缓慢伸长和轴向压缩两个阶段；③其余非均匀火灾和偏心荷载共同作用下的试件，随着升降温时间的增加，试验全过程中的轴向变形表现为压缩。

四面受火下的轴心受压柱，其轴向变形主要受热膨胀引起的轴向伸长和外力引起的轴

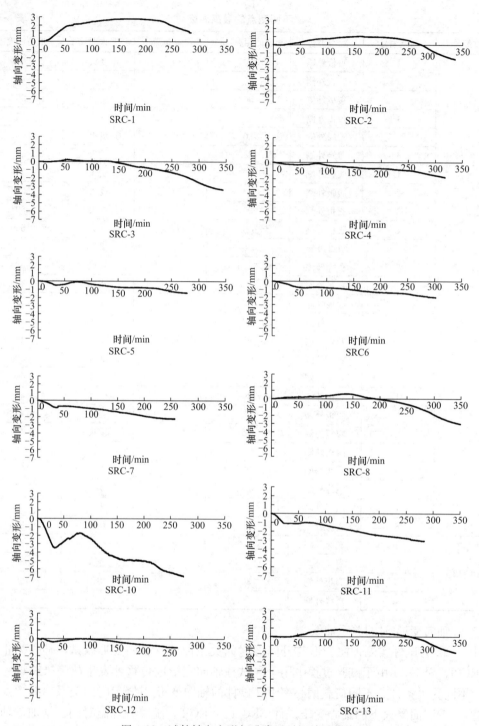

图 4-22 试件轴向变形与升降温时间关系曲线

向压缩两方面影响。升温初期，试件截面温度尚低，材料强度受温度影响较小，由温度升高引起的膨胀变形效果大于由于材料性能劣化而导致外力引起的轴向压缩增加效果，轴向变形表现为快速增长；随着升温时间的增加，试件截面温度不断升高，材料性能不断劣化，外力所引起的压缩变形效果不断加大，轴向变形上升段逐步变缓；当热膨胀变形速度接近压缩变形速度时，试件轴向变形发展处于相对稳定阶段，膨胀变形也随之达到峰值；升温停止后，试件由外到内逐渐降温，热膨胀变形减小，外力所引起的压缩变形占主导地位，曲线表现为下降段，当热膨胀引起的总变形与外力引起的压缩变形相等时，试件轴向变形为0，随后表现为整体压缩。

四面受火下的偏心受压柱，升温初期，试件的热膨胀变形也较大，但由于受偏心荷载作用，试件变形逐渐向侧向弯曲发展，致使试件轴向伸长速度不如轴心受压柱快，轴向变形与升降温时间关系表现为缓慢上升；降温时，热膨胀变形减小，试件轴向伸长渐渐恢复，并且由于材料性能的劣化最终表现为侧向弯曲和轴向压缩。

非均匀火灾下的偏心受压柱（受火面远离轴力侧），高温引起的非均匀膨胀变形和荷载引起的侧向变形使试件不断发生弯曲，轴向整体表现为不断压缩。

（4）轴向变形参数分析

图 4-23 为不同受火方式下试件轴向变形-升降温时间曲线对比图。由图 4-23 可见，在火灾荷载比、荷载偏心率相同的情况下，随着受火面的增多，试件升温阶段的轴向伸长增大，但降温后的轴向压缩程度也随之加大。其原因在于受火面越多，升温时的热膨胀越大，但同时材料损伤程度加大，导致后期轴向压缩程度加大。

图 4-24 为不同火灾荷载比下试件轴向变形-升降温时间关系曲线对比图（SRC-8：荷载比为 0.47；SRC-13：荷载比为 0.30）。从图 4-24 中可以看到，在受火条件、荷载偏心率相同的情况下，荷载比越大，试件初始轴向伸长程度越小，由轴向伸长转变为轴向压缩的时间提前，最终的缩程度加大。这是因为在相同受火条件下，试件热膨胀和材料损伤劣化程度大致相同，随着荷载比的增大，由材料劣化导致的轴力压缩效果加大，同时由轴力引起的压缩变形占总变形的比例增大。

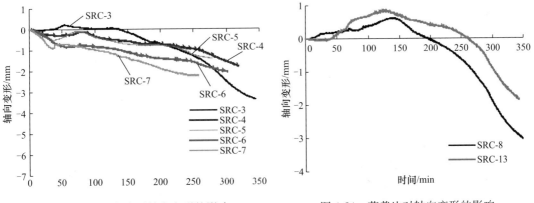

图 4-23 受火方式对轴向变形的影响　　　　图 4-24 荷载比对轴向变形的影响

图 4-25 为不同荷载偏心率情况下试件轴向变形-升降温时间曲线对比图（SRC-3：荷载偏心率为 0.2；SRC-13：荷载偏心率为 0.4）。从图 4-25 中可以看到，四面受火且火灾荷载比相同时，试件轴向伸长呈现出随荷载偏心率的增大而增大的趋势。这是因为试件的荷载偏心率越大，其对应的常温极限承载力越低，在相同荷载比下施加在试件的轴力相应减小，从而使得试件高温下热膨胀效应引起的试件伸长效果得到充分发挥。

（5）轴力-时间关系曲线

试件端部受到约束的时候，其升温阶段的轴向伸长和降温阶段的轴向压缩会受到制

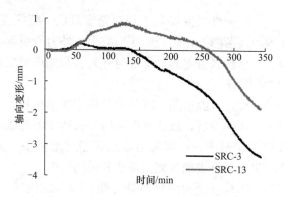

图 4-25 荷载偏心率对轴向变形的影响

约，因而在其内部产生了附加轴力。图 4-26 为试件实测轴力变化系数（实测轴力与试验预加轴力的比值）与升降温时间关系曲线（以压为正）。

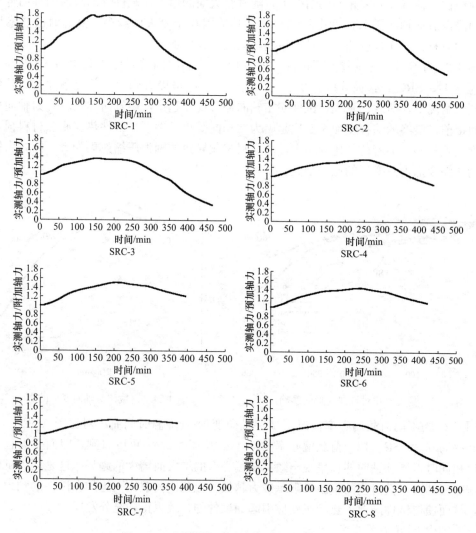

图 4-26 试件轴力-升降温时间关系曲线（一）

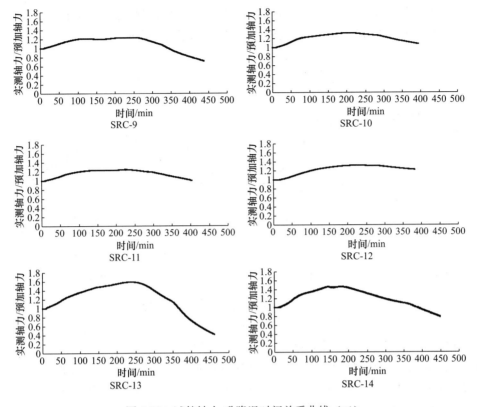

图 4-26　试件轴力-升降温时间关系曲线（二）

从图 4-26 中可以发现，在升降温全过程中试件轴力变化系数总体呈现出初始增大，而后趋于平缓，最后逐渐降低的趋势。升温初期，试件受热膨胀，但受约束装置制约而不能自由伸长，因此在试件内部产生附加轴力，使柱顶总轴力加大；随着升温时间的增长，一方面柱轴向刚度因材料性能退化而不断降低，另一方面在不断增大轴力作用下，试件压缩变形加大，一定程度上抵消了试件受热膨胀引起的伸长效应，表现出轴力增长减速或趋于平缓；升温后期及降温后，试件热膨胀变形逐渐减小并回缩，但受约束装置制约回缩不能自由发展，即试件受约束装置的拉伸作用，作用在柱顶的轴力不断减小。

图 4-27 为不同受火方式下轴力变化系数-升降温时间关系曲线对比图。从图中可以看出：①在火灾荷载比、荷载偏心率相同的情况下，随着受火面的增多，轴力变化系数随着时间增长整体呈现出增大或减小相对加快的趋势。这是由于受火面越多，试件在升温阶段热膨胀越快，使得轴力增大增加越快；升温一定时间后，受火面多的试件，其材料损伤程度相对较大，同时降温后截面温度下降快，使得轴力变化系数下降加快。②四面受火、三面受火、两面受火、单面受火时，试件升降温后期的轴力变化系数依此递减。这是因为在一定的升温时间内，受火面越多的试件，材料损伤程度越大，当火灾荷载比一定时，轴向压缩效果越大，在升降温后期受约束装置提升程度越多，致使轴力变化系数减小。③在升降温后期，相对两面受火试件的轴力变化系数较相邻两面受火试件的轴力变化系数略大。

图 4-28 为不同荷载比情况下（SRC-8：荷载比为 0.47；SRC-13：荷载比为 0.30）试件轴力变化系数-升降温时间关系曲线对比图。由图可见，在受火条件与荷载偏心率相同的情况下，随着火灾荷载比的增大，曲线上升段和下降段变缓，轴力变化系数峰值减小。

这是由于荷载比增大时，试件高温下的轴压效果增大，使得热膨胀引发的伸长效果更多被抵消，在约束作用下试件轴力上升空间减小，轴力变化系数相对平缓。

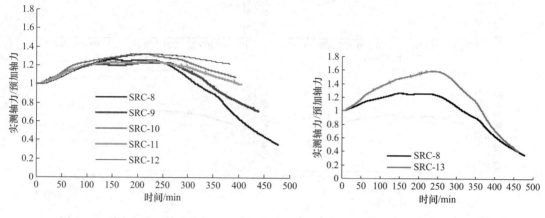

图 4-27　受火方式对轴力变化的影响　　　图 4-28　荷载比对轴力变化的影响

图 4-29 为不同荷载偏心率情况下（SRC-3：荷载偏心率为 0.2；SRC-13：荷载偏心率为 0.4）试件轴力变化系数-升降温时间关系曲线对比图。由图可见，在受火条件与火灾荷载比相同的情况下，轴力变化系数随荷载偏心率的增大而增大。这是因为荷载偏心率越大的试件，其常温下的轴向承载力越低，当火灾荷载比一定时，作用在柱顶的预加轴力越小，试件在高温下受热膨胀的伸长效应能得到更为充分的发挥，进而使得试件轴力提高程度更大。

图 4-30 为不同约束刚度比情况下（SRC-1：轴向约束刚度比为 0.2224，转动约束刚度比 20.8；SRC-2：轴向约束刚度比为 0.1196，转动约束刚度比为 19.7）试件轴力变化系数-升降温时间关系曲线对比图。由图可见，轴向约束刚度比越大，试件轴力上升越快，轴力变化系数峰值更大，且回归到 1 所对应的时间提前。这是因为轴向约束刚度比越大，试件轴向变形受约束装置约束程度更大，导致轴力随试件伸长（或缩短）而增大（或降低）的速率相应提高，轴力回到初始值的时间也相应提前。

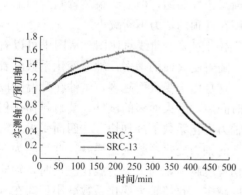

图 4-29　荷载偏心率对轴力变化的影响

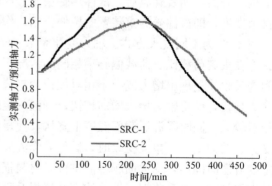

图 4-30　约束刚度比对轴力变化的影响

4.3.6　火灾后剩余承载力

对经历升降温的试件进行了火灾后剩余承载力试验，发现火灾时试件受火面数越多，则试件到达极限荷载时核心混凝土破坏越严重。表 4-6 给出试件火灾后的剩余承载力试验结果。

火灾后剩余承载能力试验结果　　　　　　　　　表 4-6

编号	维持 800℃时间/min	常温极限承载力/kN	火灾后剩余承载力/kN	承载力折减系数
SRC-1	150	2280	1800	0.789
SRC-2	150	2280	1675	0.735
SRC-3	150	2070	1130	0.546
SRC-4	150	2070	1400	0.676
SRC-5	150	2070	1530	0.739
SRC-6	150	2070	1560	0.754
SRC-7	150	2070	1870	0.903
SRC-8	150	1520	960	0.632
SRC-9	150	1520	1010	0.664
SRC-10	150	1520	1160	0.763
SRC-11	150	1520	1170	0.770
SRC-12	150	1520	1330	0.875
SRC-13	150	1520	960	0.632
SRC-14	80	2070	1493	0.721

注：承载力折减系数等于剩余火灾后剩余承载力与常温极限承载力之比。

由表 4-6 可以看出，火灾后的约束型钢混凝土柱的剩余承载能力较其常温极限承载能力有显著降低。在本章试验参数条件下，试件经历受火时间为 150min，四面、三面、相对两面、相邻两面以及单面受火方式时，其承载力折减系数分别在 0.546～0.632、0.664～0.676、0.739～0.763、0.754～0.770 以及 0.875～0.903。可见在荷载偏心率、荷载比、约束刚度比、升温曲线大致相同的情况下，试件火灾后剩余承载能力随着受火面数的增加而逐渐下降。

同时，通过比较表 4-6 中 SRC-8 和 SRC-13 两个试件承载力结果，可以看出试件火灾作用时的荷载比对其在火灾后剩余承载能力的影响不大。比较表 4-6 中 SRC-3 和 SRC-13 两个试件的承载力结果，发现在其他条件相同的情况下，试件的荷载偏心率越大，其火灾后剩余承载能力越低。比较表 4-6 中 SRC-1 和 SRC-2 两个试件的承载力结果，发现在其他条件基本相同时，试件火灾后剩余承载能力总体上呈现出随火灾作用时约束刚度比的增大而增大的趋势。比较表 4-6 中 SRC-3 和 SRC-14 两个试件试验结果则表明，高温作用时间对其火灾后剩余承载能力具有重要影响，时间越长，则试件剩余承载能力就越低。

4.4　本章小结

本章设计开发了一种用于柱抗火试验的约束装置，利用 ANSYS 有限元软件建立了该约束装置的分析模型，通过计算获得了该约束装置所能提供的轴向约束刚度和转动约束刚度大小。进行了四面、三面、相对两面、相邻两面以及单面受火方式下约束型钢混凝土柱抗火性能试验，获得了火灾荷载比、荷载偏心率、轴向约束刚度比、转动约束刚度比、受火方式以及升温时间等参数对型钢混凝土柱抗火性能的影响规律。进行了在经历不同受火方式后约束型钢混凝土柱剩余承载能力试验，获得了火灾作用时的荷载比、荷载偏心率、轴向约束刚度比、转动约束刚度比、受火方式以及升温时间等参数对型钢混凝土柱剩余极限承载力的影响规律。

参 考 文 献

[1] 赵鸿铁. 钢与混凝土组合结构 [M]. 北京：科学出版社，2001.

[2] 赵世春. 型钢混凝土组合结构计算原理 [M]. 成都：西南交通大学出版社，2004.

[3] 聂建国. 钢-混凝土组合结构 [M]. 北京：中国建筑工业出版社，2005.

[4] 钟善桐. 高层钢-混凝土组合结构 [M]. 广州：华南理工大学出版社，2011.

[5] 廖飞宇，韩伟平，李继宝，宋天诣. 型钢混凝土柱的耐火设计方法 [J]. 消防科学与技术，2010，29 (12)：1040-1042.

[6] 蒋东红. 钢骨混凝土柱抗火性能分析 [D]. 上海：同济大学，2004.

[7] Kodur V，Dwaikat M. A numerical model for predicting the fire resistance of reinforced concrete beams [J]. Cement & Concrete Composites，2008，30 (5)：431-443.

[8] Dwaikat M，Kodur V. A numerical approach for modeling the fire induced restraint effects in reinforced concrete beams [J]. Fire Safety Journal，2008，43 (4)：291- 307.

[9] Dwaikat M，Kodur V. Response of restrained concrete beams under design fire exposure [J]. Journal of Structural Engineering，2009，135 (11)：1408-1417.

[10] Wu B，Lu J Z. A numerical study of the behaviour of restrained RC beams at elevated temperatures [J]. Fire Safety Journal，2009，44 (4)：522-531.

[11] 乔长江. 具有端部约束的混凝土构件升降温全过程耐火性能研究 [D]. 广州：华南理工大学，2009.

[12] 吴波，林忠明. 具有端部约束的碳纤维布加固混凝土梁耐火性能试验研究 [J]. 建筑结构学报，2009，30 (6)：34-43.

[13] Izzuddin A B，Elghazouli A Y. Failure of lightly reinforced concrete members under fire I：Analytical modeling [J]. Journal of Structural Engineering，2004，130 (1)：3-17.

[14] Tan Kanghai，Huang Zhanfei. Structural responses of axially restrained steel beams with semirigid moment connection in fire [J]. Journal of Structural Engineering，2005，131 (4)：541-551.

[15] Li Guoqiang，Guo Shixiong. Experiment on restrained steel beams subjected to heating and cooling [J]. Journal of Constructional Steel Research，2008，64 (3)：268-274.

[16] 郭士雄. 约束钢梁在升温段和降温段的反应及梁柱节点的破坏研究 [D]. 上海：同济大学，2006.

[17] Dwaikat M. Response of restrained steel beams subjected to fire induced thermal gradients [D]. East Lansing：Michigan State University，2010.

[18] Dwaikat M，Kodur V. Engineering approach for predicting fire response of restrained steel beams [J]. Journal of Engineering Mechanics，2011，137 (7)：447-461.

[19] Yin Y Z，Wang Y C. Numerical simulations of the effects of nonuniform temperature distributions on lateral torsional buckling resistance of steel I-beams [J]. Journal of Constructional Steel Research，2003，59 (8)：1009-1033.

[20] Yin Y Z，Wang Y C. A numerical study of large deflection behaviour of restrained steel beams at elevated temperatures [J]. Journal of Constructional Steel Research，2004，60 (7)：1029-1047.

[21] Ding J，Wang Y C. Experimental study of structural fire behaviour of steel beam to concrete filled tubular column assemblies with different types of joints [J]. Engineering Structures，2007，29

(12)：3485-3502.

[22] Liu T C H，Fahad M K，Davies J M. Experimental investigation of behaviour of axially restrained steel beams in fire [J]. Journal of Constructional Steel Research，2002，58 (9)：1211-1230.

[23] Yin Y Z，Wang Y C. Analysis of catenary action in steel beams using a simplified hand calculation method，Part 1：Theory and validation for uniform temperature distribution [J]. Journal of Constructional Steel Research，2005，61 (2)：183-211.

[24] Yin Y Z，Wang Y C. Analysis of catenary action in steel beams using a simplified hand calculation method，Part 2：Validation for non-uniform temperature distribution [J]. Journal of Constructional Steel Research，2005，61 (2)：213-234.

[25] 吕俊利，董毓利，杨志年，等. 钢框架边跨梁抗火性能试验研究和理论分析 [J]. 建筑结构学报，2011，32 (9)：92-98.

[26] 周宏宇，李国强，王银志. 影响组合梁抗火性能的两个因素分析 [J]. 建筑钢结构进展，2006，8 (5)：40-45.

[27] Heidarpour A，Bradford M A. Nonlinear analysis of composite beams with partia interaction in steel frame structures at elevated temperature [J]. Journal of Structural Engineering，2010，136 (8)：968-977.

[28] Wang Z Y，Li G Q，Cui D G. Research on ultimate fire resistance capacity of composite beams with considering axial restrains [C]. 8th International Conference on Steel-Concrete Composite and Hybrid Structures. Harbin，China，2006，860-868.

[29] 李国强，王银志，王孔藩. 考虑结构整体的组合梁极限抗火性能分析 [J]. 力学，2006，27 (4)：726-732.

[30] 王银志，李国强，郝坤超. 约束组合梁抗火性能试验研究 [J]. 自然灾害学报，2007，16 (6)：93-98.

[31] 王银志，李国强. 考虑结构整体性的组合梁抗火性能研究 [J]. 自然灾害学报，2008，17 (3)：96-105.

[32] 王银志，李国强. 考虑结构整体性的约束组合梁抗火性能参数分析及实用计算方法 [J]. 建筑钢结构进展，2008，10 (2)：36-43.

[33] 李国强，王银志，崔大光. 约束组合梁抗火试验及理论研究 [J]. 建筑结构学报，2009，30 (5)：177-183.

[34] Dwaikat M，Kodur V. Effect of restraint force location on the response of steel beams exposed to fire [C]. Proceedings of the 2009 Structures Congress. Austin，TX，United States，2009. 632-640.

[35] Ali F，Nadjai A，Silcock G，et al. Calculation of forces generated in restrained concrete columns subjected to fire [J]. J Applied Fire Science，2004，12 (2)：125-135.

[36] Alberto M B，João Paulo C. Rodrigues. Fire resistance of reinforced concrete columns with elastically restrained thermal elongation [J]. Engineering Structures，2010，32 (10)：3330-3337.

[37] Wu B，Li Y H. Experimental study on fire performance of axially-restrained NSC and HSC columns [J]. Structural Engineering and Mechanics，2009，32 (5)：635-648.

[38] Li Yihai，Bo Wu，Martin Schneider. Numerical modeling of retrained RC columns in Fire [C]. Proceedings of the International Symposium on Computational Structural Engineering. Shanghai，China，2009. 951-957.

[39] Wu Bo，Li Yihai，Chen Shuliang. Effect of heating and cooling on axially restrained RC columns with special- shaped cross section [J]. Fire Technology，2010，46：231-249.

[40]　李毅海. 约束钢筋混凝土的抗火性能研究 [D]. 广州：华南理工大学，2009.

[41]　吴波，乔长江. 约束混凝土柱的升降温全过程轴力分析 [J]. 土木建筑与环境工程，2010，32
　　　(2)：53-59.

[42]　吴波，乔长江. 约束混凝土柱升降温全过程的弯矩分析 [J]. 华南理工大学学报：自然科学版，
　　　2010，38 (4)：97-105.

[43]　Abdelaziz Benmarce，Mohamed Guenfoud. Behaviour of axially restrained high strength concrete
　　　columns under fire [J]. Construction and Building Materials，2005.

[44]　Faris Ali，Ali Nadjai，Gordon Silcock，Abid Abu-Tair. Outcomes of a major research on fire resist-
　　　ance of concrete columns [J]. Fire Safety Journal，2004，39：433-445.

[45]　Rodrigues J P C，Laim L，Correia A M. Behaviour of fiber reinforced concrete columns in fire [J].
　　　Composite Structures，2010，92 (5)：1263-1268.

[46]　Wu B，Xu Y Y. Behavior of axially-and-rotationally restrained concrete columns with '+'-shaped
　　　cross section and subjected to fire [J]. Fire Safety Journal，2009，44 (2)：212-218.

[47]　吴波，陈书良. 约束钢筋混凝土十字形柱的高温轴力分析 [J]. 防灾减灾工程学报，2009，29
　　　(6)：676-683.

[48]　吴波，陈书良，张海燕. 轴向约束钢筋混凝土异形柱的高温试验研究 [J]. 土木工程学报，2009，
　　　42 (8)：67-74.

[49]　吴波，李毅海. 轴向约束钢筋混凝土柱火灾后剩余轴压性能的试验研究 [J]. 土木工程学报，
　　　2010，43 (4)：85-91.

[50]　J-M Franssen，J-C. Dotreppe. Fire resistance of columns in steel frames [J]. Fire Safety Journal，
　　　1992，19 (3)：159-175.

[51]　K. W. Poh，I. D. Bennetts. Analysis of structural members under elevated temperature condi-
　　　tions [J]. Journal of structural engineering，1995，121 (4)：664-675.

[52]　王永昌. 钢结构在火灾中的工作性能以及对今后试验研究的建议 [J]. 建筑钢结构进展，2003，5
　　　(2)：9-16.

[53]　Zhan-Fei Huang，Kang-Hai Tan. Effects of external bending moments and heating schemes on the
　　　responses of thermally restrained steel columns [J]. Engineering Structures，2004，26 (6)：769-
　　　781.

[54]　Zhan-Fei Huang，Kang-Hai Tan，Seng-Kiong Ting. Heating rate and boundary restraint effects on
　　　fire resistance of steel columns with creep [J]. Engineering Structures，2006，28 (6)：805-817.

[55]　计琳，赵均海，翟越. 轴向约束对钢结构柱抗火性能的影响 [J]. 建筑科学与工程学报，2006，
　　　23 (4)：64-65.

[56]　汪敏，石少卿，刘仁辉. 轴向约束钢柱的抗火性能分析 [J]. 工业建筑，2007，37：645-648.

[57]　António J. P. Moura Correia，João Paulo C. Rodrigues. Fire resistance of partially encased steel
　　　columns with restrained thermal elongation [J]. Journal of Con- structional Steel Research，2011，
　　　67 (4)：593-601.

[58]　王培军，李国强，王永昌. 火灾下轴心受压 H 型截面约束钢柱整体稳定设计 [J]. 土木建筑与环
　　　境工程，2009，31 (4)：31-36.

[59]　李国强，王培军，王永昌. 约束钢柱抗火性能试验研究 [J]. 建筑结构学报，2009，30 (5)：184-
　　　190.

[60]　王培军，李国强，王永昌. 轴力和弯矩共同作用下的约束钢柱受火性能分析 [J]. 同济大学学报：
　　　自然科学版，2010，38 (2)：151-157.

[61]　李国强，王培军，王永昌. 火灾下约束钢柱受力性能实用分析方法（Ⅰ）——轴力作用下的约束

钢柱 [J]. 土木工程学报，2010，43（4）：16-22.

[62] 李国强，王培军，王永昌. 火灾下约束钢柱受力性能实用分析方法（Ⅱ）——轴力和弯矩共同作用下的约束钢柱 [J]. 土木工程学报，2010，43（4）：23-29.

[63] 王新堂，郑小尧，丁勇，王雪娇，向志海. 不同约束下 H 型钢柱火灾行为的非线性分析 [J]. 华中科技大学学报（城市科学版），2008，25（4）：70-72.

[64] 王学夫，郑小尧，王新堂，丁勇. 火灾温度场下约束钢柱的结构响应分析 [J]. 宁波大学学报（理工版），2009，22（2）：276-280.

[65] 王新堂，郑小尧，王万祯，李俊华. 钢框架底层约束柱的火灾试验与数值模拟分析 [J]. 建筑结构学报（增刊2），2009：215-219.

[66] Wang Y C，Davies J M. An experimental study of non-sway loaded and rotationally restrained steel column assemblies under fire conditions：Analysis of test results and design calculations [J]. Journal of Constructional Steel Research，2003，59（3）：291-313.

[67] Ben Y，Ehab E. Performance of axially restrained concrete encased steel composite columns at elevated temperatures [J]. Engineering Structures，2011，33（1）：245-254.

[68] Wang Y C. An analysis of the global structural behaviour of the Cardington steel-framed building during the two BRE fire tests [J]. Engineering Structures，2000，22（5）：401-412.

[69] Foster S，Chladna M，Hsieh C，Burgess I，Plank R. Thermal and structural behaviour of a full-scale composite building subject to a severe compartment fire [J]. Fire Safety Journal，2007，42（3）：183-199.

[70] Usmani A S，Chung Y C，Torero J L. How did the WTC towers collapse：A new theory [J]. Fire Safety Journal，2003，38（6）：501-533.

[71] Usmani A S. Stability of the world trade center twin towers structural frame in multiple floor fires [J]. Journal of Engineering Mechanics，2005，131（6）：654-657.

[72] Flint Graeme，Usmani Asif，Lamont Susan，Lane Barbara，Torero Jose. Structural response of tall buildings to multiple floor fires [J]. Journal of Structural Engineering，2007，133（12）：1719-1732.

[73] Sangdo Hong，Amit H. Varma，Anil Agarwal，Kuldeep Prasad. Behavior of Steel Building Structures under Realistic Fire Loading [J]. Structures Congress，2008.

[74] Anil Agarwal，Amit H. Varma. Fire Induced Progressive Collapse of Steel Building Structures [J]. Structures Congress，2012，235-245.

[75] 李晓东，董毓利，高立堂，贾宝荣，范明瑞. 单层单跨钢框架抗火性能的试验研究 [J]. 建筑结构学报，2006，27（6）：39-47.

[76] 唐兰，张系斌. 火灾下钢框架结构的热-结构耦合非线性分析 [J]. 吉林建筑工程学院学报，2008，25（3）：39-42.

[77] 王岚，韩庆华. 钢框架结构整体抗火性能的数值分析 [J]. 低温建筑技术，2006，5：79-80.

[78] 李兵，陈道政. 钢框架结构抗火反应分析与研究 [J]. 山西建筑，2009，35（1）：78-79.

[79] 杨秀萍，靳刚，姚斌. 不同火灾下单层钢框架梁柱结构性能分析 [J]. 武汉大学学报（工学版），2010，43（6）：734-742.

[80] Vimonsatit V，Tan K H，Ting S K. Nonlinear Elastoplastic Analysis of Semirigid Steel Frames at Elevated Temperature：MP Approach [J]. Journal of Structural Engineering，2003，129（5）：661-671.

[81] 张宏涛、张荣钢、张素枝、白玉星、王晓纯、高建岭、徐秉业、徐彤. 钢框架整体结构的抗火极限安全分析 [J]. 工程力学，2008，25（8）：121-126.

［82］蒋首超，李国强，叶绮玲. 火灾下钢框架结构非线性反应分析与试验研究 ［J］. 工业建筑，2004，34（8）：66-69.

［83］Richard Liew J Y，ASCE M，Tang L K，Choo Y S，ASCE M. Advanced Analysis for Performance-based Design of Steel Structures Exposed to Fires ［J］. Jouranl of Structural Engineering，2002，128（12）：1584-1593.

［84］Ma K Y，Richard Liew J Y，MASCE. Nonlinear Plastic Hinge Analysis of Three-Dimensional Steel Frames in Fire ［J］. Journal of Structural Engineering，2004，130（7）：981-990.

［85］Li Gu，Kodur V. Role of Insulation Effectiveness on Fire Resistance of Steel Structures under Extreme Loading Events ［J］. Journal of Performance of constructed Facilities，2011，25（4）：277-286.

［86］张毅，刘永军，王宇采. 不同保护层厚度的钢框架的抗火性能分析 ［J］. 四川建筑，28（5）：120-122.

［87］姚亚雄，朱伯龙. 钢筋混凝土框架结构抗火试验研究 ［J］. 同济大学学报，1996，24（6）：619-624.

［88］吴波，卢锦钟. 约束钢筋混凝土框架的耐火性能试验研究 ［J］. 华中科技大学学报（城市科学版），2009，26（1）：12-18.

［89］Zhao hui Huang，ASCE M，Ian W. Burgess，Roger J. Plank. Three-Dimensional Analysis of Reinforced Concrete Beam-Column Structures in Fire ［J］. Journal of Structural Engineering，2009，1201-1212.

［90］Spencer E. Quiel，Maria E. Moreyra Garlock，Ignacio Paya-Zaforteza. Procedure for Simplified Analysis of Perimeter Columns under Fire ［J］. Structures Congress，2010，1580-1591.

［91］王广勇，韩林海. 局部火灾下钢筋混凝土平面框架结构的耐火性能研究 ［J］. 工程力学，2010，27（10）：81-89.

［92］吴波，荆亚涛. 高温下钢筋混凝土异形柱空间框架的试验研究 ［J］. 华南理工大学学报（自然科学版），2009，37（6）：129-135.

［93］吴波，荆亚涛. 单层带支撑异形柱框架的高温性能研究 ［J］. 防灾减灾工程学报，2010，30（2）：135-140.

［94］肖建庄，谢猛，潘其健. 高性能混凝土框架火灾反应与抗火性能研究 ［J］. 建筑结构学报，2004，25（4）：1-7.

［95］Burgess W，Z. Huang，Plank R J. 火灾下钢结构和组合结构的非线性模拟 ［J］. 建筑钢结构进展，2004，6（3）：23-30.

［96］王卫华，陶忠. 钢管混凝土平面框架温度场有限元分析 ［J］. 工业建筑，2007，37（12）：39-42.

［97］董毓利，李晓东. 同跨受火时两层两跨组合钢框架抗火性能的试验研究 ［J］. 建筑结构学报，2007，28（5）：14-23.

［98］董毓利两层两跨组合钢框架抗火性能的试验研究 ［C］//第四届全国钢结构防火及防腐技术研讨会暨第二届全国结构抗火学术交流会. 上海，2007：99-119.

［99］潘锦旭，张盛亚，王培军. 火灾下非均匀受火钢柱截面温度分布规律及其对钢柱抗火性能影响的研究现状 ［J］. 建筑钢结构进展，2011，13（4）：24-30.

［100］梁用军，赵军. 三面受火钢柱抗火临界温度的数值模拟分析 ［J］. 山西建筑，2009，35（30）：72-73.

［101］时旭东，李华东，过镇海. 三面受火钢筋混凝土轴心受压柱的受力性能试验研究 ［J］. 建筑结构学报，1997，18（4）：13-22.

［102］徐海生，宣卫红，石开荣. 火灾下钢筋混凝土柱温度场分析 ［J］. 金陵科技学院学报，2007，23

（4）：12-16.

[103] 吴波，唐贵和，王超. 不同受火方式下混凝土柱耐火性能的试验研究 [J]. 土木工程学报，2007，40（4）：27-31.

[104] Mao X, Kodur V. Fire resistance of concrete encased steel columns under 3-and 4-side standard heating [J]. Journal of Constructional Steel Research，2011，67（3）：270-280.

[105] 吕学涛. 非均匀受火的方钢管混凝土柱抗火性能与设计 [D]. 哈尔滨：哈尔滨工业大学，2010.

[106] 程志宏. 薄壁钢管混凝土柱抗火性能试验 [J]. 低温建筑技术，2011，33（1）：84-86.

[107] 毛小勇，高伟华，李丽丽，徐悦军. 三面受火型钢混凝土柱耐火极限试验研究 [J]. 自然灾害学报，2010. 19（6）：93-99.

[108] 李丽丽，毛小勇. 三面受火型钢混凝土柱耐火极限的试验研究与理论分析 [J]. 苏州科技学院学报（工程技术版），2011，24（2）：55-59.

[109] 高伟华，毛小勇. 三面受火型钢混凝土柱耐火性能有限元分析 [J]. 四川建筑科学研究，2012，38（2）：23-26.

[110] 李丽丽. 小偏心荷载作用下三面受火型钢混凝土（SRC）柱耐火极限研究 [D]. 苏州：苏州科技学院，2011.

[111] 高伟华. 大偏心荷载作用下3面受火 SRC 柱耐火极限研究 [D]. 苏州：苏州科技学院，2011.

[112] 李俊华，钱钦，章子华，郑荣跃. 非均匀受火下约束型钢混凝土柱受力性能研究 [J]. 土木工程学报，2016，49（4）：57-68.

第5章 火灾后型钢混凝土梁受力性能

5.1 引　言

型钢混凝土梁承载力强、刚度大，是高层建筑与大跨结构中的理想构件形式[1-3]。高层建筑遭受火灾的风险较大，受火灾作用后，结构性能退化，可靠度降低[4-7]。因此，火灾后型钢混凝土结构性能备受关注[8-14]。本章主要介绍火灾后型钢混凝土梁受力性能试验，同时介绍型钢混凝土截面温度场分析方法及火灾后型钢混凝土梁的有限元模型与分析方法。

5.2　火灾后型钢混凝土梁受力性能试验

5.2.1　参数设计

本次试验共包括 7 个型钢混凝土梁，主要考虑剪跨比和受火时间对构件力学性能的影响，试件的参数设计见表5-1。所有试件的截面尺寸均为 200mm×300mm，内配热轧 H 型钢 HN198×99，截面含钢率为 3.93%。纵向钢筋采用 4Φ12；箍筋采用双肢箍 φ6@100。试件截面形状和配钢情况如图 5-1 所示。

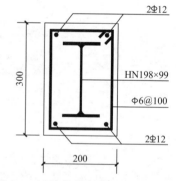

图 5-1　试件的截面形状与配钢情况

试件的参数与破坏形态　　　　　　　　　　　表 5-1

编号	混凝土立方体抗压强度/MPa	剪跨比 λ	升温曲线	受火时间/min	加载方式	破坏形态
L1	45.9	1.0	曲线2	120	跨中	斜压
L2	45.9	1.0	曲线1	75	跨中	斜压
L3	45.9	1.5	曲线2	120	跨中	斜压
L4	49.8	1.5	曲线1	75	跨中	斜压
L5	49.8	2.0	曲线2	120	跨中	粘结
L6	48.7	3.0	曲线2	120	三分点	弯曲
L7	48.7	3.0	曲线1	75	三分点	弯曲

5.2.2　试件制作和材料属性

本次试验所用的混凝土均在实验室现场配置，强制搅拌机搅拌而成，在浇筑混凝土制作试件的同时，浇筑边长为 150mm 的混凝土立方体试块，与试件在同等条件下养护，试验受火当天进行试块立方体强度测试，获取混凝土的抗压强度，测试结果见表 5-1。

型钢材料属性测试办法是：先将型钢的腹板和翼缘割开，各做三个标准试件，然后进行拉伸试验，测定型钢的屈服强度、极限抗拉强度、弹性模量。纵向受力钢筋和箍筋的材料属性测试方法与型钢相同。由试验测得的钢材材料属性试验结果见表 5-2。

钢材材料属性试验结果　表 5-2

钢材种类	屈服强度（N/mm²）	极限强度（N/mm²）	弹性模量（N/mm²）
型钢翼缘	286.40	464.29	$2.29×10^5$
型钢腹板	310.17	461.82	$2.24×10^5$
纵向受力钢筋	340.55	476.46	$2.00×10^5$
箍筋	359.60	519.90	$2.10×10^5$

5.2.3　升温试验

试件养护过 28d 以后，在宁波大学防火减灾实验室火灾炉内进行升温处理，炉膛长、宽、高为 4000mm×1500mm×3000mm（如图 5-2 所示），内设 8 个柴油喷嘴，试验时通过控制喷嘴中柴油的输送和雾化量调节炉温，并由分布在炉内 4 个区域的热电偶记录炉温曲线。试件的升温分两批进行，第一批升温时间为 75min，包括 L2、L4、L7 三个试件，第二批升温时间为 120min，包括 L1、L3、L5、L6 四个试件。升温时试件四面受火且不承受外荷载，当升温达到预定时间后，熄火使试件在炉膛内自然冷却。两批试件炉膛升降温曲线如图 5-3 所示，炉温控制系统如图 5-4 所示。

图 5-2　火灾试验炉

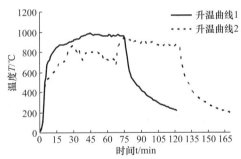

图 5-3　火灾升降温曲线

图 5-4　炉温控制系统

升温试验结束后，发现试件的表面混凝土呈现浅黄色，局部有剥落现象，且试件端部和表面出现不规则细微裂纹，角部酥松，轻轻碰撞会导致混凝土剥落。

5.2.4　试验装置与加载方法

试件冷却后将其从火灾炉内取出，运至结构实验室进行加载试验。加载试验在压力试验机上进行，其中剪跨比为3的两个试件L6、L7进行三分点加载，其余试件为跨中单点加载。加载时同时通过混凝土应变计测定试件跨中位置处沿截面高度的平均应变，通过电子百分表测定跨中挠度，通过荷载传感器测定试件受荷大小，加载和测点布置示意见图5-5。

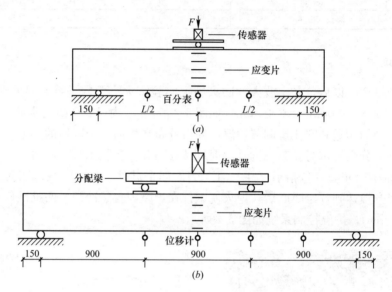

图5-5　加载与测点布置示意图
（a）跨中加载；（b）三分点加载

5.2.5　试验结果与分析

（1）试验现象与破坏形态

火灾后型钢混凝土梁的破坏形态与常温下大致相同。剪跨比为1.0和1.5的试件都发生斜压破坏，破坏时从加载点到两支座之间裂缝呈"八"字型分布，斜裂缝之间的混凝土柱体部分压溃。与常温下不同的是，火灾后发生斜压破坏的梁出现斜裂缝的荷载水平较低，试验中发生斜压破坏的四个试件出现斜裂缝的荷载水平在7.1%～12.2%极限荷载之间。出现这种现象的主要原因在于试件受火后，混凝土强度退化较多，开裂时混凝土所能承担的荷载与整个截面所承担的荷载比值较常温下相对减小，导致截面开裂提前。

剪跨比为2.0的试件发生了粘结破坏，破坏过程为：当荷载大约达到极限荷载的17%左右时，从跨中出现弯曲裂缝，但发展比较慢；当荷载大约达到极限荷载的55%左右时，在试件的受压区沿型钢翼缘外侧出现纵向撕裂裂缝，即粘结裂缝；荷载超过75%极限荷载后，弯曲裂缝和粘结裂缝的发展都明显加快，但粘结裂缝的发展相对更快，最后受压区混凝土沿翼缘外侧劈裂而导致试件破坏。破坏时斜裂缝数量很少且发展不明显。

剪跨比为 3.0 的两个试件发生弯曲破坏，破坏过程为：当荷载大约达到极限荷载的17%左右时，跨中出现弯曲裂缝；荷载达到大约 30% 的极限荷载时，开裂速度明显加快；荷载增加到大约 40% 的极限荷载时，裂缝基本出齐，随后荷载虽增加，但裂缝发展较慢，且数量保持不变；当荷载增加到大约 75% 的极限荷载时，在试件的受压区沿型钢翼缘外侧出现纵向撕裂裂缝，即粘结裂缝；荷载超过 75% 极限荷载后，裂缝向上发展的速度明显加快，受压区高度不断减小，直到压区混凝土被压溃而发生破坏。试件的典型破坏形态如图 5-6 所示。

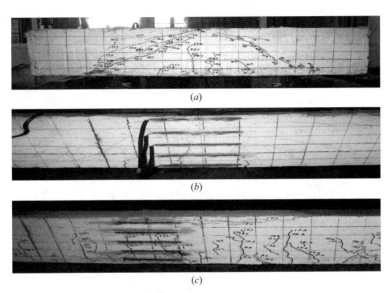

图 5-6　试件破坏形态
(a) 斜压破坏 L1；(b) 粘结破坏 L5；(c) 弯曲破坏 L6

（2）截面应变分布

图 5-7 为试验测得的各试件在跨中截面处沿截面高度混凝土表面的应变分布。从图中可以看出，发生弯曲破坏的 L6 和 L7 两个试件，从加载到 60% 极限荷载以前，截面中和轴高度基本保持不变，截面上各点的应变与其到中和轴的距离成正比，应变呈直线分布，符合平截面假定；大约 80% 极限荷载后，中和轴开始向上移动，受压区混凝土由于裂缝的出现和型钢受压翼缘和混凝土之间产生相对滑移，使截面上边缘混凝土的应变增长减缓，应变分布偏离直线，平截面假定不完全成立，但受压翼缘以下部分截面的应变分布仍能保持直线。表明火灾后型钢与混凝土之间的粘结滑移会影响梁后期抗弯承载力。

L5 试件的最终破坏形态以粘结破坏为主，从图 5-7 中可以看出，发生这种破坏时跨中截面应变分布与弯曲破坏时有一定不同，在荷载水平较低时，尽管中和轴位置基本不变，但截面应变不满足直线分布，距中和轴较近的压区混凝土应变增长速度较慢，而受压翼缘外侧混凝土应变增长速度较快；当荷载大于 40% 极限荷载后，截面应变趋向直线分布。

其余四个试件的破坏形态为斜压破坏，从图 5-7 可以看出，这种破坏受腹剪斜裂缝出现和开展的影响，跨中截面沿截面高度混凝土的应变分布从加载到试件破坏呈不规则曲线型。

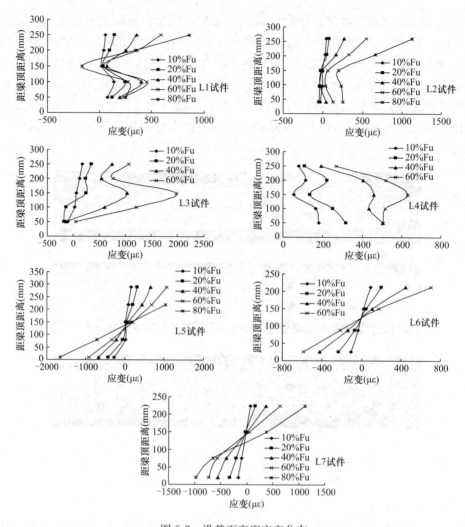

图 5-7　沿截面高度应变分布

（3）荷载-挠度曲线

试验测得的荷载-跨中挠度曲线见图 5-8。从图 5-8 中可以看出，所有试件的荷载-跨中挠度曲线在试件屈服后都有一段不小的水平段，表明火灾后型钢混凝土梁具有较大的后期变形能力；同时随着剪跨比的增大，后期变形能力更强。

对于发生弯曲破坏的 L6 和 L7 试件，从加载到大约 80％的极限荷载以前，荷载-挠度曲线几乎为一条直线，没有如钢筋混凝土梁一样在试件开裂后有一明显拐点。发生这一现象的原因主要在于以下两点，首先试件过火后，混凝土强度和弹性模量损失较多（试验中，混凝土立方体试块与试件在同等条件下受火后，测得的抗压强度大约只有常温下的 40％，弹性模量大约为常温下的 75％），而火灾后型钢的强度与弹性模量能基本恢复到受火前水平，因此在型钢混凝土截面中，混凝土部分的刚度占截面总刚度的比值下降，截面开裂对构件总刚度的影响较小；另一方面，由于型钢刚度较大，裂缝开展到下翼缘附近，受到型钢的阻止而在相当长的时间内几乎停止发展，同时与钢筋混凝土构件相比，型钢在梁宽和梁高两个方向约束着其核心混凝土，使其刚度增大，这在一定程度上能抵消甚至超过混凝土局部开裂对构件刚度降低的影响。80%极限荷载后，型钢下翼缘和腹板沿高度方向相继屈服，裂缝迅速开展，构件刚度降低，荷载-挠度曲线趋向水平，直到构件发生破坏。

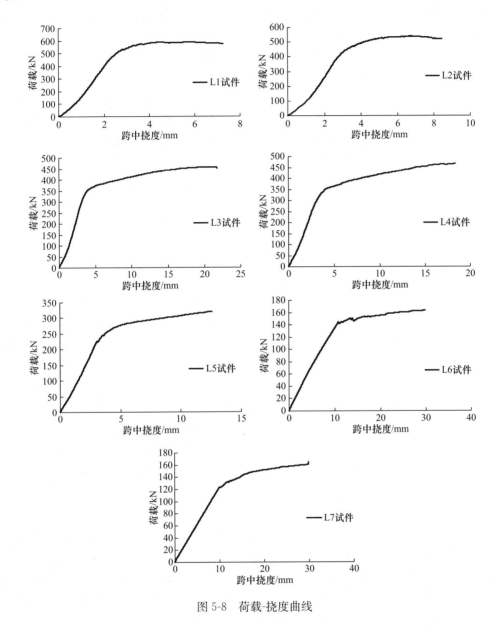

图 5-8　荷载-挠度曲线

对于剪跨比较小的试件，由于裂缝从梁腹部出现，混凝土开裂对刚度影响较大，荷载-挠度曲线在试件开裂后出现拐点，其中剪跨比越小，拐点越明显。

（4）剩余承载力

火灾后混凝土强度和弹性模量的降低，不但影响型钢混凝土梁的变形刚度，同样影响其承载能力。试验测得的试件承载能力见表5-3。从表5-3中可以看出，同常温下一样，火灾后型钢混凝土梁的承载力随剪跨比减小而增大，斜压破坏试件的承载力最大，粘结破坏的承载力其次，弯曲破坏承载能力最低。

为了解火灾后型钢混凝土梁剩余承载力水平，必须确定常温下没有遭受火灾时试件的承载力。我国对于常温下型钢混凝土梁正截面抗弯承载力和斜截面抗剪承载力的计算依据主要根据《钢骨混凝土结构技术规程》YB 9082—2006（以下简称 YB 规程[15]）和《组合结构设计规范》JGJ 138—2016（以下简称 JGJ 规范[16]）。就梁的正截面承载力而言，YB规程忽略型钢与混凝土的粘结作用而采用将型钢部分强度和钢筋混凝土部分强度相叠加的计算理论，计算结果偏于保守；JGJ 规范采用与钢筋混凝土结构相类似的计算理论，但考虑到型钢混凝土梁受力后期粘结滑移的影响，将混凝土的极限压应变由钢筋混凝土结构理论中的 0.0033 变为 0.003。现有研究表明，JGJ 规范对型钢混凝土正截面承载能力的计算结果与试验结果更为接近；而斜截面承载能力，两部规程的计算结果相差不大。

根据 JGJ 规范的计算理论，对所有试件常温下的承载能力进行了计算，计算结果以及火灾后承载力试验结果与计算结果的比值见表 5-3。从表中可以看出所有型钢混凝土梁经历火灾高温以后，其承载能力均有不同程度降低，其中斜截面承载力降低程度从 10％到37％不等；正截面承载力下降大约 20％，受火后发生弯曲破坏的 L6 和 L7 试件的剩余承载力分别为常温下的 78％和 81％。

试件的剩余承载力

表 5-3

编号	受火时间/min	破坏类别	火灾后 试验值/kN	常温下 JGJ 计算值/kN	试验值/计算值	承载力降低 程度
L1	120	斜截面	597.6	662.9	0.90	10％
L2	75	斜截面	547.6	662.9	0.83	17％
L3	120	斜截面	457.5	637.4	0.72	28％
L4	75	斜截面	468.9	665.3	0.70	30％
L5	120	斜截面	356.0	564.6	0.63	37％
L6	120	正截面	170.0	216.9	0.78	22％
L7	75	正截面	175.4	216.9	0.81	19％

5.2.6　本节小结

本节进行了 7 个火灾后型钢混凝土梁受力性能试验，结果表明：①火灾后型钢混凝土梁在荷载作用下的破坏形态与常温下基本相同，但是经历火灾高温作用后，型钢混凝土梁出现腹剪斜裂缝的时间提前。②火灾作用后发生弯曲破坏的梁，加载初期沿截面高度的应变满足直线分布，应变分布符合平截面假定；大约 80％极限荷载后，受到受压区混凝土开裂和型钢受压翼缘与混凝土之间相对滑移的影响，截面受压边缘混凝土的应变增长减缓，截面应变分布偏离直线，平截面假定不完全成立。③火灾后型钢混凝土梁的荷载-跨中挠度曲线在试件屈服后都有一段不小的水平段，表明型钢混凝土梁在经历火灾作用后仍具有良好的后期变形能力；同时随着剪跨比的增大，后期变形能力增强。④型钢混凝土梁经历火灾高温以后，其承载能力均有不同程度降低，降低程度主要和试件的剪跨比有关，剪跨比小的试件，抗剪承载能力降低较少，火灾后剩余承载力水平相对高；剪跨比大的试件，试件抗剪承载能力降低高，火灾后剩余承载力水平相对低。

5.3 型钢混凝土梁截面温度场分析

ANSYS 软件是集结构、热、流体、电磁场、声场和耦合场分析与一体的大型通用有限元分析软件，在土木建筑行业仿真分析中得到广泛应用[17-24]，本节利用该软件对火灾后型钢混凝土梁截面温度场进行分析。

5.3.1 热传导方程

火灾中，热量的传递有三种基本方式：热传导、对流、辐射。在室内火灾条件下，型钢混凝土梁的温度场为无内热源三维瞬态温度场，根据傅立叶定律和导热微元体的热平衡，热传导方程为：

$$\rho c \frac{\partial T}{\partial t} = k \left(\frac{\partial^2 T}{\partial x^2} + \frac{\partial^2 T}{\partial y^2} + \frac{\partial^2 T}{\partial z^2} \right) \tag{5-1}$$

边界条件为对流与辐射同时存在的复杂边界条件，可表示为：

$$-k \frac{\partial T}{\partial n} = h(T - T_f) + \Phi \varepsilon_r \sigma \left[(T + 273)^4 - (T_f + 273)^4 \right] \tag{5-2}$$

其中，ρ 为材料密度（kg/m³）；c 为材料比热容（J/(℃·kg)）；k 为材料的导热系数（W/(m·℃)）；t 为火灾燃烧时间（s）；T 为坐标为（x，y，z）的点在时刻 t 的温度（℃）；T_f 为火焰温度（℃）；h 为对流传热系数（W/(m²·℃)）；Φ 为形状系数；ε_r 为综合辐射系数（W/(m²·℃)）；σ 为波尔兹曼常数（W/(m²·K⁴)）。

计算中，火灾燃烧时间 t 与火焰温度 T_f 根据实际升温曲线确定，受火前初始温度为20℃；对流传热系数 h，对于纤维类燃烧火灾，可取 25，对于烃类燃烧火灾，可取 50；形状系数 Φ 一般取 1.0；综合辐射系数 ε_r，对于受火面取 0.5，对于受高温烟气加热的侧面取 0.35；波尔兹曼常数 σ 的数值为 5.67×10^{-8}。

5.3.2 钢材与混凝土热工性能

钢材与混凝土的导热系数、比热等热工性能参数随着温度升高及材料组分不同而发生变化，合理确定这些参数是型钢混凝土梁温度场分析的前提。目前，国内外研究者提出较多关于钢材与混凝土热工性能参数的计算方法，各国抗火设计规范对钢材与混凝土热工参数的取值也不完全一样。本节根据 EC3[25] 和 EC4[26] 的计算模型，对钢材与混凝土热工性能参数进行计算，计算公式见表 5-4 和表 5-5。

钢材热工性能　　　　　　　　　　　　　　　　　　　　　　　　表 5-4

导热系数 W/(m·℃)	$k_s = \begin{cases} 54 - 3.33 \times 10^{-2} T & 20℃ \leqslant T \leqslant 800℃ \\ 27.3 & 800℃ \leqslant T \leqslant 1200℃ \end{cases}$
比热 J/(℃·kg)	$c_s = \begin{cases} 425 + 7.73 \times 10^{-1} T - 169 \times 10^{-3} T + 2.22 \times 10^{-6} T & 20℃ \leqslant T \leqslant 600℃ \\ 666 - 13002/(T - 738) & 600℃ < T \leqslant 735℃ \\ 545 + 17820/(T - 731) & 735℃ < T \leqslant 900℃ \\ 650 & 900℃ < T \leqslant 1200℃ \end{cases}$
密度 kg/m³	7850

混凝土热工性能　　　　　　　　　　　　　　　　　　　　　表 5-5

导热系数 W/(m·℃)	$k_c = 0.012\left(\dfrac{T}{120}\right)^2 - 0.24\left(\dfrac{T}{120}\right) + 2$　　20℃≤T≤1200℃
比热 J/(℃·kg)	$c_c = -4\left(\dfrac{T}{120}\right)^2 + 80\left(\dfrac{T}{120}\right) + 900$　　20℃≤T≤1200℃
密度 kg/m³	2400

5.3.3　单元模型

利用有限元分析软件 ANSYS 对构件截面温度场进行模拟，其中主要涉及三种单元：热传导单元、热辐射单元、平面单元。

（1）热传导单元

型钢与混凝土采用三维实体热传导单元 SOLID70，该单元为八节点六面体单元，每个节点有一个温度自由度，有三个方向的热传导能力，可用于三维稳态和瞬态热分析。对流和辐射可以作为面荷载施加在单元的表面。

（2）辐射单元

采用 SURF152 单元模拟辐射传热，用于各种变化荷载和表面效应，覆盖在任意的 3D 热单元表面上。这种单元用一个额外的节点来产生辐射效应，实常数中要设置波尔兹曼常数。

（3）平面单元

采用 PLANE55 单元在建模时拖拉成体。PLANE55 单元有四个节点，每个节点只有温度一个自由度，常用于 2 维热传导分析。

5.3.4　实例验证

（1）试验设计

为了验证 ANSYS 分析的可行性，特进行了一型钢混凝土试件的升温验证试验。试件截面尺寸为 350mm×350mm、内配 HW100×100×6×8 的型钢，在试件中部截面内布置了若干热电偶以测定升温过程中试件内部温度变化情况，测点位置与炉膛和部分测点升温曲线分别如图 5-9、图 5-10 所示。

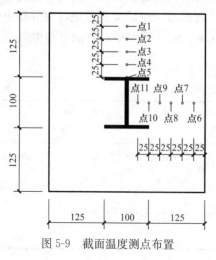

图 5-9　截面温度测点布置

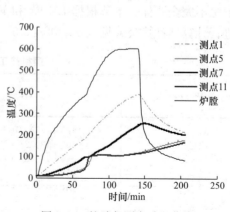

图 5-10　炉膛与测点升温曲线

（2）建模

包括定义单元类型、实常数、材料属性、建立模型、划分网格等，由于钢筋在截面中所占的面积比例较小，计算时忽略其对截面温度场的影响。截面单元划分如图 5-11 所示。

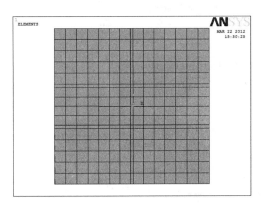

图 5-11　温度场截面网格单元划分图

（3）约束条件

试验中，试件立放于炉腔中，因此模拟中将试件底部设为绝热状态，侧面和顶面设置对流和辐射边界条件，内部通过热传导和热辐射升温。试件表面对流传热系数取 25W/ (m^2 · ℃)，表面单元的辐射系数取为 0.5。

（4）加载

由于瞬态分析中荷载是非线性变化的，为了表达随时间变化的荷载，必须将荷载-时间曲线分成荷载步，曲线中每一个拐点为一个荷载步，如图 5-12 所示。

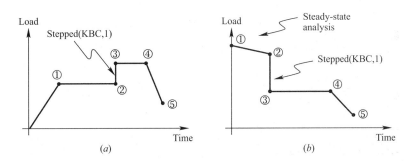

图 5-12　温度荷载施加示意图

本例中采用的模拟升温曲线与炉腔试验升温曲线一致，由于温度不是简单的时间函数类型，因此采用表格加载的方式。

（5）模拟结果

部分测点温度的模拟分析结果与试验测试结果对比如图 5-13 所示。总体而言，各点的模拟最高温度与试验测试最高温度相差并不太，程序可以较好地模拟截面上各点在升温过程中所经历的最高温度。图 5-14 给出了升温 100min 和 200min 时模拟截面温度场。

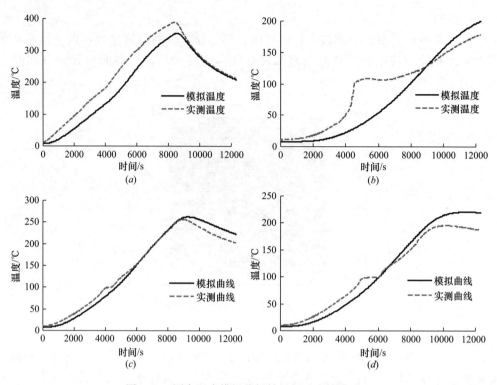

图 5-13　测点温度模拟分析结果与试验结果对比

（*a*）测点 1；（*b*）测点 5；（*c*）测点 10；（*d*）测点 11

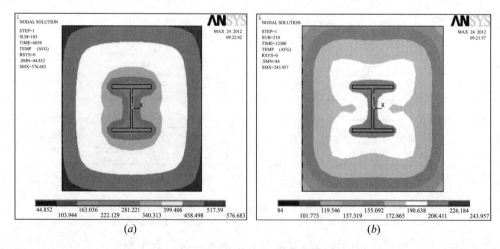

图 5-14　不同时刻截面温度场模拟结果

（*a*）100min；（*b*）200min

5.3.5　本节小结

本节介绍了构件温度场模拟分析的基本原理和方法，建立了型钢混凝土构件温度场 ANSYS 分析模型，通过试验结果与模拟分析结果对比，验证了模拟分析的可行性。

5.4 火灾后型钢混凝土梁受力性能数值模拟分析

5.4.1 分析思路

①在已经完成的火灾后型钢混凝土梁受力性能试验基础上，通过 5.3 节分析方法计算火灾试验中试件的截面温度场，获取在整个火灾过程中试件各点所经历的最高温度；②然后根据温度场分析结果，将截面上最高温度大致相同的点所组成的区域定义为一个温度层；③确定各温度层中钢材与混凝土在经历了最高火灾温度后相应的材料强度与本构关系；④利用 ANSYS 程序对分层后的型钢混凝土梁模型的受力性能进行模拟分析，并将模拟分析结果与试验结果进行比较。

5.4.2 截面温度分析与温度层划分

基于 5.2 节中的型钢混凝土梁试件及其截面型式，进行合理的单元划分，然后根据图 5-3 的试验升降温曲线进行温度场分析，以获取不同升温条件下各节点所经历的升温过程及最高温度。

按照 5.3 节温度场分析方法，获得的试件截面上不同位置（沿截面各边中线）节点的温度曲线见图 5-15。图 5-15 中，"翼缘"和"腹板"后面的数值分别表示该节点在垂直型钢翼缘和型钢腹板方向距试件表面的距离，单位为 mm。表 5-6 列出了这些节点在不同升温过程中所经历的最高温度。

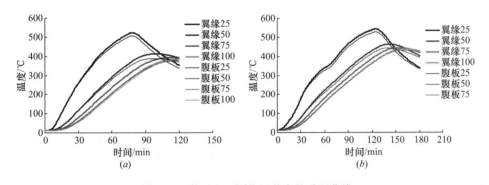

图 5-15 截面上不同位置节点的升温曲线

（a）升温曲线 1（升温时间 75min）；（b）升温曲线 2（升温时间 120min）

火灾升降温过程中截面不同位置处的最高温度 表 5-6

升温时间/min	最高温度/℃							
	距表面距离/mm（垂直翼缘）				距表面距离/mm（垂直腹板）			
	25	50	75	100	25	50	75	100
75	512	412	392	385	506	387	377	373
120	542	462	444	438	536	443	431	427

从图 5-15 和表 5-6 中可以看出，距试件表面距离相同处各点的温度曲线和经历的最高温度较为接近。由于火灾后材料的力学性能主要与曾经经历的最高温度有关，因此在对火

灾后型钢混凝土梁的力学性能进行模拟分析时，定义试件截面上曾经经历最高温度相近的区域为一个温度层，数值模拟分析时，同一温度层中混凝土与钢材的材料性能相同。

5.4.3　火灾后材料性能

火灾后，混凝土、型钢、钢筋的性能与曾经经历的火灾温度密切相关，目前，国内外研究者提出了较多有关火灾后混凝土和钢材强度、弹性模量、应力-应变关系的计算模型，根据相关文献建议[4,5]，对火灾后混凝土、钢筋、型钢的材料属性的取值分别如表 5-7、表 5-8 所示。

火灾后混凝土的材料性能[4]　　　　　　　　　　　表 5-7

名称	表达式
强度	$\dfrac{f_{c,T_m}}{f_c}=\begin{cases}1.0-0.58194\left(\dfrac{T_m-20}{10000}\right) & T_m\leqslant200℃\\[2mm]1.1459-1.39255\left(\dfrac{T_m-20}{1000}\right) & T_m>200℃\end{cases}$
弹性模量	$\dfrac{E_{c,T_m}}{E_c}=\begin{cases}-1.335\left(\dfrac{T_m}{1000}\right)+1.027 & T_m\leqslant200℃\\[2mm]2.382\left(\dfrac{T_m}{1000}\right)^2-3.371\left(\dfrac{T_m}{1000}\right)+1.335 & 200℃\leqslant T_m\leqslant600℃\end{cases}$
应力应变关系	$y=\begin{cases}0.628x+1.741x^2-1.371x^3 & x\leqslant1\\[2mm]\dfrac{0.674x-0.217x^2}{1-1.326x+0.783x^2} & x>1\end{cases}$ 式中：$x=\varepsilon/\varepsilon_{0,Tam}$；$y=\sigma/\sigma_{0,T_m}$ $\dfrac{\varepsilon_{0,T_m}}{\varepsilon_0}=\begin{cases}1.0 & T_m\leqslant200℃\\[2mm]0.577+2.352\left(\dfrac{T_m-20}{1000}\right) & T_m>200℃\end{cases}$ $\dfrac{\sigma_{0,T_m}}{\sigma_0}=\begin{cases}1.0-0.582\left(\dfrac{T_m-20}{1000}\right) & T_m\leqslant200℃\\[2mm]1.146-1.393\left(\dfrac{T_m-20}{1000}\right) & T_m>200℃\end{cases}$

说明：T_m 为曾经经历最高温度；σ_{0,T_m}，ε_{0,T_m} 为高温过火后混凝土峰值应力和峰值应变；σ_0，ε_0 为常温下混凝土的峰值应力和峰值应变，根据我国现行混凝土结构设计规范确定。

火灾后钢筋与型钢的材料性能[4,5]　　　　　　　　　表 5-8

名称	表达式
钢筋强度	$\dfrac{f_{y,T_m}}{f_y}=\begin{cases}(100.19-0.0159T_m)\times10^{-2} & 20℃<T_m<600℃\\[2mm](121.39-0.0512T_m)\times10^{-2} & 600℃\leqslant T_m\leqslant900℃\end{cases}$
型钢强度	$\dfrac{f_{y,T_m}}{f_y}=\begin{cases}1.0 & T_m\leqslant400℃\\[2mm]1+2.23\times10^{-4}(T_m-20)-5.58\times10^{-7}(T_m-20)^2 & 400℃\leqslant T_m\leqslant800℃\end{cases}$
弹性模量	$E_{s,T_m}=(100.53-0.0265T_m)\times10^{-2}E_s\qquad20℃<T_m\leqslant900℃$

5.4.4　受力性能模拟分析及验证

在确定了试件的温度层及各温度层中钢材与混凝土的材料性能和本构关系后，利用 ANSYS 对文献表 5-1 中试件的受力性能进行了模拟分析。分析中混凝土单元采用

Solid65，型钢单元采用 Solid45，钢筋单元采用 Link8，忽略型钢、钢筋与混凝土之间的粘结滑移。

拖拉单元为 Plane42，建模时先在建立的面上划分好单元，然后拖拉成体，再在节点上生成钢筋，加载和支承部位加上垫块。对剪跨比为 1.5 和 2.0 的试件建完整的模型，剪跨比为 3.0 的试件建 1/2 模型。完整模型的边界条件通过在试件底部支承垫块约束 x 和 y 两个方向的位移来实现，1/2 模型的边界条件除了在试件底部支承垫块约束 x 和 y 两个方向的位移外，还需在中部对称面上约束 x 和 z 两个方向的位移。加载通过在垫块中间节点施加线位移实现。模型网格划分及约束和加载情况如图 5-16 所示。

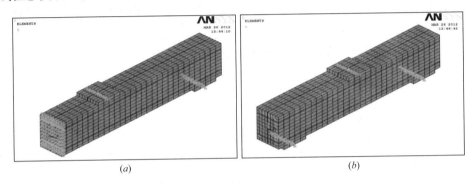

图 5-16 模型网络划分及约束和加载图
(a) 1/2 模型；(b) 完整模型

通过模拟分析获得的荷载-挠度曲线及其与试验荷载-挠度曲线的对比见图 5-17。从图 5-17 中可以看出，由于没有考虑型钢与混凝土之间粘结滑移的影响，试件的模拟刚度及极限承载力比试验值略高。但总体而言，模拟曲线与试验曲线差别并不大，采用的 ANYSY 分析方法可以较好地模拟火灾后型钢混凝土梁的力学性能。

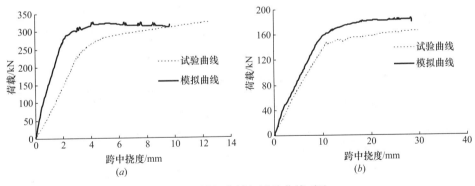

图 5-17 模拟曲线与试验曲线对比
(a) 试件 L5；(b) 试件 L6

5.4.5 本节小结

本节介绍了火灾后型钢混凝土梁受力性能模拟分析的基本思路，建立了火灾后型钢混凝土梁受力性能数值分析模型，通过 ANSYS 对火灾后型钢混凝土梁的受力性能进行了模拟分析，分析结果与试验结果较为接近。

5.5 火灾后型钢混凝土梁剩余承载力及影响因素分析

5.5.1 火灾后型钢混凝土梁剩余承载力

影响火灾后型钢混凝土梁剩余承载力的因素有：构件截面尺寸、混凝土强度等级、剪跨比、含钢率、受火时间等。为确定这些因素对火灾后型钢混凝土梁剩余承载力的影响，设计了一批模拟试件，利用 5.4 节 ANSYS 分析方法对这些试件常温下的承载力以及经历火灾后的剩余承载力进行了模拟分析，其中火灾升温曲线采用 ISO-834 标准升温曲线，曲线表达式如下：

升温段 $(t \leqslant t_h)$：$T_g = T_g(0) + 345 \lg(8t+1)$ (5-3)

降温段 $(t > t_h)$：$\dfrac{dT_g}{dt} = -10.417$ $\qquad t_h \leqslant 30 \text{min}$ (5-4)

$\dfrac{dT_g}{dt} = -4.167(3 - t_h/60)$ $\qquad 30\text{min} < t_h \leqslant 120\text{min}$ (5-5)

$\dfrac{dT_g}{dt} = -4.167$ $\qquad t_h > 120\text{min}$ (5-6)

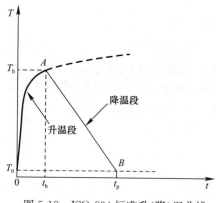

图 5-18 ISO-834 标准升（降）温曲线

式中，t 为火灾发生后的时间(min)；t_h 为升温持续时间(min)。

图 5-18 为 ISO-834 标准升温曲线图。图中，A 点为升温和降温的转折点，OA 段为升温段，AB 段为降温段。

表 5-9 为模拟试件参数和承载力模拟分析结果。从表 5-9 中可以看出，经历 ISO 834 标准火灾作用后，构件的极限承载力显著降低，在表 5-9 设定的试件参数范围内，极限承载力的降低幅度在 8.1%～30.5%。

模拟试件参数与承载力分析结果 表 5-9

编号	截面尺寸	混凝土强度	剪跨比 λ	型钢规格	型钢含钢率/%	升温时间/min	模拟承载力		$k = \dfrac{N_u(t)}{N_u}$
							火灾后 $N_u(t)$	常温 N_u	
1	350×600	C30	3.0	I200×100×5	1.11	80	191	247	0.773
2	300×500	C30	3.0	I200×100×5	1.55	80	169	220	0.768
3	250×400	C30	3.0	I200×100×5	2.33	80	154	199	0.774
4	200×300	C30	3.0	I200×100×5	3.88	80	156	197	0.792
5	200×300	C35	3.0	I200×100×5	3.88	80	159	198	0.808
6	200×300	C40	3.0	I200×100×5	3.88	80	162	209	0.803
7	200×300	C45	3.0	I200×100×5	3.88	80	165	211	0.782
8	200×300	C50	3.0	I200×100×5	3.88	80	167	214	0.780
9	200×300	C30	1.0	I200×100×5	3.88	80	576	852	0.676
10	200×300	C30	1.5	I200×100×5	3.88	80	375	526	0.723

编号	截面尺寸	混凝土强度	剪跨比 λ	型钢规格	型钢含钢率/%	升温时间/min	模拟承载力		$k=\dfrac{N_{\mathrm{u}}\ (t)}{N_{\mathrm{u}}}$
							火灾后 $N_{\mathrm{u}}(t)$	常温 N_{u}	
11	200×300	C30	2.0	I200×100×5	3.88	80	274	370	0.740
12	200×300	C30	2.5	I200×100×5	3.88	80	217	297	0.731
13	200×300	C30	3.0	I200×100×8	5.73	80	199	247	0.806
14	200×300	C30	3.0	I200×100×10	8.13	80	258	308	0.837
15	200×300	C30	3.0	I200×100×12	9.87	80	297	352	0.844
16	200×300	C30	3.0	I200×100×16	12.6	80	354	412	0.859
17	200×300	C30	3.0	I200×100×5	3.88	20	181	197	0.919
18	200×300	C30	3.0	I200×100×5	3.88	40	169	197	0.858
19	200×300	C30	3.0	I200×100×5	3.88	60	166	197	0.843
20	200×300	C30	3.0	I200×100×5	3.88	100	147	197	0.746
21	200×300	C30	3.0	I200×100×5	3.88	120	137	197	0.695

说明：型钢采用 Q235；钢筋采用 HRB335，数量为 4 根，直径为 12mm；箍筋采用 HPB300，直径为 6mm，间距为 100mm。

5.5.2 剩余承载力系数及影响因素分析

定义参数 k 为火灾后型钢混凝土梁剩余承载力系数，即：

$$k = \frac{N_{\mathrm{u}}(t)}{N_{\mathrm{u}}} \tag{5-7}$$

式中，$N_{\mathrm{u}}(t)$ 为 ISO 834 标准火灾作用后型钢混凝土梁的剩余承载力；N_{u} 为常温下型钢混凝土梁的极限承载力。k 值越小，表明火灾后承载力损失越大，剩余承载力水平越低。

图 5-19 为型钢配置相同时，随着试件截面尺寸的变化，k 值的变化规律。从图 5-19 中可以看出，随着截面周长的增大，k 值有变小的趋势；但截面周长增大一定程度后，其对 k 值的影响逐渐减小。这是因为在一定范围内，随着截面周长的增大，火灾后构件外围混凝土受损面积增大，导致构件承载力下降较多；当截面周长增加到一定程度后，外围受损混凝土厚度及受损面积与截面面积之比相对稳定，因而对构件剩余承载力水平的影响减小。

图 5-20 为 k 值与混凝土强度关系曲线图，从图 5-20 和表 5-9 中可以看出，对剪跨比为 3.0 发生弯曲破坏的型钢混凝土梁试件，当混凝土强度小于 40MPa 时，k 值随着混凝土强度的提高而增大；当混凝土强度大于 40MPa 时，k 值随着混凝土强度的提高而减小。

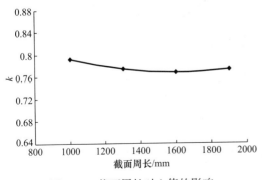

图 5-19 截面周长对 k 值的影响

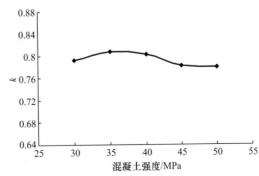

图 5-20 混凝土强度对 k 值的影响

图 5-21 所示为试件剪跨比对 k 值的影响，从图 5-21 中可以看出，当剪跨比小于 2 时，k 值随着剪跨比的增大而增大；剪跨比在 $2\sim2.5$ 时，k 值变化不大；当剪跨比大于 2.5 以后，k 值又随剪跨比的增大而增大。这是因为，剪跨比较小时，型钢混凝土梁以斜压破坏破坏为主，破坏时的承载力处决于梁腹型钢腹板抗剪承载力和混凝土的轴心抗压强度，火灾后混凝土轴心抗压强度损失的数值最大，因而剪跨比越小，k 值越小。剪跨比在 $2\sim2.5$ 时，型钢混凝土梁以粘结破坏为主，破坏时的承载力与型钢和混凝土之间的粘结强度密切相关，火灾后型钢于混凝土粘结强度很小且相对稳定，因而 k 值变化不大。剪跨比大于 2.5 的型钢混凝土梁以弯曲破坏为主，破坏时的承载力取决于受压区型钢翼缘抗压强度和混凝土的剪压强度，剪跨比越大，混凝土在承载力中起的贡献作用越小，型钢在承载力中起的贡献作用越大，由于火灾后型钢强度基本恢复，因而剪跨比越大，构件的剩余承载力水平越高。

图 5-22 为截面含钢率对 k 的影响，从图 5-22 中并结合表 5-9 的参数设计可以看出，在截面尺寸、混凝土强度、剪跨比、升温时间相同的情况下，截面含钢率越大，k 值越大。

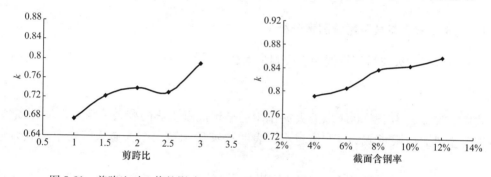

图 5-21　剪跨比对 k 值的影响　　　图 5-22　型钢含钢率对 k 值和影响

图 5-23 为试件升温时间对 k 的影响，从图 5-23 中并结合表 5-9 的参数设计可以看出，在截面尺寸、混凝土强度、含钢率、长细比相同的情况下，升温时间越长，k 值越小。

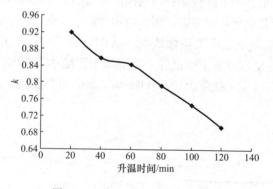

图 5-23　升温时间对 k 值的影响

5.5.3　火灾后剩余承载力计算

确定火灾后型钢混凝土梁剩余承载力影响系数 k 以及构件常温下的承载力以后，利用式（5-8）可以求得火灾后构件的剩余承载力。

由上述参数分析可知，影响火灾后型钢混凝土梁剩余承载力影响系数 k 的主要因素为剪跨比、型钢含钢率、升温时间。在数值计算结果基础上，通过回归分析的方法建立火灾后型钢混凝土梁剩余承载力影响系数 k 的计算公式，具体为：

$$k = f(\lambda) \cdot f(\rho) \cdot f(t) \tag{5-8}$$

式中，$f(\lambda)$、$f(\rho)$、$f(t)$ 分别为剪跨比、型钢含钢率、受火时间对 k 值的影响表达式，计算公式分别为：

$$f(\lambda) = \begin{cases} -0.0707\lambda^2 + 0.2934\lambda + 0.6311 & 1 \leqslant \lambda \leqslant 2.5 \\ 0.154\lambda + 0.5379 & \lambda > 2.5 \end{cases} \tag{5-9}$$

$$f(\rho) = -15.062\rho^2 + 5.300\rho + 0.729 \tag{5-10}$$

$$f(t) = 1 - 0.1472(t/100)^3 + 0.3372\left(\frac{t}{100}\right)^2 - 0.4473\frac{t}{100}) \tag{5-11}$$

式中，λ 为剪跨比，当 $\lambda < 1$ 时，取 $\lambda = 1$；当 $\lambda > 3$ 时，取 $\lambda = 3$。ρ 为截面含钢率，适用范围 $2\% \leqslant \rho \leqslant 12\%$。$t$ 为受火时间，单位为 min。

5.5.4 本节小结

本节根据影响火灾后型钢混凝土梁受力性能主要因素基础上，设计了一批模拟试件，利用 ANSYS 分析方法对这些试件常温下的承载力以及经历 ISO-834 标准火灾后的剩余承载力进行了模拟分析，引入火灾后型钢混凝土梁剩余承载力系数描述其火灾后的剩余承载力水平，并对系数的影响参数进行了分析，提出了系数的计算方法。

5.6　本章小结

本章通过对 7 根型钢混凝土梁火灾后的力学性能的试验研究，得到了火灾后型钢混凝土梁的破坏形态、荷载-挠度曲线以承载力退化情况。结合 ANSYS 有限元软件，对型钢混凝土梁火灾下温度场、火灾后受力性能进行了分析，获得了截面周长、混凝土强度、截面含钢率、剪跨比、受火时间等参数对标准火灾作用后型钢混凝土梁承载力的影响规律，提出了火灾后型钢混凝土梁剩余承载力的计算方法。

参 考 文 献

[1] 赵鸿铁. 钢与混凝土组合结构 [M]. 北京：科学出版社，2001：77-226.

[2] 刘维亚，等. 钢与混凝土组合结构理论与实践 [M]. 北京：中国建筑工业出版社，2008.

[3] 聂建国. 钢-混凝土组合结构原理与实例 [M]. 北京：科学出版社，2009.

[4] 吴波. 火灾后钢筋混凝土结构的力学性能 [M]. 北京：科学出版社，2003.

[5] 李国强，等. 钢结构及钢-混凝土组合结构抗火设计 [M]. 北京：中国建筑工业出版社，2006.

[6] 郑文忠，陈伟宏，侯晓萌. 火灾后配筋混凝土梁受力性能试验与分析 [J]. 哈尔滨工业大学学报，2008，40（12）：1861-1867.

[7] 白丽丽，王振清，苏娟，乔牧. 火灾后钢筋混凝土梁的抗弯可靠性 [J]. 自然灾害学报，2009，18（1）：95-99.

[8] 李俊华，刘明哲，唐跃锋，郑荣跃. 火灾后型钢混凝土梁受力性能试验研究 [J]. 土木工程学报，2011，44（4）：89-90.

［9］ 李俊华，刘明哲，萧寒. 火灾后型钢混凝土梁剩余承载力数值模拟分析 ［J］. 西安建筑科技大学学报（自然科学版），2013，45（4）：470-477.

［10］ 郑永乾，韩林海，经建生. 火灾下型钢混凝土梁力学性能的研究 ［J］. 工程力学，2008，25（9）：118-125.

［11］ 冯颖慧，楼文娟，沈陶，周君. 内配圆钢管的钢骨混凝土柱火灾后剩余承载力研究 ［J］. 工业建筑，2008，38（3）：16-19.

［12］ 毛小勇，杜二峰，邹大鹏. 型钢混凝土柱抗火全过程分析 ［J］. 哈尔滨工业大学学，2009，41（Sup2）.

［13］ 杜二峰. 标准火灾下 SRC 柱全过程力学性能分析 ［D］. 苏州科技学院，2009.

［14］ 邹大鹏. 高温后轴心受压型钢混凝土柱的剩余承载力研究 ［D］. 苏州科技学院，2009.

［15］ YB 9082—2006 钢骨混凝土结构技术规程 ［S］. 北京：冶金工业出版社，2006.

［16］ JGJ 138—2016 组合结构设计规范 ［S］. 北京：中国建筑工业出版社，2016.

［17］ 杨勇，郭子雄，聂建国，赵鸿铁. 型钢混凝土结构 ANSYS 数值模拟技术研究 ［J］. 工程力学，2006，23（4）：79-85.

［18］ 郝文化，等. ANSYS 土木工程应用实例 ［M］. 北京：中国水利水电出版社，2005.

［19］ 杨勇. 型钢混凝土粘结滑移基本理论及应用研究 ［D］. 西安：西安建筑科技大学，2003，1.

［20］ 汪东生，吴铁君. ANSYS 中的钢筋混凝土单元 ［J］. 武汉理工大学学报（交通科学与工程版），2004，28（4）：526-529.

［21］ 陆新征，江见鲸. 利用 ANSYS Solid65 单元分析复杂应力条件下的混凝土结构 ［J］. 建筑结构，2003，33（6）：22-24.

［22］ 过镇海，时旭东. 钢筋混凝土原理和分析 ［M］. 北京：清华大学出版社，2003.

［23］ 刘细林. SRC 梁受力性能的试验研究 ［D］. 西安：西安建筑科技大学，1991.

［24］ 张朝晖. ANSYS 热分析教程与实例解析 ［M］. 北京：中国铁道出版社，2007.

［25］ European Committee for Standardization，ENV 1993-1-2，Eurocode 3，Design of Steel Structures，Part 1. 2：Structural Fire Design，1993.

［26］ European Committee for Standardization，ENV 1994-1-2，Eurocode 4，Design of Steel Structures，Part 1. 2：Structural Fire Design，1994.

第6章　火灾后型钢混凝土柱受力性能及加固修复

6.1　引　　言

型钢混凝土柱具有良好的受力性能，其研究与应用长期以来备受关注[1-29]。遭受火灾后，型钢混凝土柱的性能发生退化，需要采取合适的加固手段恢复其功能[30-49]。本章主要介绍火灾后型钢混凝土柱受力性能试验及加固修复方法，同时介绍火灾下型钢混凝土柱温度场分析方法和火灾后型钢混凝土柱受力性能数值分析方法，通过试验和数值模拟分析，确定火灾后型钢柱受力性能的主要影响因素。

6.2　火灾后型钢混凝土柱受力性能试验

6.2.1　参数与截面设计

本次试验共包括 12 个型钢混凝土柱试件，主要考虑长细比、偏心率、混凝土强度、受火时间对构件受力性能的影响，试件的参数设计见表 6-1。所有试件的截面尺寸均为 250mm×250mm；型钢采用热轧 H 型钢，规格为 HW150×150，截面含钢率为 6.49%；纵向钢筋采用 4ϕ12；箍筋采用双肢箍 ϕ6@100。试件的形状和截面配钢情况如图 6-1 所示。

试件参数与承载力试验结果　　　　　　　　表 6-1

试件编号	混凝土强度 /MPa	长细比 l_0/n	偏心率 e_0/h	升温曲线（升温时间/min）	承载力试验值/kN
SRC-Z-1	56.7	4	0	曲线 1（135）	2360
SRC-Z-2	42.6	6	0	曲线 1（135）	1860
SRC-Z-3	42.6	6	0	曲线 2（75）	1500
SRC-Z-4	56.7	8	0	曲线 1（135）	2250
SRC-Z-5	42.6	10	0	曲线 1（135）	2000
SRC-Z-6	62.5	12	0	曲线 1（135）	2130
SRC-Z-7	44.9	12	0	曲线 2（75）	2250
SRC-Z-8	45.9	10	0	常温（0）	3200
SRC-Z-9	45.3	6	0.4	常温（0）	1180
SRC-Z-10	47.8	6	0.2	曲线 3（90）	1310
SRC-Z-11	47.9	6	0.4	曲线 3（90）	886
SRC-Z-12	50.4	6	0.6	曲线 3（90）	585

6.2.2 试件制作和材料属性

试件的制作在实验室进行，所用混凝土现场配置，强制搅拌机搅拌而成，在浇筑混凝土制作试件的同时，浇筑边长为 150mm 的混凝土立方体试块，与试件在同等条件下养护，在试验受火前按照《普通混凝土力学性能试验方法标准》GB/T 50081—2002 进行试块立方体强度测试，获取混凝土的抗压强度和弹性模型。同时为了解试件受火后混凝土强度的衰减退化情况，制作了两组对比试块，升温实验时，将两组试块和试件同时放入火灾炉内进行了升温，待试块冷却后测定其抗压强度和弹性模型。各试件对应的混凝土立方体抗压强度的测试结果见表 6-1，常温和火灾后混凝土材料属性的对比试验结果见表 6-2。

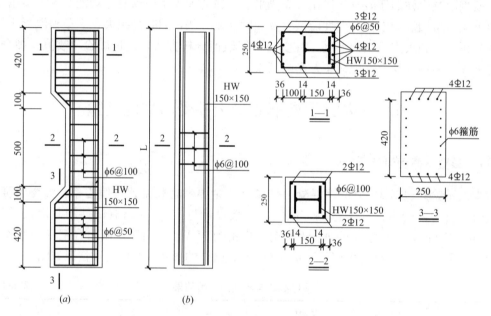

图 6-1 试件的截面形状与配钢情况

(a) 偏压柱；(b) 轴压柱

型钢材料属性测试办法是：先将型钢的腹板和翼缘割开，各做三个标准试件，然后按照《金属材料 拉伸试验 第 1 部分：室温试验方法》GB/T 228.1—2010 进行拉伸试验，测定型钢的屈服强度、极限抗拉强度、弹性模量。纵向受力钢筋和箍筋的材料属性测试方法也参照《金属材料 拉伸试验 第 1 部分：室温试验方法》GB/T 228.1—2010 进行。由试验测得的型钢、纵向受力钢筋、箍筋的材料属性见表 6-3

混凝土材料属性测试结果 表 6-2

试件编号	立方体抗压强度/MPa		弹性模量/10^4MPa	
	常温下	受火后	常温下	受火后
第一组	44.9	21.0（曲线 2）	3.36	2.60（曲线 2）
第二组	45.9	15.9（曲线 3）	3.38	2.28（曲线 3）

钢材材料属性测试结果　　　　　　　　　　　　　　　　表 6-3

钢材种类		屈服强度/MPa	极限强度/MPa	弹性模量/MPa
型钢	翼缘	276.32	453.94	2.33×10^5
	腹板	272.15	491.56	2.28×10^5
纵向受力钢筋		340.55	476.46	2.00×10^5
箍筋		359.60	519.90	2.10×10^5

6.2.3　试件升温

试件养护过 28d 以后，在图 6-2 所示的火灾炉内进行升温处理，升温过程由升温控制系统全程控制。试件的升温分三批进行，升温时试件四面受火且不承受外荷载，当升温达到预定时间后，熄火使试件在炉膛内自然冷却。各批试件的升降温曲线及其与 ISO834 标准升温曲线的比较见图 6-2。从图中可以看出，曲线 2、3 的上升段基本重合，但曲线 1 的上升段与曲线 2、3 的上升段存在较大差异，主要是由于该批试件在升温过程中由于温控系统曾发生短期故障导致升温不稳定所致。

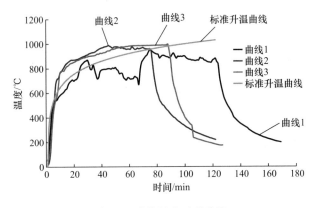

图 6-2　升降温全过程曲线

试件升温冷却后，可以观察到表面混凝土呈现浅黄色，局部有剥落现象；试件端部和表面出现一些不规则细微裂纹，角部酥松，轻轻碰撞会导致混凝土剥落，显示混凝土火损较为严重。表 6-2 中给出了火灾前后的混凝土力学性能对比，数据显示经历曲线 2（升温时间 75min）的升温过程后，混凝土的立方体强度和弹性模量大约为常温下的 47% 和 77%；经历曲线 3（升温时间 90min）的升温过程后，混凝土的立方体强度和弹性模量大约只有常温下 34% 和 67%，受火时间越长，混凝土强度和弹性模量降低越多。

6.2.4　试验装置与加载方法

试件冷却后将其从火灾炉内取出，运至 500t 长柱试验机上进行加载试验。加载时，轴心受压柱直接置于试验机的加载台面上，试件上下端与台面接触处用细砂找平，偏心受压柱与试验机加载台面间增设一对不锈钢刀铰，通过刀铰传递竖向荷载，试件与刀铰接触处同样用细砂找平。试验过程中，对于轴心受压柱，由百分表测定试件纵向位移和试件跨中挠度，对于偏心受压柱，则通过混凝土应变计测定试件跨中沿截面高度的混凝土应变，通过百分表测定沿试件不同高度处的挠度。加载和测点布置如图 6-3 所示。

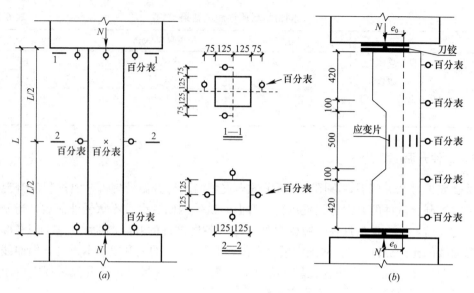

图 6-3　加载与测点布置示意图

(*a*) 轴心受压柱；(*b*) 偏心受压柱

在试验正式加载前，先进行预加载，以检查各仪器仪表正常运行情况。加载分级进行，由试验机自带压力传感器显示的荷载值控制加载速度，加载速度大约 10kN/min，各级荷载下的荷载大小、混凝土应变以及试件挠度等数据由 3816 静态应变测试仪全程采集。试验时人工观察试件在加载过程中的开裂、裂缝发展和变形等各种试验现象。

6.2.5　试验结果与分析

（1）试验现象

火灾后的轴心受压试件大致经历了混凝土初裂、裂缝开展、压溃破坏三个阶段。长细比较小的试件，混凝土初裂荷载约为极限荷载 20%，初裂位置位于试件上部靠近加载点附近。当加载至约 80% 极限荷载时，上部裂缝迅速向下延伸，到达试件高度约 1/3 处。当加载至约 95% 极限荷载时，试件端部的混凝土保护层开始剥落，随后达到极限荷载而破坏。破坏时试件下部仍相对完好，仅出现少量纵向裂缝。究其原因，这与升温时试件上下端在火灾炉中所处的位置有关，在升温过程中，试件下端与地面接触，受火灾影响较小，而上端全部受火包围，损伤较大，受荷时更易发生破坏。

长细比为 8、10、12 的试件，加载前用碳纤维对其上下端部各 300mm 范围进行加固。加固后试件的初始裂缝位于跨中位置，初裂荷载约为极限荷载 15%，荷载小于 80% 极限荷载以前，裂缝发展较缓慢，当荷载达到 95% 极限荷载后，裂缝数量和宽度迅速增加，试件跨中附近混凝土保护层压溃剥落，试件很快达到极限荷载而破坏。破坏试件的纵筋被压曲，裸露外鼓。轴心受压试件的最终破坏形态如图 6-4（*a*）所示。砸开这些试件破坏位置处的混凝土保护层，发现试件内部核心型钢均完好，没有明显屈曲现象。

对受火后的偏心受压试件，为保证牛腿在加载时不发生破坏，加载前采用外包角钢的方法对牛腿进行局部加固。加固后，不同偏心率的试件，其破坏过程与破坏特征有明显差异：偏心率为 0.2 的试件 SRC-Z-10，当荷载小于 90% 的极限荷载时，除了试件端部加载点下方牛腿部位出现局部受压裂缝外，未观察到其他明显裂缝；荷载大于90%极限荷载后，试件中部受压区混凝土突然出现纵向裂缝，且发展迅速，导致混凝土压溃破落。破坏时受拉区仅出现少量横向弯曲裂缝，试件表现为小偏心受压破坏特征。

与试件SRC-Z-10不同，偏心率为0.4的试件SRC-Z-11，在加载到40%极限荷载时，首先在跨中受拉侧出现横向弯曲裂缝，且在随后的加载过程中，弯曲裂缝不断开展，受压区高度不断减小；当加载至约90%极限荷载时，受压区混凝土出现纵向裂缝，随后受压区混凝土压溃剥落，试件破坏。破坏时，弯曲裂缝发展充分，试件表现出大偏心受拉破坏特征。

偏心率为0.6的试件SRC-Z-12的破坏过程与试件SRC-Z-11大致相似，但横向裂缝出现得更早，破坏时弯曲裂缝开展更充分，大偏心受拉破坏的特征更显著。所有偏心受压试件的最终破坏形态如图6-4（b）所示。从试件最终破坏形态看，偏心受压试件受压翼缘外侧均能观察到明显粘结撕裂裂缝。砸开破坏位置处混凝土保护层，发现除试件SRC-Z-10的型钢受压翼缘轻度屈曲外，其余试件型钢受压翼缘未观察到明显屈曲现象，且位于型钢两翼缘中的核心混凝土相对完好，表明受火后的型钢混凝土柱仍能保持较好的力学性能。

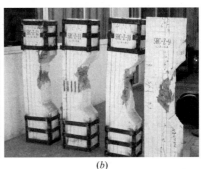

图 6-4　试件的破坏形态
（a）轴压柱；（b）偏压柱

（2）轴向变形与轴压刚度

根据图6-3的测点布置方案，将轴心受压柱通过百分表测得的前、后、左、右四个方向的轴向变形取平均值，由此得到的轴压柱荷载-轴向变形曲线如图6-5所示。从图6-5中可以看出，火灾后型钢混凝土轴压柱的轴向刚度从加载到达到最大承载力大致呈现三种变化：①加载初期，试件的轴向变形较小，此时轴力主要由截面的混凝土承担，试件轴向刚度较小；②随着荷载和混凝土轴向变形的增加，混凝土承受的轴力通过型钢与混凝土的粘结作用逐渐向型钢转移，型钢与混凝土共同承受轴力，试件的刚度增大；③当混凝土出现纵向裂缝以后，试件的刚度又减小，试件轴向变形增加的速度加快，直到试件达到最大承载力而发生破坏。

常温下试件SRC-Z-8与火灾后试件SRC-Z-5的荷载-轴向变形曲线的对比见图6-6，从图6-6中可以看出，受火后型钢混凝土轴心受压试件的荷载-轴向变形曲线更加平缓，在相同的轴向力作用下，试件的轴向变形更大，刚度退化明显。定义火灾后型钢混凝土柱轴压刚度影响系数为：

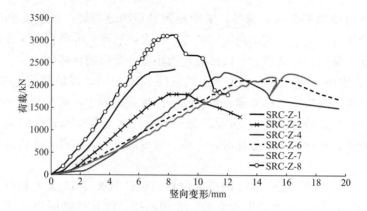

图 6-5　荷载-轴向变形曲线

$$k_z = \frac{(EA)_{fire}}{EA} \tag{6-1}$$

式中，$(EA)_{fire}$ 和 EA 分别为火灾后和常温下型钢混凝土柱的轴压刚度。

对于型钢混凝土柱，轴压刚度主要与试件的材料属性、截面积、荷载水平等因素有关，不同加载阶段试件的轴压刚度可以通过荷载与变形关系曲线的试验结果反算获得。具体方法为：将试验得到的火灾后和常温下试件的荷载-轴向变形曲线按加载阶段分成若干段，如图 6-7 所示。

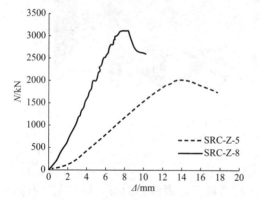

图 6-6　常温下与火灾后荷载-轴向变形曲线比较　　图 6-7　荷载-轴向变形曲线划分

假定在某一加载段内，如 $N_i \sim N_{i+1}$ 段，试件处于弹性阶段，该加载阶段轴压刚度 $(EA)_{i+1}$ 为定值，根据材料力学可得：

$$(EA)_{i+1} = \frac{N_{i+1} - N_i}{\Delta_{i+1} - \Delta_i} L \tag{6-2}$$

式中，L 为试件高度；Δ_i、Δ_{i+1} 分别为与轴向荷载 N_i、N_{i+1} 相对应的变形，由试验实测数据获得。

根据试件 SRC-Z-5 和 SRC-Z-8 不同加载阶段荷载-变形试验结果计算得到的火灾后与常温下试件的轴压刚度及轴压刚度影响系数 k_z 见表 6-4。从表 6-4 中可以看出，从加载到荷载达到 80% 极限荷载的不同阶段，k_z 值为 0.33～0.44。

表 6-4

SRC-Z-5 和 SRC-Z-8 不同加载阶段 k_z 试验结果

加载阶段	$(EA)_{fire}$/MN	EA/MN	k_z
$0\sim0.2\ N_u$	260	786	0.33
$0.2\sim0.4\ N_u$	445	1019	0.44
$0.4\sim0.6\ N_u$	474	1205	0.39
$0.6\sim0.8\ N_u$	462	1123	0.41

（3）侧向挠度与抗弯刚度

由试验得到火灾后偏压试件的荷载与跨中侧向挠度曲线见图 6-8。从图 6-8 中可以看出，从加载到大约 80% 的极限荷载以前，试件的荷载-挠度曲线几乎为一条直线，没有如钢筋混凝土构件一样在截面出现弯曲裂缝后有一明显拐点。同时，随着偏心率的增大，荷载-挠度曲线趋向平缓，在相同荷载作用下试件侧向挠度增加。

常温下试件 SRC-Z-9 与火灾后试件 SRC-Z-11 的荷载-挠度曲线的对比见图 6-9，从图 6-9 中可以看出：从加载到 80% 极限值以前，随着试件开裂以及裂缝宽度的不断发展，常温下试件的荷载-挠度曲线不断向水平轴倾斜，试件的刚度在不断减小；而在此阶段，火灾后试件的荷载-挠度曲线基本保持直线，刚度减小程度低。其原因在于试件过火后，混凝土强度和弹性模量损失较多，表 6-2 中常温下和火灾后混凝土材料性能的对比可以看出，经历火灾作用后，混凝土立方体抗压强度不到常温下的 47%，弹性模量不到常温下的 77%，而火灾后型钢的强度与弹性模量能基本恢复到受火前水平，因此在型钢混凝土柱中，试件受火后混凝土部分的刚度占截面总刚度的比值下降，截面开裂及裂缝发展对构件总刚度的影响减小。

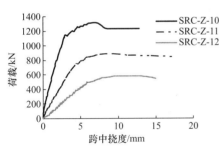

图 6-8　荷载-侧向挠度曲线

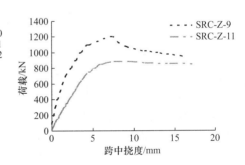

图 6-9　常温下与火灾后荷载-挠度曲线比较

从图 6-9 中还可以看出，在其他条件基本相同的情况下，经历火灾作用后试件的荷载-挠度曲线更靠近水平轴，试件的整体侧向抗弯刚度降低，受火后试件的软化现象显著。定义火灾后型钢混凝土柱抗弯刚度影响系数为：

$$k_w = \frac{(EI)_{fire}}{EI} \tag{6-3}$$

式中，$(EI)_{fire}$ 和 EI 分别为火灾后和常温下型钢混凝土柱的抗弯刚度，与试件的材料属性、截面特征、约束条件、荷载水平等因素有关，不同加载阶段的抗弯刚度根据试件支承条件及荷载与侧向挠度之间关系的试验结果反算获得。具体方法为：将试验得到的火灾后和常温试件的荷载-侧向挠度曲线按加载阶段分成若干段，如图 6-10 所示。

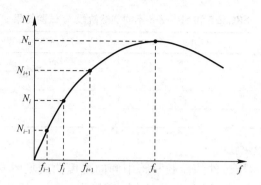

图 6-10 荷载-侧向挠度曲线划分

假定在某一加载段内，如 $N_i \sim N_{i+1}$ 段，试件处于弹性阶段，该加载阶段抗弯刚度 $(EI)_{i+1}$ 为定值，根据试件两端简支支承条件与受力情况，可得到：

$$(EI)_{i+1} = \frac{(N_{i+1} - N_i)e_0}{f_{i+1} - f_i}L \qquad (6-4)$$

根据试件 SRC-Z-9 和 SRC-Z-11 不同加载阶段荷载挠度曲线的试验结果计算得到的火灾后与常温下试件的抗弯压刚度及抗弯刚度影响系数 k_w 见表 6-5。从表 6-5 中可以看出，k_w 值为 $0.30 \sim 0.59$。

SRC-Z-11 和 SRC-Z-9 不同加载阶段 k_w 试验结果　　　　表 6-5

加载水平	$(EI)_{fire}/(MN \cdot m^2)$	$EI/(MN \cdot m^2)$	k_w
$0.2 N_u$	4.88	16.42	0.30
$0.4 N_u$	4.47	11.83	0.38
$0.6 N_u$	4.40	9.98	0.44
$0.8 N_u$	4.16	7.09	0.59

（4）偏压柱截面应变分布

图 6-11 为发生偏压试件跨中截面处混凝土表面的应变分布图，从图 6-11 中可以看出，在荷载小于 90% 极限荷载以前，沿截面高度不同位置的应变分布大致成直线，截面变形的平截面假定仍然成立。

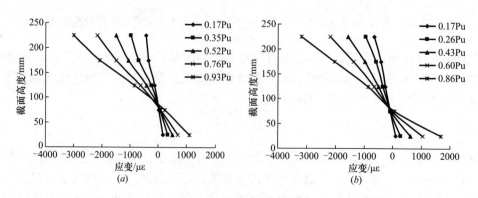

图 6-11 跨中截面应变分布
（a）SRC-Z-11；（b）SRC-Z-12

（5）剩余承载力

为了解火灾后型钢混凝土柱剩余承载力水平，进行了两组常温下和火灾后试件承载力的对比试验。试件 SRC-Z-5 和 SRC-Z-8 为轴压柱，其混凝土强度和长细比基本相同，但前者经历了曲线 1 的升温过程，试验结果显示 SRC-Z-5 的剩余承载力大约为 SRC-Z-8 的63%；试件 SRC-Z-11 和 SRC-Z-9 为偏压柱，其混凝土强度、偏心率基本相同，但前者经历了曲线 3 的升温过程，试验结果显示 SRC-Z-11 的剩余承载力大约为 SRC-Z-9 的 75%。

根据《组合结构设计规范》JGJ 138—2016 的计算理论，对所有试件常温下的承载能力进行了计算，并将计算结果与试件火灾后承载力试验结果进行了对比，对比情况列于表 6-6 当中。从表 6-6 中可以看出，常温下试件承载力试验值比规程计算值略大，计算结果偏于安全。火灾后试件承载力试验值均小于规程计算值，其中轴压柱试验值与计算值的比值 0.51～0.81；偏压柱试验值与计算值的比值 0.69～0.81，受火后型钢混凝土柱承载能力退化显著。

试件剩余承载力 表 6-6

试件编号	试验值/kN	常温下 JGJ 规程计算值/kN	试验值/常温计算值	承载力降幅
SRC-Z-1	2360	3357	0.70	30%
SRC-Z-2	1860	2916	0.64	36%
SRC-Z-3	1500	2916	0.51	49%
SRC-Z-4	2250	3323	0.68	32%
SRC-Z-5	2000	2828	0.71	29%
SRC-Z-6	2130	3273	0.65	35%
SRC-Z-7	2250	2782	0.81	19%
SRC-Z-8	3200	2930	1.09	—
SRC-Z-9	1180	1094	1.08	—
SRC-Z-10	1310	1624	0.81	19%
SRC-Z-11	886	1119	0.79	21%
SRC-Z-12	585	851	0.69	31%

6.2.6 本节小结

本节进行了火灾后型钢混凝土柱受力性能试验和常温下的对比试验，得出如下主要结论：①火灾后型钢混凝土柱在荷载作用下的破坏过程及破坏形态与常温下基本相同，但柱的轴压刚度、抗弯刚度、承载力均有不同程度降低。②火灾后与常温下的试验对比表明，从加载到 80% 极限荷载的不同阶段，火灾后型钢混凝土柱轴压刚度影响系数 k_z 值为 0.33～0.44，抗弯刚度影响系数 k_w 值为 0.30～0.59。③试验结果与《组合结构设计规范》JGJ 138—2016 对常温下相应试件承载力计算结果的比较表明，经历火灾作用后轴压柱的剩余承载力水平约为常温下承载力的 51%～81%；偏压柱的剩余承载力水平约为常温下承载力的 69%～81%，火灾后型钢混凝土柱承载能力退化显著。

6.3 火灾下型钢混凝土柱截面温度场分析

6.3.1 分析模型及验证

采用通用有限元分析软件 MSC.MARC 对型钢混凝土柱截面温度场进行计算分析，单元采用软件中编号为 43 的三维 8 节点全积分单元，单元划分根据具体情况确定，在形状复杂和温度可能突变处适当加密单元。钢材与混凝土热工参数取值见表 6-7。由于截面中钢筋面积较小，计算时忽略其对截面温度场的影响。

钢材与混凝土热工性能 　　　　　　　　　　　　　　　表 6-7

热工性能参数	钢	混凝土
热传导系数 W/(m・℃)	45 (EC3 与 EC4 建议的简化计算值)	$\lambda_c = 0.8\left(1.6 - \dfrac{0.6}{850}T\right)$ (陆洲导建议计算公式)
比热 J/(℃・kg)	600 (EC3 与 EC4 建议的简化计算值)	$C_c = 0.2 + \dfrac{0.1}{850}T$ (陆洲导建议计算公式)
密度 kg/m³	7850	2400

为了验证程序分析的可行性，特设计制作了一型钢混凝土柱，柱截面尺寸为 350mm×350mm，内配型钢 HW100×100×6×8，试件中部截面内布置了 5 个热电偶，测点位置如图 6-12 所示。升温试验图 5-2 所示火灾炉内进行，试验时试件四面受火，实测炉膛升降温曲线如图 6-13 所示。

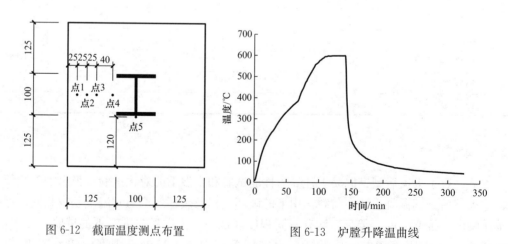

图 6-12　截面温度测点布置　　　　　　　图 6-13　炉膛升降温曲线

模拟分析采用的升降温曲线与图 6-13 试验升降温曲线一致。测点温度的模拟分析结果与试验结果对比如图 6-14 所示。从图 6-14 中可以看到，模拟分析结果与试验结果基本吻合。各点的模拟最高温度与试验中热电偶测得的最高温度相差不大，可以较好地模拟截面各点在升温过程中所经历的升温过程和达到的最高温度。

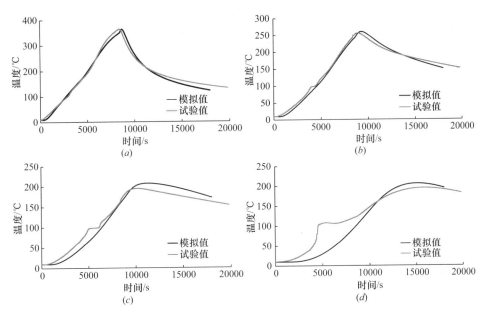

图 6-14　测点温度模拟分析结果与试验结果对比

(*a*) 测点 1；(*b*) 测点 2；(*c*) 测点 3；(*d*) 测点 5

图 6-15 为模拟分析获得的试件升温至 150min 时跨中截面的等温带图。从图 6-15 中可看出，试件截面等温带大致呈椭圆形分布，截面外边缘存在一定温差，随着位置的深入，温度变化趋于平缓，在型钢包裹范围内，各点温度基本相同。

6.3.2　试验升温条件下节点最高温度

对 6.2 节中的型钢混凝土柱试件做如图 6-16 所示的截面单元划分，然后根据上述温度场分析方法对型钢混凝土柱截面温度进行了模拟分析，获取不同升温条件下各节点所经历的最高温度如表 6-8 所示。表 6-8 中，编号 1～21 依次代表试件截面中部水平方向从左到右节点顺序，编号 22～45 依次代表截面中部竖直方向从下到上节点顺序。

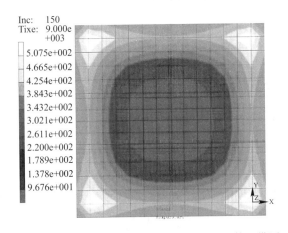

图 6-15　试件跨中截面升温至 150min 时的等温带图

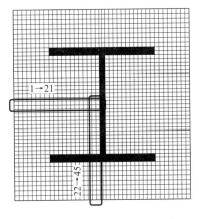

图 6-16　截面温度场单元划分

火灾升温过程中节点最高温度 表 6-8

升温曲线	升降温过程中节点达到的最高温度/℃														
	1	2	3	4	5	6	7	8	9	10	11	12	13	14	15
曲线 1	581	543	510	480	453	429	409	393	381	374	367	360	354	350	346
曲线 2	596	542	492	447	408	375	349	330	318	311	308	304	300	297	295
曲线 3	618	565	517	474	437	405	379	358	344	336	333	331	331	331	331

升温曲线	升降温过程中节点达到的最高温度/℃														
	16	17	18	19	20	21	22	23	24	25	26	27	28	29	30
曲线 1	344	344	346	348	353	359	578	539	504	472	443	418	398	383	377
曲线 2	294	293	294	296	299	303	592	535	483	436	395	360	333	319	314
曲线 3	331	331	331	331	332	333	614	558	508	464	424	390	363	345	340

升温曲线	升降温过程中节点达到的最高温度/℃														
	31	32	33	34	35	36	37	38	39	40	41	42	43	44	45
曲线 1	377	376	373	370	367	364	362	360	358	356	355	354	354	353	353
曲线 2	314	314	312	310	309	307	306	304	303	302	301	300	300	300	299
曲线 3	339	339	337	336	335	334	333	333	333	332	332	332	332	332	332

从图 6-16 所示节点和表 6-8 中所示的数据可以看出，距试件表面距离相同处各点的最高温度较为接近。图 6-17 给出了经历曲线 2 升温过程时，截面水平与竖直方向各节点的温度梯度，从图 6-17 可以看出，节点最高温度在一定范围内随着离表面距离的增加线性下降，但超出该范围后，各节点经历的最高温度总体趋于稳定。

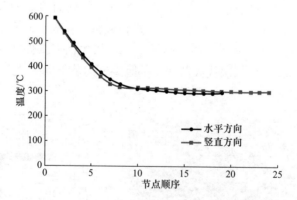

图 6-17 截面水平与竖直方向节点的温度梯度

6.3.3 本节小结

本节通过有限元软件 MSC.MARC 对型钢混凝土柱截面温度场进行分析，分析结果得到了试验验证。利用验证后的程序对 6.2 节试件的升温历程进行了模拟分析，获得试件截面温度分布规律。

6.4 火灾后型钢混凝土柱受力性能数值模拟分析

6.4.1 分析思路

基本思路与5.4节型钢混凝土梁数值模拟分析一致：首先在已经完成的火灾后型钢混凝土柱受力性能试验基础上，通过程序计算火灾试验中试件的截面温度场，获取在整个火灾过程中试件各点所经历的最高温度；然后根据温度场分析结果，将截面上最高温度大致相同的点所组成的区域定义为一个温度层；确定各温度层中钢材与混凝土在经历了最高火灾温度后相应的材料强度与本构关系；利用MSC.MARC程序对分层后的型钢混凝土柱模型的受力性能进行模拟分析，并将模拟分析结果与试验结果进行比较。

6.4.2 温度层划分

根据表6-8中试件不同升温条件下截面上各节点的最高温度和图6-17截面上水平与竖直方向节点的温度梯度分布，将试件截面划分成若干温度层。数值模拟分析时，同一温度层中混凝土与钢材的材料性能相同。

6.4.3 火灾后材料性能

火灾后，混凝土、型钢、钢筋的力学性能与曾经经历的火灾温度密切相关，对于常用结构钢，经高温冷却后，钢材的强度和弹性模型总体上能回复。考虑到钢混凝土试件在高温过火后，试件内部的型钢达到的最高温度均未超过500℃，故火灾后型钢的强度、弹性模量未予折减，模拟时对钢材采用理想弹塑性模型。火灾后混凝土材料性能的取值见表5-7。

6.4.4 受力性能模拟分析及验证

在确定了试件的温度层及各温度层中钢材与混凝土的材料性能和本构关系后，利用MSC.MARC对表6-1中试件的受力性能进行了模拟分析。分析中采用三维8节点全积分单元，软件中编号为7。模型两端按简支边界处理。

表6-9为火灾后试件模拟承载力和试验承载力的比较。从表6-9中可以看出，模拟结果与试验结果较为接近。

承载力试验结果与模拟结果比较 表6-9

试件编号	试验承载力/kN	模拟承载力/kN	试验值/模拟值
SRC-Z-1	2360	2249	1.05
SRC-Z-4	2250	2145	1.05
SRC-Z-8	3200	2854	1.12
SRC-Z-9	1180	1136	1.04
SRC-Z-11	886	816	1.08

6.4.5 本节小结

本节介绍了火灾后型钢混凝土柱受力性能模拟分析的基本思路，建立了火灾后型钢混凝土柱受力性能数值分析模型，通过 MSC.MARC 对火灾后型钢混凝土柱的剩余承载力进行了模拟分析，分析结果与试验结果较为接近。

6.5 火灾后型钢混凝土柱剩余承载力及影响因素分析

6.5.1 火灾后型钢混凝土梁剩余承载力

影响火灾后型钢混凝土柱剩余承载力的因素有：试件截面尺寸、混凝土强度、含钢率、长细比、荷载偏心率、受火时间等。为确定这些因素对火灾后型钢混凝土柱剩余承载能力的影响，设计了一批模拟试件，利用 MSC.MARC 分析方法对这些试件常温下的承载力以及经历火灾后的剩余承载力进行了模拟分析。分析中的火灾升降温曲线采用 ISO-834 标准升降温曲线，曲线形状见图 5-17，曲线表达式见式（5-1）～式（5-4）。

试件的参数设计及承载力模拟分析结果见表 6-10。从表 6-10 中可以看出，经历火灾作用后，构件的极限承载力显著降低，受火时间越长，承载力降低的幅度越大。

模拟试件参数设计与承载力分析结果

表 6-10

试件编号	截面尺寸	混凝土强度等级	长细比	截面配钢	升温时间/min	偏心率	模拟承载力/kN 火灾后 $N_u(t)$	常温 N_u	$k=\dfrac{N_u(t)}{N_u}$
1	250×250	C30	8	H150×150×8×10	120	0	1471	2098	0.701
2	250×250	C35	8	H150×150×8×10	120	0	1560	2310	0.675
3	250×250	C40	8	H150×150×8×10	120	0	1644	2510	0.655
4	250×250	C45	8	H150×150×8×10	120	0	1720	2670	0.644
5	250×250	C50	8	H150×150×8×10	120	0	1793	2834	0.633
6	250×250	C55	8	H150×150×8×10	120	0	1870	3020	0.619
7	250×250	C60	8	H150×150×8×10	120	0	1945	3190	0.610
8	250×250	C30	12	H150×150×8×10	120	0	1429	2067	0.691
9	250×250	C30	16	H150×150×8×10	120	0	1378	2026	0.680
10	250×250	C30	20	H150×150×8×10	120	0	1311	1979	0.662
11	350×350	C30	8	H150×150×8×10	120	0	1853	3325	0.557
12	450×450	C30	8	H150×150×8×10	120	0	2847	4928	0.578
13	600×600	C30	8	H150×150×8×10	120	0	5110	8082	0.632
14	450×450	C30	8	H150×150×8×5	120	0	2520	4610	0.547
15	450×450	C30	8	H250×250×9×14	120	0	3988	5992	0.666
16	450×450	C30	8	H300×300×10×15	120	0	4543	6571	0.691
17	450×450	C30	8	H350×350×12×19	120	0	5792	7739	0.748
18	450×450	C30	8	H350×350×12×32	120	0	7730	9600	0.805
19	450×450	C30	8	H350×350×12×45	120	0	9680	11500	0.842
20	250×250	C30	8	H150×150×8×10	20	0	1920	2098	0.915

试件编号	截面尺寸	混凝土强度等级	长细比	截面配钢	升温时间/min	偏心率	模拟承载力/kN		$k=\dfrac{N_u(t)}{N_u}$
							火灾后 $N_u(t)$	常温 N_u	
21	250×250	C30	8	H150×150×8×10	40	0	1800	2098	0.858
22	250×250	C30	8	H150×150×8×10	60	0	1709	2098	0.815
23	250×250	C30	8	H150×150×8×10	90	0	1583	2098	0.755
24	250×250	C30	8	H150×150×8×10	150	0	1429	2098	0.681
25	250×250	C30	8	H150×150×8×10	180	0	1380	2098	0.658
26	250×250	C30	8	H150×150×8×10	120	0.2	814	1239	0.657
27	250×250	C30	8	H150×150×8×10	120	0.3	667	1020	0.654
28	250×250	C30	8	H150×150×8×10	120	0.4	566	863	0.656
29	250×250	C30	8	H150×150×8×10	120	0.5	492	745	0.660
30	250×250	C30	8	H150×150×8×10	120	0.6	435	655	0.664
31	250×250	C30	8	H150×150×8×10	120	0.7	390	584	0.668
32	250×250	C30	8	H150×150×8×10	120	0.8	353	526	0.671
33	250×250	C30	8	H150×150×8×10	120	0.9	319	474	0.673

6.5.2 剩余承载力系数及影响因素分析

定义参数 k 为火灾后型钢混凝土柱剩余承载力影响系数：

$$k=\frac{N_u(t)}{N_u} \tag{6-5}$$

式中，$N_u(t)$ 为 ISO 834 标准火灾作用后型钢混凝土柱的剩余承载力；N_u 为常温下型钢混凝土柱的极限承载力。k 值越小，表明火灾后承载力损失越大，剩余承载力水平越低。

图 6-18 给出了混凝土强度对 k 值的影响，从图 6-18 中可以看出，在其他条件相同的情况下，随着混凝土强度等级的提高，k 值逐渐减小。表明混凝土强度越高，火灾后型钢混凝土柱承载力损失相对越大，剩余承载力水平越低。

图 6-19 给出了长细比对 k 值的影响，从图 6-19 中可以看出，在其他条件相同的情况下，随着混凝土长细比的增大，k 值略有减小。

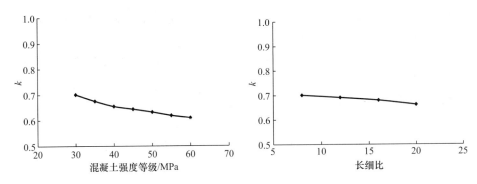

图 6-18　混凝土强度对 k 值的影响　　　图 6-19　长细比对 k 的影响

图 6-20 给出了截面含钢率对 k 的影响，从图 6-20 中可以看出，在其他条件相同的情况下，截面含钢率越大，k 值越大。因此，截面含钢率越高，火灾后型钢混凝土柱承载力损失相对越小，剩余承载力水平更高。

图 6-21 所示为荷载偏心率对 k 的影响，从图 6-21 中可以看出，在其他条件相同的情

况下，荷载偏心率对 k 值影响不大。

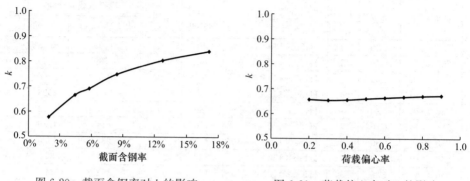

图 6-20　截面含钢率对 k 的影响　　　　图 6-21　荷载偏心率对 k 的影响

图 6-22 给出升温时间对 k 的影响，从图 6-22 中可以看出，在其他条件相同的情况下，受火时间越长，k 值越小。表明型钢混凝土柱剩余承载力随着升温时间的增加而减小。

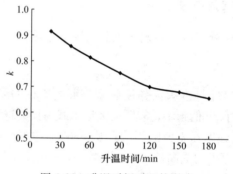

图 6-22　升温时间对 k 的影响

6.5.3　火灾后剩余承载力计算

确定火灾后型钢混凝土柱剩余承载力影响系数 k 以及构件常温下的承载力以后，利用式（6-5）可以求得火灾后型钢混凝土柱的剩余承载力。

数值计算结果表明，影响火灾后型钢混凝土柱剩余承载力系数 k 的主要因素有混凝土强度、截面含钢率、升温时间。在数值计算结果基础上，通过回归分析的方法得到了火灾后型钢混凝土柱剩余承载力系数 k 简化计算公式：

$$k = \alpha f(t) \cdot f(c) \cdot f(\rho) \tag{6-6}$$

式中，α 为系数，对于轴心受压柱，取 $\alpha=1.0$，对于偏心受压柱，取 $\alpha=0.94$。$f(t)$、$f(c)$、$f(\rho)$ 分别为受火时间、混凝土强度、截面含钢率对 k 值的影响表达式，分别为：

$$f(t) = 0.029t^2 - 0.191t + 0.975 \tag{6-7}$$

$$f(t) = -1.378 \times 10^{-6}c^3 + 0.000262c^2 - 0.019c + 1.372 \tag{6-8}$$

$$f(\rho) = -15.062\rho^2 + 5.300\rho + 0.729 \tag{6-9}$$

式中，t 为受火时间（min），适用范围为 $20 \sim 180$min；c 为混凝土的强度等级（MPa），适用范围为 $30 \sim 60$MPa；ρ 为截面含钢率，适用范围为 $2\% \sim 16\%$。

6.5.4 本节小结

本节设计了一批型钢混凝土柱模拟试件，利用 MSC.MARC 对这些试件常温下的承载力以及经历 ISO-834 标准火灾后的剩余承载力进行了模拟分析，提出了火灾后型钢混凝土柱剩余承载力的计算方法。

6.6 火灾后型钢混凝土柱加固与修复

型钢混凝土柱遭受火灾作用后，其承载力和刚度退化显著，需要进行必要的加固与修复以恢复其性能[50-55]，本节主要介绍碳纤维布（GFRP）和外包角钢加固方法及火灾后型钢混凝土柱的加固试验，探索这两种方法对火灾后型钢混凝土柱承载力和刚度的修复效果。

6.6.1 加固参数设计

本次试验共包括 10 个型钢混凝土柱，其中 2 个为火灾后 CFRP 加固试件，3 个为火灾后外包角钢加固试件，3 个为火灾后未加固对比试件，2 个为常温下的对比试件。试件的试验参数设计见表 6-11。所有试件的截面尺寸均为 $250mm \times 250mm$；型钢采用热轧 H 型钢，规格为 $HW150 \times 150$，截面含钢率为 6.49%；纵向钢筋采用 $4\phi12$；箍筋采用双肢箍 $\phi6@100$。加固前试件的截面形状和配钢情况见 6-2 节图 6-1。

试件的参数设计与承载力试验结果 表 6-11

试件编号	混凝土强度/MPa	升温曲线	长细比 l_0/h	偏心率 e_0/h	加固方法	试验承载力/kN
Z-1	42.6	曲线 1	6	0	未加固	1800
Z-2	44.9	曲线 2	6	0	CFRP	2964
Z-3	44.9	曲线 2	6	0	外包钢	3438
Z-4	45.9	常温	10	0	未加固	3200
Z-5	42.6	曲线 1	10	0	未加固	2000
Z-6	44.9	曲线 2	10	0	外包钢	3422
Z-7	45.3	常温	6	0.4	未加固	1180
Z-8	47.9	曲线 2	6	0.4	未加固	886
Z-9	54.7	曲线 2	6	0.4	CFRP	1130
Z-10	57.8	曲线 2	6	0.4	外包钢	1450

6.6.2 试件制作和材料属性

试件与 6.2 节型钢混凝土柱同批制作。所用混凝土在实验室现场配置，强制搅拌机搅拌而成，混凝土 28d 立方体抗压强度测试结果见表 6-11，型钢与钢筋的材料性能测试结果见 6.2 节表 6-2。

6.6.3 试件升温

试件升温分两批进行，升温时试件竖立放置在火灾炉内，四面受火且不承受外荷载。当达到预定升温时间时，熄火并让试件在炉膛内自然冷却。实际升温曲线、升温时间及其与 ISO 834 标准升温曲线的比较见图 6-23。

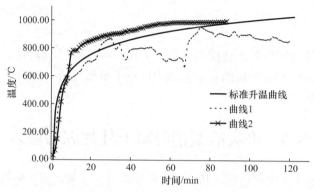

图 6-23 试验升温曲线与标准升温曲线

6.6.4 试件加固

根据试验设计要求，对火灾后轴压试件 Z-2 和偏压试件 Z-9 用外包碳纤维布的方式进行了加固，加固步骤如下：①用打磨机将试件受火后表面酥松的混凝土层打磨掉，并将柱子的四个直角磨圆；②用水泥砂浆对混凝土表面的孔洞进行修补，修补完成后再用打磨机将表面磨平并清理干净；③在处理干净的试件表面涂刷碳纤维布粘结用用底胶；④待底胶初步固化后，再涂刷胶粘剂，然后将纤维布平整地粘贴在试件表面，并用刮板沿纤维方向用力刮平，以除去气泡。本次试验中，碳纤维布的包裹层数为 3 层，碳纤维布的主要性能指标如表 6-12 所示。

碳纤维布性能指标 表 6-12

型号规格	抗拉强度标准值/MPa	弹性模量/GPa	伸长率/%
CFC2-2	3518	241	1.70

对火灾后轴压试件 Z-3 和 Z-6、偏压试件 Z-10 用外包角钢的方式进行了加固，加固步骤如下：①将粘贴角钢位置处的混凝土凿平打毛，清除粘贴面上的灰尘、污垢。②用卡具将加固角钢固定在试件四角，再将扁钢缀板按设计间距与角钢焊接，使其成为一整体。焊接时扁钢与角钢的搭接长度不小于 30 mm，采用上下两道平行焊缝焊接；施焊时分段交错进行，防止焊接热量积聚，进一步烧伤柱混凝土和造成钢材变形；焊缝冷却后，立即敲除焊渣，逐条逐段检查焊缝外观质量，凡不符合质量要求的，随即采取补救措施或铲除重焊。③焊接完成后，用胶泥将角钢、缀板与混凝土之间的缝隙堵实但预留注胶灌口，待胶泥固结后用注胶设备将结构胶从预留灌口处灌入角钢和缀板与混凝土之间缝隙中，直到灌口有胶溢出为止。参照《金属材料 拉伸试验 第 1 部分：室温试验方法》GB/T 228.1—2010 对加固用的角钢和扁钢进行拉伸试验，测得角钢和扁钢的材料属性见表 6-13。加固施工图详见图 6-24。

加固用钢材性能测试结果 表 6-13

钢材种类	屈服强度/MPa	极限强度/MPa	弹性模量/GPa
角钢	335.41	469.70	1.97×10^5
扁钢	382.18	603.12	2.31×10^5

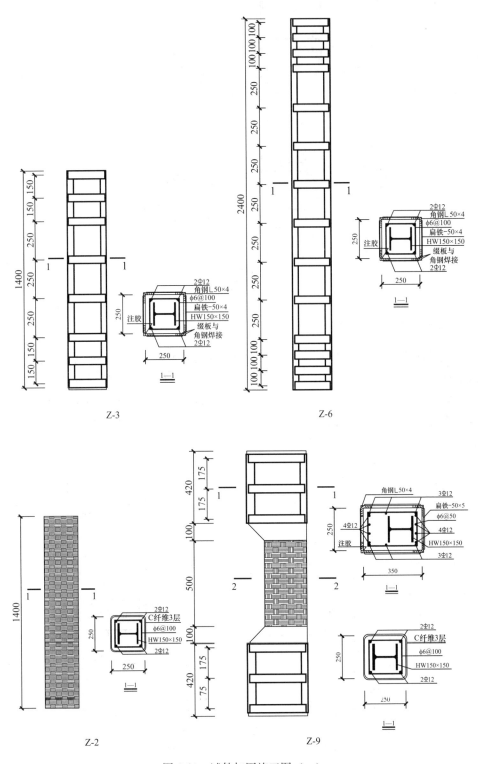

图 6-24 试件加固施工图（一）

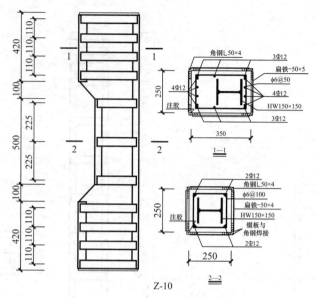

图 6-24　试件加固施工图（二）

6.6.5　试验加载与测点布置

加载试验在 500t 长柱试验机上进行。对于轴心受压柱，主要通过电子百分表测定试件的跨中挠度和试件的轴向变形，通过电阻应变片测定试件靠中部位置处角钢的纵向应变及碳纤维和扁钢的横向应变；对于偏压柱，则通过百分表测定沿试件不同高度处的挠度，通过电阻应变片测定试件中部位置处沿截面高度不同位置的混凝土应变和角钢应变。加固试件的加载示意和测点布置如图 6-25 所示。

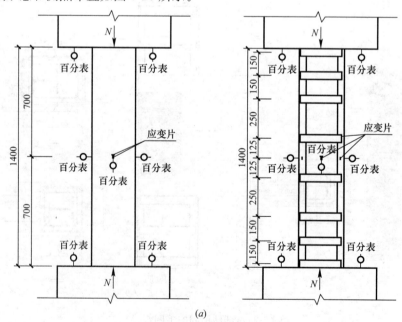

(a)

图 6-25　加载与测点布置示意图（一）

（a）轴压柱

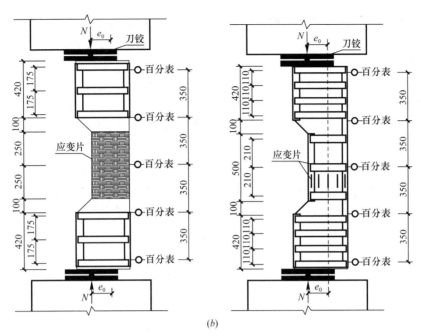

图 6-25 加载与测点布置示意图（二）

(b) 偏压柱

6.6.6 试验结果与分析

（1）轴压柱破坏形态与截面应变发展

轴压柱的最终破坏形态如图 6-26 所示。从试件的破坏过程和截面应变发展来看，火灾后经碳纤维布加固轴压柱的破坏形态与未加固试件有一定差异，未加固试件在破坏时，试件靠近加载端部位置处混凝土大面积压溃剥落，破坏时试件侧向变形很小；而经碳纤维加固后，试件破坏时靠近加载端部位置处的碳纤维起皱外鼓，类似钢管壁的屈曲，但内部核心混凝土相对完好，破坏时试件发生明显弯曲，侧向变形较大。图 6-27（a）为火灾后碳纤维布加固试件 Z-2 中部位置处纵横向应变随荷载增加的变化图，从图 6-27（a）中可以看出在荷载大于 90% 极限荷载至试件发生破坏，试件的纵横向应变都有较大增长，碳纤维布对内部核心混凝土的约束作用较为显著，试件的受力犹如钢管混凝土柱，后期变形能力较强。

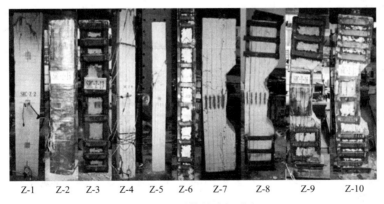

图 6-26 试件的破坏形态

火灾后外包角钢加固的两个轴压试件 Z-3 和 Z-6，由于端部加固扁钢设计间距较小，试件的破坏发生在中部位置处，破坏时中部位置两扁钢之间的混凝土被压酥剥落。图 6-27 (b) 为 Z-6 试件中部截面的应变随荷载增加的发展变化图。其中，扁钢应变取试件同一截面四个方向不同扁钢横向应变的平均值；角钢应变取试件同一截面上四个方向不同角钢轴向应变的平均值；混凝土横向和轴向应变取试件同一截面上四个方向应变平均值。从图 6-27 (b) 中可以看出，从加载到试件发生破坏，加固扁钢与混凝土的横向应变能基本协调一致，外包钢对核心混凝土的约束效果良好；同时当荷载小于 70% 极限荷载以前，角钢和混凝土的轴向应变几乎同步发展，二者的共同工作性能良好，但是当荷载超过 70% 极限荷载后，随着混凝土纵向裂缝的出现和局部压缩的增大，二者应变发展不再协调，角钢应变增长的速度大于混凝土应变增长速度，角钢对试件后期强度的贡献增大。

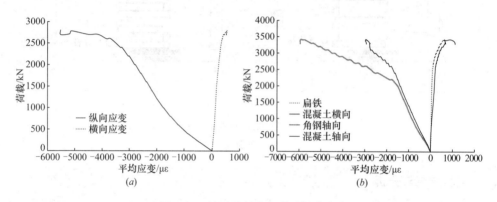

图 6-27 轴压试件中部截面的应变
(a) 碳纤维布加固 Z-2 试件；(b) 外包钢加固 Z-6 试件

（2）偏压柱破坏形态与截面应变分布

偏压柱的最终破坏形态如图 6-26 所示。碳纤维布和外包钢加固的偏心受压柱，其破坏形态与常温下和火灾后未加固试件的破坏形态基本相同，但总体而言，由于碳纤维布和外包钢对内部核心混凝土的约束作用，加固后的试件在破坏时变形发展更充分，破坏过程更长，延性更好。

图 6-28 为火灾后未加固偏压试件 Z-8、碳纤维布加固偏压试件 Z-9 以及外包钢加固偏压试件 Z-10 跨中截面处沿截面高度不同位置的应变分布图。从图 6-28 中可以看出，未加固试件 Z-8 和碳纤维布加固试件 Z-9，从加载到发生破坏，沿截面高度不同位置的应变分布大致成直线；但外包钢加固的试件 Z-10，从加载到试件破坏，受压侧角钢应变一直很小，沿截面高度的应变分布偏离直线，其原因主要在于加载后随着混凝土纵横向变形的增大，角钢与混凝土之间的结构胶脱开分离，影响了角钢与混凝土的共同工作。

（3）轴压刚度修复效果

将轴心受压柱四个边上测得的轴向变形取平均值，由此得到的轴压柱荷载-轴向变形曲线如图 6-29 所示。从图 6-29 中可以看出，经历火灾作用后，型钢混凝土柱的承载力与轴压刚度均大大降低；碳纤维布和外包钢加固能提高对火灾后型钢混凝土柱极限承载力和后期变形能力更强。

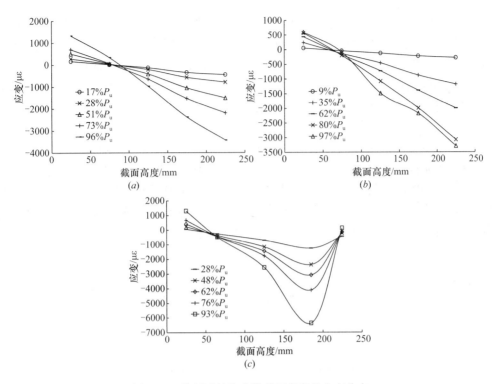

图 6-28　偏压试件跨中沿截面高度的应变分布
（a）未加固试件 Z-8；（b）碳纤维布加固试件 Z-9；（c）外包钢加固试件 Z-10

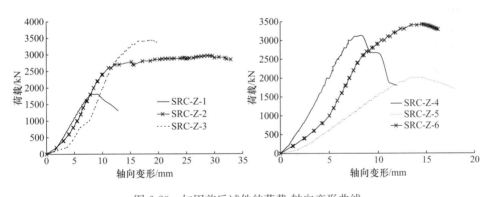

图 6-29　加固前后试件的荷载-轴向变形曲线

　　定义火灾后未加固型钢混凝土轴压柱、火灾后经碳纤维布加固型钢混凝土轴压柱以及火灾后外包角钢加固型钢混凝土轴压柱的轴压刚度系数分别为 k_z、k_{zC} 和 k_{zG}，并用如下公式计算：

$$k_z = \frac{(EA)_{fire}}{EA} \tag{6-10}$$

$$k_{zC} = \frac{(EA)_{fire \cdot C}}{EA} \tag{6-11}$$

$$k_{zG} = \frac{(EA)_{fire \cdot G}}{EA} \tag{6-12}$$

式中，$(EA)_{fire}$、$(EA)_{fire\cdot C}$、$(EA)_{fire\cdot G}$、EA 分别为火灾后未加固、火灾后碳纤维布加固、火灾后外包角钢加固以及常温下型钢混凝土柱的轴压刚度。不同加载阶段试件的轴压刚度可以通过荷载与变形关系曲线的试验结果反算获得，计算方法见 6.2 节。

表 6-14 是长细比为 10 的两个试件 Z-5、Z-6 从开始加载至荷载达到 80％极限荷载的不同阶段 k_z 和 k_{zG} 的大小及二者的比较情况。从表中 6-14 可以看出，经历图 6-23 中曲线 1 升温过程后，试件 Z-5 的轴压刚度较常温下大大降低，从加载至荷载达到 80％极限荷载的不同阶段，火灾后轴压刚度系数 k_z 在 0.34～0.42 波动；外包钢加固能在一定程度上提高火灾后试件的轴压刚度，从加载至荷载达到 80％极限荷载的不同阶段，加固试件 Z-6 和未加固试件 Z-5 的刚度比值在 1.63～2.47 波动。但试件加固后的刚度与常温未受火条件下试件的刚度还有一定差距，从加载至荷载达到 80％极限荷载的不同阶段，火灾后外包角钢加固的轴压柱 Z-6 的轴压刚度系数 k_{zG} 在 0.55～0.93 波动。

Z-5、Z-6 轴压刚度系数 k_z，k_{zG} 及比较 表 6-14

加载阶段	k_z	k_{zG}	k_{zG}/k_z
$0.0\sim0.2P_u$	0.34	0.55	1.63
$0.2\sim0.4P_u$	0.41	0.79	1.90
$0.4\sim0.6P_u$	0.38	0.93	2.47
$0.6\sim0.8P_u$	0.42	0.78	1.87

表 6-15 为长细比为 6 的三个试件 Z-1、Z-2 和 Z-3 从加载到荷载达到 80％极限荷载的不同阶段，轴压刚度系数 k_z、k_{zC}、k_{zG} 的比较情况。从表 6-15 中可以看出，碳纤维布和外包钢加固对火灾后长细比较小的型钢混凝土轴心受压柱加载轴压刚度的修复效果不明显，但是当荷载大于 40％极限荷载后，随着碳纤维布和外包角对内部核心混凝土约束作用的增强，试件刚度较火灾后未加固时有所提高。同时从表 6-15 中还可以看出，碳纤维布加固对火灾后轴压柱加载初期轴压刚度的修复效果优于外包钢加固，但加载中后期对火灾后试件轴压刚度的修复效果不如外包钢加固明显。

Z-1、Z-2、Z-3 轴压刚度系数 k_z，k_{zC}，k_{zG} 比较 表 6-15

加载阶段	k_{zC}/k_z	k_{zG}/k_z	k_{zC}/k_{zG}
$0.0\sim0.2P_u$	0.95	0.77	1.23
$0.2\sim0.4P_u$	0.95	0.81	1.17
$0.4\sim0.6P_u$	1.12	1.27	0.88
$0.6\sim0.8P_u$	0.99	1.21	0.82

（4）抗弯刚度修复效果

由试验得到的常温下、火灾后、火灾后碳纤维布加固及外包角钢加固的偏心受压试件的荷载-跨中侧向挠度曲线见图 6-30。从图 6-30 中可以看出，经历火灾作用后，型钢混凝土偏压柱的承载力与抗弯刚度都会显著降低；利用碳纤维布和外包钢对火灾后型钢混凝土偏压柱进行加固后，试件的极限承载力提高，变形能力增强。

定义火灾后未加固型钢混凝土偏压柱、火灾后碳纤维布加固型钢混凝土偏压柱以及火灾后外包角钢加固型钢混凝土偏压柱的抗弯刚度影响系数分别为 k_w、k_{wC} 和 k_{wG}，并用如下公式计算：

$$k_{\text{w}} = \frac{(EI)_{\text{fire}}}{EI} \tag{6-13}$$

$$k_{\text{wC}} = \frac{(EI)_{\text{fire}\cdot\text{C}}}{EI} \tag{6-14}$$

$$k_{\text{zG}} = \frac{(EI)_{\text{fire}\cdot\text{G}}}{EI} \tag{6-15}$$

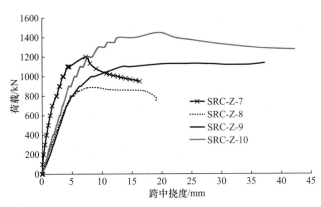

图 6-30 偏心受压柱的荷载-挠度曲线

式中，$(EI)_{\text{fire}}$、$(EI)_{\text{fire}\cdot\text{C}}$、$(EI)_{\text{fire}\cdot\text{G}}$、$EI$ 分别为火灾后未加固、火灾后碳纤维布加固、火灾后外包角钢加固和常温下型钢混凝土柱的抗弯刚度，可以通过试件支承条件及荷载与侧向挠度之间关系的试验结果反算获得，计算方法见 6.2 节。

表 6-16 为偏压试件 Z-8、Z-9、Z-10 从加载到荷载达到 60% 极限荷载的不同阶段，抗弯刚度影响系数 k_{w}、k_{wC}、k_{wG} 的大小及相互比较情况。从表 6-16 中可以看出，火灾后型钢混凝土偏压柱的抗弯刚度损伤严重，受荷初期的抗弯刚度影响系数仅为 0.26，同时碳纤维布和外包钢加固对火灾后型钢混凝土偏压柱抗弯刚度系数提高作用十分有限，碳纤维布和外包钢加固对火灾后型钢混凝土偏压柱抗弯刚度修复效果不明显。

Z-8、Z-9、Z-10 弯曲刚度系数 k_{w}、k_{wC}、k_{wG} 比较 表 6-16

加载水平	k_{w}	k_{wC}	k_{wG}	$k_{\text{wC}}/k_{\text{w}}$	$k_{\text{wG}}/k_{\text{w}}$	$k_{\text{wG}}/k_{\text{wC}}$
$0.2P_{\text{u}}$	0.26	0.19	0.29	0.75	1.11	1.49
$0.4P_{\text{u}}$	0.45	0.50	0.52	1.10	1.14	1.04
$0.6P_{\text{u}}$	0.63	0.65	0.69	1.04	1.10	1.06

（5）承载力修复效果

所有试件承载能力的试验结果见表 6-1，表 6-17 为常温下、火灾后、火灾后碳纤维布加固、火灾后角钢加固条件下试件承载力的对比情况。从表 6-1 和表 6-17 中可以看出，经历火灾作用后，型钢混凝土柱的承载能力显著降低，其中轴压试件 Z-5 经历曲线 1 的升温作用后，其承载力大约只有常温下未受火轴压试件 Z-4 的 63%，偏压试件 Z-8 经历曲线 2 的升温作用后，其承载力大约只有常温下未受火偏压试件 Z-7 的 75%；碳纤维布和外包钢加固均能较大幅度提高火灾后型钢混凝土柱的极限承载力，其中外包钢加固对火灾后型钢混凝土柱承载力的修复效果更显著，能将火灾后型钢混凝土柱的承载力修复至常温未受火以前的水平。

试件承载能力对比 表 6-17

类型		承载力对比				
		火灾后/常温	CFRP 加固/火灾后	角钢加固/火灾后	CFRP 加固/常温	角钢加固/常温
轴压柱	$l_0/h=6$	—	1.65	1.91	—	—
	$l_0/h=10$	0.63	—	1.71	—	1.07
偏压柱		0.75	1.28	1.64	0.96	1.23

6.6.7　本节小结

在试验研究基础上可得出以下结论：①经历火灾作用后，型钢混凝土柱的力学性能退化显著，利用碳纤维布和外包钢加固受火灾作用后的型钢混凝土柱，能使其破坏时的变形发展更充分，破坏过程更长，延性更好。②碳纤维布加固，对火灾后型钢混凝土柱轴压刚度和抗弯刚度的修复效果均不明显，但能在一定程度上提高型钢混凝土轴压柱和偏压柱的极限承载力，且加固后的型钢混凝土偏压柱，截面应变分布的平截面假设依然可以使用，这为偏压柱的加固设计计算提供了试验依据。③外包钢加固，对火灾后长细比较大的试件的轴压刚度有一定的提高作用，但对长细比较小的试件的刚度修复效果不明显；与碳纤维布加固相比，外包钢加固对火灾后型钢混凝土柱承载力的修复效果更显著，能将火灾后型钢混凝土柱的承载力修复至常温未受火以前的水平。④由于火灾后型钢混凝土柱的刚度与承载力都至关重要，因此有必要寻求能同时提高火构件承载力和刚度的加固方法。

6.7　本章小结

本章通过对型钢混凝土柱火灾后力学性能的试验研究，得到了火灾后型钢混凝土柱的破坏形态、荷载-变形曲线以承载力与刚度退化情况。利用有限元程序 MSC. MARC，对型钢混凝土柱火灾下温度场和火灾后的受力性能进行了分析，获得了混凝土强度、截面含钢率、试件长细比、荷载偏心率、升温时间等参数对标准火灾作用后型钢混凝土柱承载力的影响规律，提出了火灾后型钢柱承载力的计算方法。同时进行了火灾后型钢混凝土柱加固试验，比较分析了碳纤维布和外包钢加固对火灾后型钢混凝土柱强度、刚度的修复效果。

参　考　文　献

［1］　赵鸿铁. 钢与混凝土组合结构［M］. 北京：科学出版社，2001.

［2］　钟善桐. 高层钢-混凝土组合结构［M］. 广州：华南理工大学出版社，2011.

［3］　Basu A K. Computation of failure loads of composite columns［C］. Proceedings Institution of Civil Engineers，March，1967.

［4］　Virdi K S, Dowling P J. A united design method for composite columns. CESUC Report CCU，Imperial College，London，1975.

［5］　Charlesw, Poeder. Composite and Mixed Construction［C］. New York：New York Press，1987，242-251.

［6］　Hass R. Zur praxisgerechten brandschutz-technischen beurteilung von stützen aus stahl und beton［R］. Institut für Baustoff，Massivbau und Brandschutz der Technischen Universitat Braunschweig，

Heft 69，1986.

[7] ECCS-Technical Committee 3. Fire safety of steel structures，calculation of the fire resistance of centrally loaded composite steel-concrete columns exposed to the standard fire [S]. Technical Note No. 55，the European Commission：European Convention for Constructional Steelwork，1988.

[8] Eurocode 4. Design of composite steel and concretestructures-part1-2：General rules-structural fire design [S]. ENV 1994-1-2：2005，European Committee for Standardization，Brussels，2005.

[9] 中国建筑科学研究院. 钢骨钢筋混凝土结构计算标准及解说 [M]. 冯乃谦，叶列平等译. 北京：能源出版社，1998.

[10] 余琼，陆洲导. 型钢混凝土偏压柱力学性能研究 [J]. 建筑结构，2009，39（6）：34-38.

[11] 杨勇，庄云，郭子雄，聂建国. 型钢混凝土柱承载能力主要规程计算方法比较 [J]. 工业建筑，2007，37（5）：82-87.

[12] 郭子雄，张志伟，刘阳. SRC柱抗震性能和抗震性态水平指标试验研究 [J]. 西安建筑科技大学学报，2009，41（5）：593-598.

[13] 刘阳，郭子雄，叶勇. 核心型钢混凝土柱抗震性能试验及数值模拟 [J]. 华侨大学学报，2011，32（1）：72-76.

[14] 黄群贤，郭子雄，刘阳，朱奇云. 基于ANSYS的核心型钢混凝土柱非线性数值模拟 [J]. 华中科技大学学报，2008，25（3）：117-120.

[15] 王妙芳，郭子雄. 型钢混凝土柱的ANSYS数值模拟技术 [J]. 华侨大学学报. 2009，30（2）：195-199.

[16] 郭子雄，林煌，刘阳. 不同配箍形式型钢混凝土柱抗震性能试验研究 [J]. 建筑结构学报，2010，31（4）：110-115.

[17] 刘阳，郭子雄，黄群贤. 型钢混凝土柱的损伤模型试验研究 [J]. 武汉理工大学学报，2010，32（9）：203-207.

[18] 叶列平，劲性钢筋混凝土偏心受压中长柱的试验研究 [J]. 建筑结构学报，1995，16（6）：45-52.

[19] 叶列平，方鄂华. 钢骨混凝土构件的斜截面承载力计算 [J]. 建筑结构，1999（7）：17-21.

[20] 叶列平，方鄂华. 钢骨混凝土构件正截面承载力计算 [J]. 建筑结构，1999，（8）：56-60.

[21] 胡敬礼，陈以一，赵宪忠等. 高含钢率SRC柱轴压承载性能研究 [J]. 建筑结构学报，2008，29（3）：24-30.

[22] 王海生，陈以一，赵宪忠，胡敬礼. 高含钢率钢骨混凝土柱试验和恢复力模型 [J]. 地震工程与工程振动，2010，30（4）：57-65.

[23] 赵滇生，张柱，屠俊恒等. Z形截面桁架式型钢混凝土柱正截面承载力研究 [J]. 浙江工业大学学报，2010，38（3）：341-346.

[24] 赵滇生，郎一红，祝怡歆. L形型钢混凝土柱小偏心压弯性能的研究 [J]. 浙江工业大学学报，2009，37（1）：58-63.

[25] 徐亚丰，何松林，张宇博等. T形型钢混凝土柱力学性能分析 [J]. 沈阳建筑大学学报，2010，26（5）：881-886.

[26] 王博. 型钢混凝土异形柱双向抗剪承载力分析 [J]. 山西建筑，2009，35（13）：76-77.

[27] 苏益声，胡飞鹏，杨德磊. 钢骨混凝土异形柱正截面承载力影响因素探讨 [J]. 广西大学学报，2005，30（4）：272-274.

[28] 阿里甫江·夏木西，张德娟. 型钢偏心对型钢混凝土柱承载力的影响 [J]. 河海大学学报，2009，37（2）：185-189.

[29] 阿里甫江·夏木西，张德娟. 非对称截面型钢混凝土柱承载能力的研究 [J]. 新疆大学学报，2009，26（3）：368-371.

［30］ 郑永乾，韩林海. 钢骨混凝土柱的耐火性能和抗火设计方法（Ⅰ）［J］. 建筑钢结构进展，2006，8（2）：22-29.

［31］ 郑永乾，韩林海. 钢骨混凝土柱的耐火性能和抗火设计方法（Ⅱ）［J］. 建筑钢结构进展，2006，8（3）：24-33.

［32］ 陆洲导，余江滔，徐朝晖. 钢骨混凝土抗火性能非线性分析［J］. 同济大学学报，2006，34（11）：1445-1450.

［33］ 陆洲导，徐朝晖. 火灾下钢骨混凝土柱温度场分析［J］. 同济大学学报，2004，32（9）：1121-1125.

［34］ 蒋东红，李国强，王世伟等. 钢骨混凝土轴压柱抗火极限承载力计算［J］. 钢结构，2005，20（6）：87-91.

［35］ 蒋东红，李国强，张彬. 钢骨混凝土偏压柱抗火极限承载力分析研究［J］. 建筑钢结构进展，2006，8（2）：55-62.

［36］ 蒋东红，王世伟，郑浩等. 火灾下钢骨混凝土柱极限承载力简化计算方法［J］. 工业建筑，2006，36：562-566.

［37］ 杜二峰，毛小勇. 火灾下型钢混凝土柱三维温度场计算［J］. 苏州科技学院学报，2009，22（1）：15-18.

［38］ 成晓娟，毛小勇. 标准火灾下轴压型钢混凝土柱抗火性能研究［J］. 苏州科技学院学报，2010，23（3）：36-39.

［39］ 张佳，毛小勇. 小偏压型钢混凝土柱抗火试验研究［J］. 苏州科技学院学报，2010，23（3）：59-67.

［40］ 侯进学，毛小勇. 考虑升降温作用的高温后型钢混凝土偏压柱受力性能试验研究［J］. 苏州科技学院学报，2010，23（4）：21-25.

［41］ Xiaoyong Mao，V. K. R. Kodur. Fire resistance of concrete encased steel columns under 3- and 4-side standard heating［J］. Journal of Constructional Steel Research，2011，67（3）：270-280.

［42］ 张宏仁，于飞. 火灾高温下轴心受压型钢混凝土柱的应力分析［J］. 长春工程学院学报，2010，11（1）：9-12.

［43］ 徐胜超. 火灾后钢骨超高强混凝土柱抗震性能的研究［J］. 山西建筑，2010，36（6）：71-72.

［44］ 廖飞宇，韩伟平，李继宝等. 型钢混凝土柱的耐火设计方法［J］. 消防科学与技术，2010，29（12）：1040-1042.

［45］ 褚航，冯颖慧. 火灾下钢骨混凝土柱温度场分布的数值分析［J］. 浙江建筑，2011，28（1）：13-16.

［46］ Tianyi Song，Linhai Han，Hongxia Yu. Temperature field analysis of SRC-column to SRC-beam joints subjected to simulated fire including cooling phase［J］. Advances in Structural Engineering，2011，14（3）：353-366.

［47］ 李俊华，唐跃锋，刘明哲. 火灾后型钢混凝土柱受力性能试验研究［J］. 建筑结构学报，2012，33（2）：56-63.

［48］ 唐跃锋，李俊华＊，孙彬. 火灾后型钢混凝土柱剩余承载力数值模拟分析［J］. 工程力学，2014，31（Sup）：91-98.

［49］ 李俊华，唐跃锋，刘明哲. 火灾后型钢混凝土柱加固试验研究［J］. 工程力学，2012，29（3）：177-183.

［50］ 李俊华，唐跃锋，刘明哲. 外包钢加固火灾后钢筋混凝土柱受力性能试验研究［J］. 工程力学，2012，29（5）：166-173.

［51］ 李俊华，于长海，唐跃锋，刘明哲，萧寒. 碳纤维布加固火灾后钢筋混凝土柱的试验研究［J］.

建筑科学与工程学报，2011，28（4）：48-54.

[52] 刘利先，时旭东，过镇海. 增大截面法加固高温损伤混凝土柱的试验研究［J］. 工程力学，2003，20（5）：18-23.

[53] 陆洲导，朱伯龙，熊海贝. 钢筋混凝土框架火灾作用后加固修复研究［J］. 四川建筑科学研究，1995，21（3）：7-12.

[54] 李伟敏. 火灾后钢筋混凝土结构检测与加固研究［J］. 山西建筑，2007，33（16）：81-82.

[55] 胡海波. 火灾后混凝土结构力学性能分析及加固施工监控应用研究［D］. 湖南：湖南大学，2008.

第7章 火灾后型钢混凝土柱抗震性能及加固修复

7.1 引　言

火灾不仅会降低结构构件的静力性能，同时还会造成其动力性能的改变和抗震性能的降低，导致结构的薄弱层位置发生转移[1-8]。本章主要介绍火灾后型钢混凝土柱抗震性能及加固修复试验[9-10]，探索火灾后型钢混凝土柱抗震承载能力的评估方法和有效加固修复技术。

7.2　火灾后型钢混凝土柱抗震性能试验

7.2.1　试件设计与制作

共设计了8个试件，其中5个进行火灾后性能试验，试件编号为 SRCF-1～SRCF-5，3个进行常温下未受火对比试验，试件编号为 SRC-1～SRC-3。试验参数为剪跨比、轴压比、受火时间，试件参数设计见如表 7-1 所示。柱截面尺寸均为 300mm×300mm，内部布置 Q235 热轧 H 型钢，型钢规格为 HW150×150×7×10，截面含钢率为 4.55%；四角配有 4ϕ18 纵向钢筋，钢筋的混凝土保护层厚度为 25mm，截面配筋率为 1.13%；箍筋采用 ϕ8@100，体积配箍率为 0.837%，柱上下两端局部加密，加密区长度等于试件截面高度。为模拟柱端约束并方便试验加载，柱两端设计了两个短横梁，试件的形状和截面配钢情况如图 7-1 所示。

试件参数					表 7-1
试件编号	f_{cu}/MPa	剪跨比 λ	轴压比 n	轴压力/kN	受火时间 t/min
SRC-1	44.1	2.0	0.2	710	—
SRCF-1	44.1	2.0	0.2	710	90
SRC-2	44.1	1.5	0.2	710	—
SRCF-2	44.1	1.5	0.2	710	90
SRC-3	44.1	2.5	0.2	710	—
SRCF-3	44.1	2.5	0.2	710	90
SRCF-4	44.1	2.5	0.3	1065	90
SRCF-5	44.1	2.5	0.1	355	90

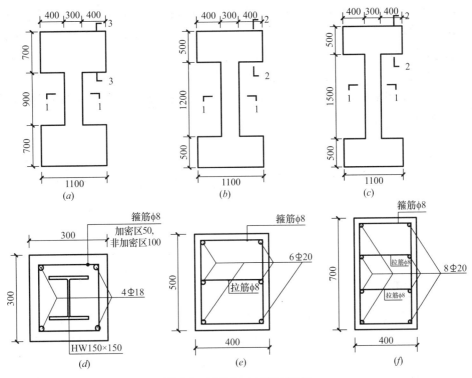

图 7-1　试件尺寸与截面配钢

（a）λ＝1.5；（b）λ＝2.0；（c）λ＝2.5；（d）1-1 截面；（e）2-2 截面；（f）3-3 截面

制作试件时，为控制型钢与钢筋位置，确保外围混凝土保护层厚度与设计一致，在柱端设置了两块 6mm 厚的钢端板，端板上型钢和钢筋要穿过的地方预先开孔，待型钢和钢筋就位后焊接，制作完成的钢骨架及钢端板如图 7-2 所示。为了测定升温时试件内部的温度分布，在试件 SRCF-2 内预埋一定数量的热电偶。

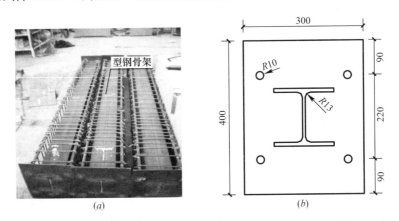

图 7-2　钢骨架与钢端板

（a）制作完成的钢骨架；（b）钢端板尺寸与开洞

7.2.2　材料属性

本次试验采用 C40 商品混凝土，在浇注混凝土制作试件的同时，浇注边长为 150mm

的混凝土立方体试块，与试件在同等条件下养护，在试件受火前按《普通混凝土力学性能试验方法》GB/T 50081—2002 进行试块立方体强度测试，获取混凝土的抗压强度，实测常温下混凝土的抗压强度见表 6-1。

按《金属材料　拉伸试验　第 1 部分：室温试验方法》GB/T 228.1—2010 进行了拉伸试验，测定型钢和钢筋的屈服强度、抗拉强度、弹性模量。由试验测得的型钢、纵向受力钢筋、箍筋的材料属性见表 7-2。

钢材材性测试结果

表 7-2

钢材	厚度或直径/mm	屈服强度 f_y/MPa	极限强度 f_t/MPa	弹性模量 E/MPa
型钢翼缘	10	250.42	430.25	2.07×10^5
型钢腹板	7	279.92	438.50	2.03×10^5
纵筋	18	446.42	574.82	2.02×10^5
箍筋	8	428.54	592.16	2.06×10^5

7.2.3　火灾升温方案

将受火的 5 个试件分 3 批立放于火灾炉，第 1 炉中为试件 SRCF-1、SRCF-2；第 2 炉中为试件 SRCF-3、SRCF-4；第 3 炉中为试件 SRCF-5。试件在炉内摆好后，为保护试件端部的加载短横梁，用耐火岩棉将短横梁包裹，做好防火处理。升温过程中不施加外荷载，所有试件的设计升温时间均为 90min，当升温达到预定时间后，熄火并打开炉门，使试件在炉膛内自然冷却。由炉内热电偶记录的各批次升降温曲线如图 7-3 所示。从图 7-3 中可以看出，3 次升降温过程大致保持了一致。

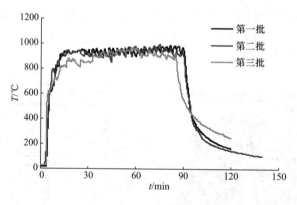

图 7-3　升降温全过程曲线

7.2.4　火灾后试验方案

火灾后的低周反复加载试验在建研式加载装置上进行，该装置主要包括立柱、底梁、底梁尾部短柱、L 横梁、上横梁、辅助横梁、连杆机构、侧向导向装置、随动加载小车等。立柱、底梁、上横梁、辅助横梁通过螺栓连接，形成水平、垂直双向自平衡体系。L横梁通过四连杆机构保证其加载过程中能时刻保持水平，通过侧向导向装置保证其竖向平面稳定。试验加载系统如图 7-4 所示。加载前，将试件立置于底梁上，将 L 横梁压在试件顶面，做好试件与底梁及 L 横梁的固定连接，防止试件底面与底梁、试件顶面与 L 横梁在加载过程中发生相对滑动。然后通过置于 L 横梁上的竖向伺服千斤顶施加柱顶轴向荷载，千斤顶底面安装有随动小车，通过随动小车将千斤顶倒挂于上横梁，保证竖向随动加载。千斤顶的加载过程由微机控制，当竖向荷载达到预定值后保持千斤顶力值稳定，直到加载结束。通过 MTS 液压伺服作动器施加水平荷载，水平加载采用位移控制，当加载位移小于 10mm 时，每级加载位移增幅为 2mm，加载位移大于 10mm 后，每级加载位移增幅为 5mm，每级加载循环 2 次。当同一级位移的不同循环荷载下，第 2 次荷载循环的峰值荷载下降至第 1 次循环下峰值荷载的 85％以下，或进入下降段后的某一级位移下的第 1 次循环中，荷载下降至峰值荷载的 85％以下，认为试件发生破坏，将试件拉回原位后停止加载。

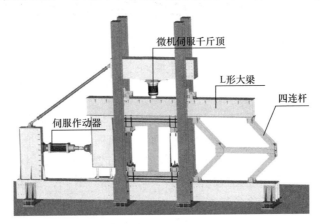

图 7-4 试验加载系统

7.2.5 测点布置

火灾试验时，采用铠装热电偶（WRKK-191）测定升温过程中试件内部的温度分布，该种热电偶直径为 3mm，长度为 8m。试件 SRCF-2 竖向中截面上的测温点布置如图 7-5 所示。

低周反复加载试验中，在试件底部与顶部布置位移计用于监测试件底面与底梁、试件顶面与 L 横梁的相对位移，试验过程中发现这两个位移计的实测数据几乎为零，表明试验过程中试件与底梁及 L 横梁的固定效果很好，试件没有发生相对滑动。柱顶处沿水平力方向的位移由 MTS 控制系统自动获取。

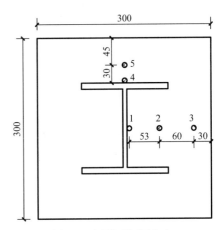

图 7-5 试件 SRCF-2 中
截面温度测点布置

7.2.6 试验结果与分析

（1）火灾试验现象

受火后，试件表面混凝土呈黄褐色，表层出现不规则裂纹，部分试件的柱角混凝土崩裂剥落，柱身混凝土由于爆裂留下凹坑。试件受火后的典型外观如图 7-6 所示。

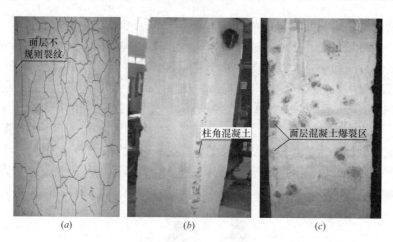

图 7-6 火灾后试件外观图

（a）SRCF-1；（b）SRCF-3；（c）SRCF-4

（2）实测温度-时间曲线

图 7-7 给出了炉膛温度和试件 SRCF-2 内预埋热电偶实测温度 T 随时间 t 的变化曲线。从图 7-7 中可以看出：1）与炉温相比，试件内部升温明显滞后；熄火后，炉膛温度迅速下降，但试件内部各点温度仍继续上升。距离试件表面越远的点，其温升时间越长。2）熄火 3h 后，试件内部各点的温度大致趋向一致，且随后的 3h 内，试件内部温度保持 200℃左右。3）由于水分蒸发和迁移，所有测点的温度 T-时间 t 曲线在 100℃时均出现拐点和温度平台，且距离试件表面越远，温度平台越长。

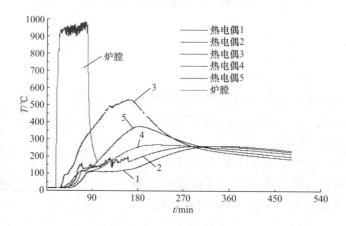

图 7-7 实测温度-时间曲线

（3）破坏形态

常温下试件的破坏形态有三种。剪跨比 λ 为 2.0 的试件 SRC-1 发生了剪切粘结破坏：加载初期，柱端两侧首先出现弯曲裂缝，随着荷载的增加与反复循环，弯曲裂缝逐渐延伸并发展为斜裂缝；继续加载，型钢翼缘外侧沿柱高出现纵向粘结裂缝，粘结裂缝出现后发展迅速，并随着荷载的循环往复不断加大，最终导致型钢翼缘外侧纵筋位置处混凝土保护层劈裂剥落，整个破坏过程非常突然，脆性性质显著。剪跨比 λ 为 1.5 的试件 SRC-2 发生了斜压破坏：加载初期，试件腹部首先出现斜裂缝，随着荷载的增加，斜裂缝不断发展，将试件表面混凝土划分成若干菱形状块体；随着荷载的增大与反复循环，被交叉斜裂缝分割而成的菱形状块体压碎剥落，箍筋外露，由于型钢腹板的存在，试件还有较高承载能力；随着加载的继续，核心区混凝土压碎，纵筋屈曲外凸，水平荷载迅速下降而破坏。剪跨比 λ 为 2.5 的试件 SRC-2 发生了弯剪破坏：加载初期，柱端两侧出现水平裂缝，随着荷载增大，也会出现一些斜裂缝，但斜裂缝发展不如水平裂缝迅速；继续加载，水平裂缝不断加大，柱端混凝土压碎剥落，压碎区随着荷载的反复循环不断扩大，最终导致试件破坏。

火灾后剪跨比 λ 为 2.0 的试件 SRCF-1 的破坏形态和剪跨比 λ 为 1.5 的试件 SRCF-2 的破坏形态与常温下相同剪跨比试件的破坏形态基本相同，分别发生剪切粘结破坏和斜压破坏，但剪跨比 λ 为 2.5 的试件 SRCF-3、SRCF-4、SRCF-5 的破坏形态与常温下相同剪跨比试件 SRC-3 的破坏形态有明显差异，试件 SRCF-3、SRCF-4、SRCF-5 发生了剪切粘结破坏，而不是弯剪破坏。这种破坏形态的改变与火灾后型钢与混凝土之间粘结强度退化有很大关系，当曾经经历的最高温度达到 200℃、400℃、600℃、800℃时，型钢与混凝土之间的极限粘结强度分别只有到常温下极限粘结强度的 64.5%、40.3%、18.1%、7.2%。粘结强度退化影响了型钢与混凝土之间的共同工作性能，使型钢翼缘外侧混凝土中弯矩和剪力产生的应力不能有效传递而导致混凝土保护层劈裂破坏。所有试件的破坏形态见图 7-8。

图 7-8 试件的破坏形态

(*a*) SRC-1；(*b*) SRCF-1；(*c*) SRC-2；(*d*) SRCF-2；(*e*) SRC-3；(*f*) SRCF-3；(*g*) SRCF-4；(*h*) SRCF-5

（4）滞回曲线

图 7-9 为所有试件的荷载-位移滞回曲线。可以看出：1）常温下与火灾后试件的滞回曲线均相对坐标原点大致对称。2）加载初期，曲线斜率基本不变，卸载后的残余变形很小，试件处于弹性工作状态。随着位移的增大，滞回曲线逐渐向水平轴靠拢，滞回环所包含的面积变大。达到峰值荷载后，水平荷载随位移的增加而降低，试件的强度和刚度随着

荷载循环次数的增加发生明显退化。3）与常温下的试件相比，火灾后试件的滞回曲线更加饱满。4）在其他条件相同的情况下，试件的剪跨比越大，其滞回环所包含的面积越大；试件的轴压比越大，其滞回环所包含的面积越小。

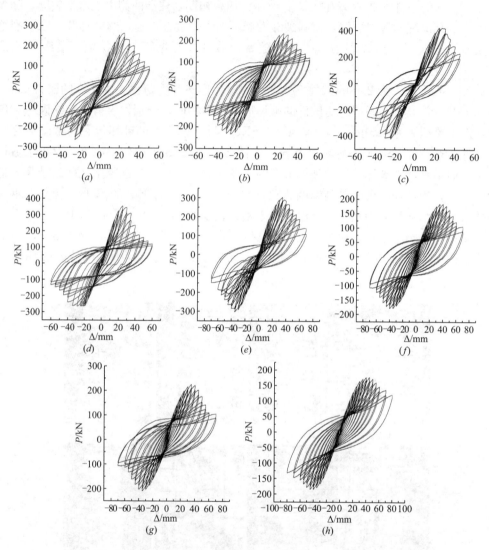

图 7-9 试件 P-Δ 滞回曲线

（a）SRC-1；（b）SRCF-1；（c）SRC-2；（d）SRCF-2；（e）SRC-3；（f）SRCF-3；（g）SRCF-4；（h）SRCF-5

（5）骨架曲线

图 7-10 为火灾后试件的骨架曲线。可以看出：1）在轴压比相同的情况下，随着剪跨比的增大，试件的峰值荷载降低，与峰值荷载对应的位移加大。2）在剪跨比相同的情况下，随着轴压比的增大，试件的峰值荷载增大，与峰值荷载对应的位移加大。3）随着剪跨比的增大和轴压比的减小，试件骨架曲线下降段变得平缓，极限变形能力增强。

图 7-11 为常温下与火灾后试件骨架曲线的对比。可以看到：在其他参数大致相同的情况下，火灾后试件骨架曲线的上升段和下降段较常温下更为平缓，变形能力有所提高。

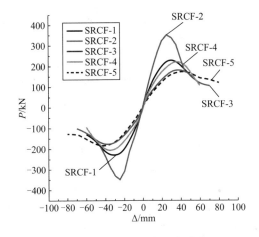

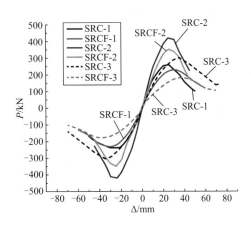

图 7-10　火灾后试件骨架曲线　　　　图 7-11　常温下与火灾后试件骨架曲线对比

（6）承载力与延性

表 7-3 给出了各试件的屈服荷载 V_y、屈服荷载对应的位移 Δ_y、峰值荷载 V_m（受剪承载力）、峰值荷载对应的位移 Δ_m、极限荷载 V_u、极限荷载对应的位移 Δ_u 等骨架曲线特征值及位移延性系数 μ。

试件骨架曲线特征值与位移延性系数　　　　　　　　　表 7-3

试件编号	V_y/kN	Δ_y/mm	V_m/kN	Δ_m/mm	V_u/kN	Δ_u/mm	μ
SRC-1	234.0	15.1	260.5	24.8	221.4	29.8	1.98
SRCF-1	202.9	20.4	231.5	30.1	196.8	42.8	2.10
SRC-2	375.2	19.0	419.5	28.7	356.6	35.3	1.86
SRCF-2	320.2	20.0	352.4	25.4	299.5	35.6	1.78
SRC-3	279.3	23.2	302.7	34.8	257.3	46.7	2.02
SRCF-3	153.3	25.5	182.6	40.1	155.2	55.6	2.18
SRCF-4	181.6	22.9	223.9	35.1	190.3	46.5	2.03
SRCF-5	145.1	26.5	173.8	45.0	147.7	60.0	2.26

表 7-3 中，屈服荷载按图 7-12 所示的通用屈服弯矩法确定：过原点作 P-Δ 骨架曲线的切线 OH 交过极限荷载点 G 的水平线于 H，过 H 作垂线与 P-Δ 骨架曲线相交于 I 点，连接 OI 并延长后交 HG 于 A，过 A 作横坐标的垂线交 P-Δ 骨架曲线于 B 点，B 点即为等效屈服点，对应的荷载与位移即为屈服荷载与屈服位移。极限荷载取峰值荷载的 85%，位移延性系数 $\mu = \Delta_u/\Delta_y$，所有数据取正向和反向加载时正负绝对值之和的平均值。

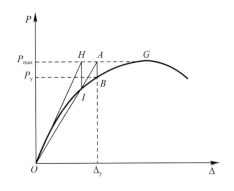

图 7-12　屈服荷载计算示意图

从表 7-3 中荷载特征值可以看到：1）经历火灾作用后，试件的屈服荷载、峰值荷载、极限荷载均出现不同程度降低。轴压比为 0.2，剪跨比为 1.5、2.0、2.5 的三组对比试件，其屈服荷载分别下降了 14.7%、13.3%、45.2%；峰值荷载与极限荷载都分别下降了 16.0%、11.2%、39.9%。其中，剪跨比为

2.5 的试件承载力降低非常显著，这主要是由于火灾导致型钢与混凝土之间粘结强度降低，造成试件的破坏形态由弯曲型破坏转变为粘结破坏，破坏时型钢与混凝土的材料强度未能充分发挥。2）轴压比相同时（$n=0.2$），剪跨比为 1.5、2.0、2.5 的 3 个火灾后试件 SRCF-2、SRCF-1、SRCF-3 的屈服荷载与峰值荷载依次降低，与试件 SRCF-2 相比，试件 SRCF-1、SRCF-3 的屈服荷载分别降低 36.6%、52.1%，峰值荷载分别降低 34.3%、48.2%。3）剪跨比相同时（$\lambda=2.5$），轴压比为 0.1、0.2、0.3 的 3 个试件 SRCF-5、SRCF-3、SRCF-4 的屈服荷载与峰值荷载依次增大，与试件 SRCF-5 相比，试件 SRCF-3、SRCF-4 的屈服荷载分别增大了 5.7%、25.2%，峰值荷载分别增大了 5.1%、28.8%。

从表 7-3 中试件的位移延性系数可以看到：1）经历火灾作用后，轴压比为 0.2，剪跨比为 1.5、2.0、2.5 的三组对比试件，位移延性系数分别降低了 4.3%、增加了 6.1%、增加 7.9%。总体来看，除剪跨比较小的试件外，火灾后型钢混凝土柱的延性系数较常温下略有提高。2）轴压比相同时（$n=0.2$），剪跨比为 1.5、2.0、2.5 的 3 个火灾后试件 SRCF-2、SRCF-1、SRCF-3 的位移延性系数依次增大，与试件 SRCF-2 相比，试件 SRCF-1、SRCF-3 的位移延性系数分别增大 18.0%、22.5%。3）剪跨比相同时（$\lambda=2.5$），轴压比为 0.1、0.2、0.3 的 3 个试件 SRCF-5、SRCF-3、SRCF-4 位移延性系数依次减小，与试件 SRCF-5 相比，试件 SRCF-3、SRCF-4 的位移延性系数分别减小了 3.5%、10.2%。

（7）刚度

根据《建筑抗震试验规程》JGJ/T 101—2015，第 i 次位移循环下试件的割线刚度按式（7-1）计算。

$$K_i = \frac{|P_i| + |-P_i|}{|\Delta_i| + |-\Delta_i|} \tag{7-1}$$

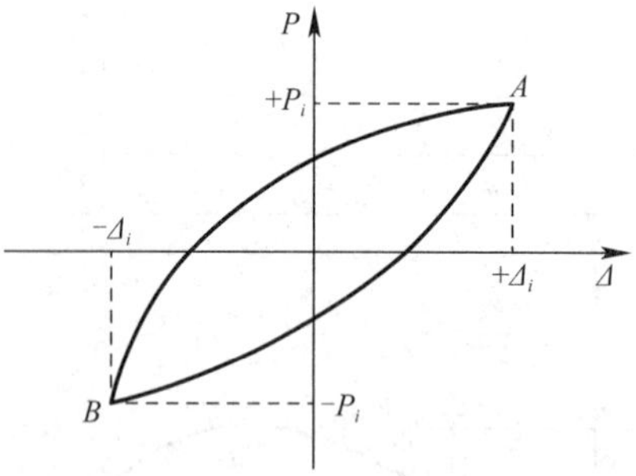

图 7-13 平均割线刚度计算示意图

式中，K_i 表示第 i 次循环的平均割线刚度；P_i 表示第 i 次循环正向加载峰值荷载值；$-P_i$ 表示第 i 次循环反向加载峰值荷载值；Δ_i 表示第 i 次循环正向峰值荷载对应的位移值；$-\Delta_i$ 表示第 i 次循环反向峰值荷载对应的位移值。

图 7-14 给出了火灾后不同剪跨比和轴压比情况下试件割线刚度-位移曲线以及常温下与火灾后曲线的对比情况（割线刚度均根据某一级加载下首次循环计算）。

从图 7-14 中可以看出：1）火灾后，试件的割线刚度随位移的增大而减小，表现出明显的退化现象。2）在相同加载位移的条件下，试件的割线刚度随剪跨比的增大而减小，随轴压比的增大而增大。3）与常温下试件刚度相比，火灾后试件刚度显著降低，轴压比为 0.2，剪跨比为 1.5、2.0、2.5 的三组对比试件，加载初期的割线刚度较常温下分别下降 36.98%、35.93%、25.23%，与屈服荷载对应的刚度较常温下分别下降了 19.28%、31.34%、44.27%，与峰值荷载所对应的刚度较常温下分别下降了 27.35%、25.78%、41.45%。总体而言，剪跨比越小，试件的初始刚度降低越多；剪跨比越大，试件屈服后刚度降低越多。

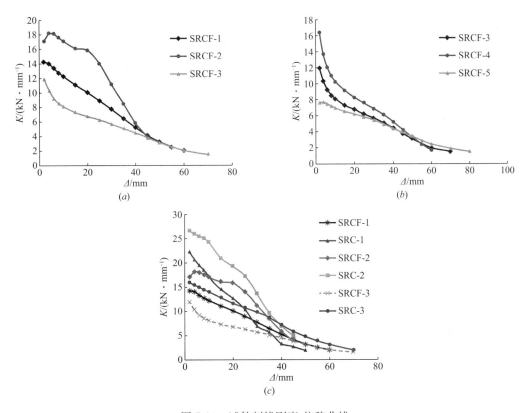

图 7-14 试件割线刚度-位移曲线
(*a*) 不同剪跨比；(*b*) 不同轴压比；(*c*) 常温下与火灾后

（8）耗能性能

耗能性能可用等效阻尼比 h_e 表示，$h_e = A/(2\pi P\Delta)$，其中，A 为一个滞回环的面积，$P\Delta$ 为该滞回环上下两个部分最大水平荷载和最大位移乘积的平均值，h_e 越大，表明构件的耗能能力越强。

图 7-15 为火灾后不同剪跨比和轴压比情况下的等效阻尼比 h_e 与变形的关系曲线以及常温下与火灾后曲线的对比（h_e 根据各级加载位移下首次循环所获滞回曲线计算）。

从图 7-15 中可以看出：1）火灾后，试件的等效阻尼比随着位移的增大而增大，体现出良好的耗能性能。2）轴压比一定时，随着剪跨比的增大，试件与极限位移相对应的等效阻尼比 h_e 增大，这表明剪跨比越大的试件，破坏时的耗能能力越强。3）剪跨比相同时，试件的等效阻尼比 h_e 在相同的加载位移条件下随着轴压比的增大而增大。这是因为在相同加载位移条件下，小剪跨比试件对应的水平荷载大，试件弹塑性变形发展更充分。4）与常温下的试件相比，火灾后试件的等效阻尼比 h_e 更大。轴压比为 0.2，剪跨比为 1.5、2.0、2.5 的三组对比试件，加载位移为 10mm 时的等效阻尼比 h_e 分别增大了 27.23%、45.71%、62.84%；屈服荷载对应的位移下，等效阻尼比 h_e 分别增大了 30.7%、35.04%、64.74%；峰值荷载对应的位移下，等效阻尼比 h_e 分别增大了 21.25%、66.95%、51.57%。总体而言，经历火灾后作用后，试件的耗能能力更强。5）8 个试件与极限位移对应的等效阻尼比 h_e 均在 0.1～0.2。

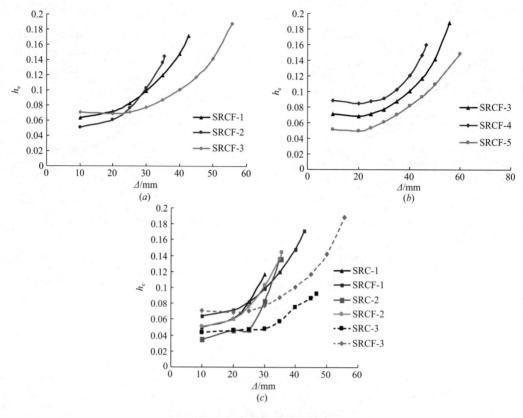

图 7-15　试件的等效阻尼比

（a）不同剪跨比；（b）不同轴压比；（c）常温下与火灾后

7.2.7　本节小结

进行了常温及火灾后型钢混凝土抗震性能试验，结果表明：①在火灾后反复荷载作用下，型钢与混凝土之间的粘结退化显著，常温下发生弯曲型破坏的型钢混凝土柱在高温后往往发生粘结破坏。②与常温试件相比，火灾后型钢混凝土柱的滞回曲线更加饱满，延性有所提高，耗能能力有所增强，但刚度和承载力降低。③火灾后，型钢混凝土柱的位移延性系数随剪跨比的增大而增大，随轴压比的增大而减小。剪跨比越大，破坏时的等效阻尼比越大；剪跨比和加载位移相同时，等效阻尼比随着轴压比的增大而增大。剪跨比越小的试件，其初始刚度降低越多；剪跨比越大的试件，其屈服后刚度与受剪承载力降低越多。

7.3　火灾后型钢混凝土柱抗剪承载力计算

7.3.1　常温下型钢混凝土柱的抗剪承载力计算

目前国内外有诸多型钢混凝土柱抗剪承载力的计算方法，原《型钢混凝土组合结构技术规程》JGJ 138—2001 根据国内外的试验结果，对不同破坏形态下型钢混凝土柱抗剪承载力的试验结果进行多远回归分析和可靠度的验算，建议按式（7-2）计算常温下型钢混凝土柱的抗剪承载力：

$$V = \frac{0.2}{\lambda + 1.5} f_c b h_0 + \frac{0.58}{\lambda} f_a t_w h_w + \frac{A_{sv}}{s} f_{yv} h_0 + 0.07N \qquad (7\text{-}2)$$

式中，λ 为型钢混凝土柱的剪跨比；f_c 为混凝土的轴心抗压强度设计值；f_{yv} 为箍筋的抗拉强度设计值；f_a 为型钢的抗拉强度设计值；b 为柱截面宽度；h_0 为柱截面有效高度；A_{sv} 为配置在同一截面内箍筋各肢的全部截面面积；s 为箍筋间距；t_w 为型钢腹板厚度；h_w 为型钢腹板高度；N 为作用在柱上的轴向力。

7.3.2　火灾后型钢混凝土柱的抗剪承载力计算

火灾后混凝土及钢材的力学性能出现一定程度退化，造成型钢混凝土柱抗剪承载力降低，同时火灾后型钢与混凝土之间的粘结性能严重退化，造成构件破坏形态及承载力的改变。可以采用式（7-3）和式（7-4）计算火灾后型钢混凝土柱的剩余抗剪承载力。

非抗震设计：

$$V_{cm} = \frac{0.20}{\lambda + 1.5} k_c \eta_c f_c b h_0 + k_{sv} f_{yv} \frac{A_{sv}}{S} h_0 + \frac{0.58}{\lambda} k_a f_a t_w h_w + 0.007N \qquad (7\text{-}3)$$

抗震设计：

$$V_{cm} = \frac{1}{\gamma_{RE}} \left[\frac{0.16}{\lambda + 1.5} k_c \eta_c f_c b h_0 + 0.8 k_{sv} f_{yv} \frac{A_{sv}}{S} h_0 + \frac{0.58}{\lambda} k_a f_a t_w h_w + 0.056N \right] \qquad (7\text{-}4)$$

式中，k_c 为火灾后混凝土抗压强度的平均折减系数；k_{sv} 为火灾后箍筋抗拉强度折减系数；k_a 为火灾后型钢抗拉强度折减系数；η_c 为火灾后型钢与混凝土粘结退化对构件抗剪承载力的影响系数；γ_{RE} 为承载力抗震调整系数，取值 0.85。

火灾后混凝土抗压强度的平均折减系数 k_c 为火灾后混凝土截面抗压强度与常温下混凝土截面强度的比值，按下述方法计算：把混凝土截面划分成若干网格，其中第 i 个网格的面积为 A_i，火灾时网格中心点经历的最高温度为 T_i，则该网格火灾后的平均抗压强度为 $f_c(T_i)A_i$，整个截面火灾后的平均抗压强度为 $\sum f_c(T_i)A_i$，因此：

$$k_c = \sum f_c(T_i)A_i/(f_c A) \qquad (7\text{-}5)$$

式中，$f_c(T_i)$ 为高温后混凝土材料的抗压强度，按式（7-6）计算。

$$f_c(T) = \begin{cases} \left[1.0 - 0.58194\left(\dfrac{T-20}{1000}\right)\right] f_c \\ \qquad\qquad (T \leqslant 200℃) \\ \left[1.1459 - 1.39255\left(\dfrac{T-20}{1000}\right)\right] f_c \\ \qquad\qquad (T > 200℃) \end{cases} \qquad (7\text{-}6)$$

在试验测得的截面温度分布基础上，通过 5.4 节中 ANSYS 模拟分析方法获得了本次试验中所有试件的截面温度场，利用式（7-5）和式（7-6）求得本次试验中混凝土抗压强度的平均折减系数 k_c 为 0.539。

文献［11］在大量计算结果基础上，提出 ISO 834 标准升温后方形截面柱混凝土抗压强度的平均折减系数 k_c 用式（7-7）计算：

$$k_c = 0.664 + 1.24a - 0.374t + 0.0239t^2 - 1.03a^2 + 0.252at \qquad (7\text{-}7)$$

式中，a 为截面边长（m），适应范围：0.3m $\leqslant a \leqslant$ 0.8m；t 为升温时间（h），适应范

围 $0.5h \leqslant t \leqslant 3h$。利用式（7-7）计算得到 7.2 节试验中混凝土抗压强度的平均折减系数 k_c 为 0.550，计算结果与分析计算结果较为接近。

研究表明[12]，当过火温度低于 600℃时，对火灾后钢材的强度没有太大影响；当过火温度超过 600℃时，火灾后钢材的强度值约降低 10%。在型钢混凝土柱中，箍筋靠近试件表面，火灾时遭受的温度很大程度会超过 600℃，而型钢由于外围混凝土保护层较大，火灾时遭受的温度一般不会超过 400℃，因此 k_{sv} 和 k_a 分别取 0.9 和 1.0。

火灾后型钢与混凝土的粘结强度显著降低，造成常温下发生弯曲型破坏的试件在经历火灾作用后发生粘结破坏，影响试件的受剪承载力，因此对剪跨比 $\lambda \geqslant 2.0$ 的型钢混凝土柱，按式（7-8）和式（7-9）计算火灾后型钢与混凝土粘结退化对构件受剪承载力的影响系数 η_c：

非抗震设计：
$$\eta_c = \frac{h - a_a}{h_0} \tag{7-8}$$

抗震设计：
$$\eta_c = \frac{h - 2a_a}{h_0} \tag{7-9}$$

式中，h 为型钢混凝土柱截面高度；a_a 为型钢翼缘外侧混凝土保护层厚度。

7.3.3 计算结果与试验结果对比

按上述方法计算得到的试件抗剪承载力 V_{cm}^{c2} 和 V_{cm}^{c3} 及其与试验结果 V_{cm}^t 的对比见表 7-4。表中，各试件的材料强度取标准值。5 个火灾后试件的 V_{cm}^t/V_{cm}^{c2} 均值为 1.02，方差为 0.0113；V_{cm}^t/V_{cm}^{c3} 均为 1.07，方差为 0.0061。

试件受剪承载力计算值与试验值对比   表 7-4

试件编号	V_{cm}^t/kN	V_{cm}^{c2}/kN	V_{cm}^t/V_{cm}^{c2}	V_{cm}^{c3}/kN	V_{cm}^t/V_{cm}^{c3}
SRC-1	260.5	292.9	0.89	293.1	0.89
SRCF-1	231.5	230.0	1.00	214.9	1.07
SRC-2	419.5	337.3	1.24	340.6	1.23
SRCF-2	352.4	268.5	1.31	275.9	1.28
SRC-3	302.7	263.3	1.15	261.8	1.16
SRCF-3	182.6	207.7	0.88	192.8	0.95
SRCF-4	223.9	232.6	0.96	216.2	1.04
SRCF-5	173.8	182.9	0.95	169.4	1.03

7.4 火灾后型钢混凝土柱抗震性能加固与修复

7.4.1 预应力钢带加固技术简介

目前我国全国范围内的建筑业均处于新建与维修改造并重的时期。一方面新的高层超高层建筑在不断建设，另一方面由于环境腐蚀、灾害损伤、施工质量不合格、使用用途变更、或者由于建造年代较早设计标准较低等诸多因素，大量已有的建筑结构已不能满足社会需求，需要进行维修、加固和改造，才能满足现行规范和继续使用要求。

传统混凝土结构加固修复技术有增大截面法、外包钢套法、外包碳纤维布法等。这些技术在对各种混凝土结构进行加固时，主要依靠增加受力元件来提高构件强度。预应力加固技术是在工程加固改造应用当中发展起来的新技术，其核心思想是通过各种手段，对加固的混凝土构件施加水平或环向预应力，提高构件的承载能力和变形性能。在预应力加固中，增加的加固元件一方面能使混凝土处于双、多向受力状态，改善混凝土的强度与变形性能，间接提高结构的承载力与抗震性能，同时也能作为受力元件直接提高构件承载力及变形能力，因而在工程中的应用也日趋广泛[13-29]。

预应力钢带加固是一种新型的环向预应力加固技术，其基本原理是借鉴目前在包装行业广泛应用的打包技术，在各种类型的混凝土构件外表面沿横向布置等间距分布的高强钢带，通过气动打包机拉伸钢带并将其紧箍于不同形状混凝土构件周围，形成带有很强横向约束力的钢带箍（如图 7-16a 所示），起到约束混凝土、提高混凝土强度和变形能力的目的。预应力钢带加固采用定型高强钢带与钢带扣产品（如图 7-16b、7-16c 所示），成本低廉；施工时采用包装行业常用的气动打包机（如图 7-16d 所示），构件表面不需要进行特殊处理，施工方便、操作简单；高强钢带强度可达 1000MPa 以上，能有效克服普通钢板（箍）钢材强度偏低，预应力程度不足的弱点。通过合理设计，可适用于混凝土梁、柱、节点等各类构件中，应用前景广阔。

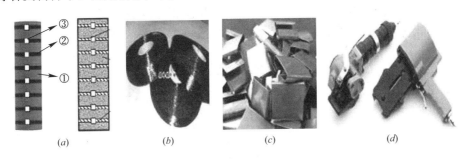

图 7-16 预应力钢带加固技术与产品
(a) 加固示意；(b) 高强钢带；(c) 钢带扣；(d) 钢带打包机

7.4.2 预应力钢带加固钢筋混凝土梁抗剪性能研究

目前，预应力钢带加固技术越来越受关注。在梁的加固方面：刘义、杨勇等[30,31]进行了 6 个预应力钢带加固梁试件和 1 个对比试件的受剪性能试验，分析了钢带间距、钢带层数及倒角对试件承载力及变形性能的影响。结果表明：经预应力钢带加固的试件，在加载过程中，裂缝开展缓慢且发育充分，与未加固试件相比其受剪承载力提高 46%～95%，加固后梁的变形能力大幅提高。在柱静力加固方面，杨勇等[32-34]完成了 11 个预应力钢带加固方形截面钢筋混凝土柱、23 个预应力钢带加固圆形截面钢筋混凝土柱的轴压试验，结果表明横向预应力钢带可显著提高钢筋混凝土柱的轴压承载力，钢带间距越小，承载力提高程度越高。在试验结果基础上，进一步研究了钢带对混凝土的约束机理，分析了有效约束区面积、非有效约束区面积以及钢带体积加固率等因素对钢筋混凝土柱轴压承载力的影响，提出了预应力钢带加固钢筋混凝土柱轴压承载能力的计算方法。张磊等[35]通过试验，对预应力钢带加固对钢筋混凝土偏心受压柱的受力性能进行了研究，结果表明预应力钢带加固钢筋混凝土偏压柱的破坏形态与未加固试件基本相同，但加固后试件初裂荷载和极限承载力显著提高，与极限荷载对应的侧向挠度增大，变形能力增强。在柱抗震性能加固方面，杨勇、张波等[36-38]完成了合计12个试件的预应力钢带加固钢筋混凝土柱抗震性能试验，结果表明采用预应力钢带加固技术可以显著改善钢筋混凝土柱的延性，提高柱的轴压比限值、弹塑性变形能力和耗能性能，具有良好抗震加固效果。王海东等[39]对3根采用预应力钢带约束加固的钢筋混凝土柱及2根对比柱进行拟静力试验，研究较高轴压比下加固柱的抗震性能。试验结果表明，横向预应力钢带能够有效抑制较高轴压比下约束柱斜向裂缝的发展，扩大塑性铰的范围，提高柱的变形能力，使得约束柱抗震性能得到较大程度提高。

本节通过4个预应力钢带加固钢筋混凝土梁的抗剪性能试验以及1个未加固的钢筋混凝土梁的对比试验，研究不同持荷水平对钢筋混凝土梁加固效果的影响，提出预应力钢带加固钢筋混凝土梁抗剪承载力的计算方法。

（1）试件参数与截面设计

共制作5个钢筋混凝土梁试件，其中4个为预应力钢带加固试件，编号JG-1～JG-4；1个为未加固的对比试件，编号B-1。试件总长为1.4m，跨度为1.1m，截面尺寸150mm×250mm。受拉区纵筋采用2φ14，配筋率为0.18%；受压区纵筋采用2φ6，保护层厚度为25mm。箍筋采用双肢箍φ6@100，配箍率1.51%。钢带宽32mm，厚为0.9mm。各试件的参数如表7-5所示，其中初始持荷水平为加固前施加的荷载与按照现行混凝土结构设计规范计算得到的极限荷载的比值。试件的截面形状及配筋情况如图7-17所示。纵筋、箍筋、钢带的屈服强度、极限抗拉强度、弹性模量测试结果如表7-6所示。

试件参数与主要试验结果　　　　　　　　　　表7-5

试件编号	混凝土强度/MPa	钢带间距/mm	剪跨比	初始持荷水平
JG-1	25	100	1.11	0
JG-2	25	100	1.11	0.25
JG-3	25	100	1.11	0.5
JG-4	25	50	1.11	0.5
B-1	25	无	1.11	0

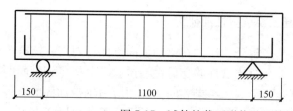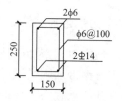

图7-17　试件的截面形状及配筋情况

材料性能测试结果　　　　　　　　　　表7-6

钢筋种类	屈服强度/MPa	极限强度/MPa	弹性模量/MPa
纵向受力钢筋	355.65	605.52	2.00×10^5
箍筋	409.74	621.14	2.00×10^5
钢带	637.35	664.32	2.18×10^5

（2）试件加固处理

采用预应力钢带加固技术对JG-1、JG-2、JG-3、JG-4四个试进行加固，加固设备如

图 7-18 所示。除试件 JG-4 钢带间距（钢带中心轴线到中心轴线的距离）为 50mm 外，其余三个试件钢带间距为 100mm，钢带层数为 1 层。

(a)　　　　　　　　　　(b)　　　　　　　　　　(c)

图 7-18　主要加固用设备
(a) 钢带打包机；(b) 气泵；(c) 扣钳

具体加固步骤如下：①对梁的表面进行清洁处理，使混凝土的表面光滑，然后使用打磨机器对梁进行倒角处理，梁的棱角做成圆弧形，以利于钢带的捆绑。②用建筑涂料将混凝土梁表面刷白，晾干后用黑笔打上网格，并画上打包钢带位置，根据设计的初始持荷水平对需要持荷的试件施加预定荷载。③将折好角度的钢带包住混凝土梁，系上打包扣。④打开气泵，使用打包机持续勒紧钢带，钢带的初始预应力定为 150MPa，由粘贴在钢带表面的应变片的应变值控制。⑤用打包扣钳紧紧钳住打包扣，防止张拉后的钢带滑移，并对多出来的钢带进行多次翻折剪除。加固后的钢筋混凝土梁如图 7-19 所示。

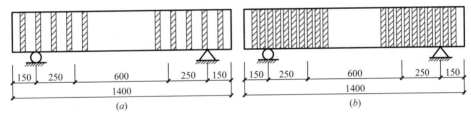

(a)　　　　　　　　　　　　　　(b)

图 7-19　预应力钢带加固钢筋混凝土梁
(a) 钢带间距为 100mm；(b) 钢带间距为 50mm

（3）加载方式与测点布置

试验采用两点集中加载，在跨中、加载点及支座的位置布置电子百分表测定试件挠度和支座变形，在加载点与支座之间的钢带中心位置布置电阻应变片，测定其加载过程中的应变发展，应变片编号从左到右依次为 Z-1～Z-6，加载及量测装置如图 7-20 所示。试验过程中所有数据通过 TDS-602 数据采集仪采集。

（4）试件破坏过程与破坏特征

五个试件最终均发生剪切破坏，破坏形态如图 7-21 所示。试件的破坏过程可分为初裂、裂缝发展、压溃破坏三个阶段。

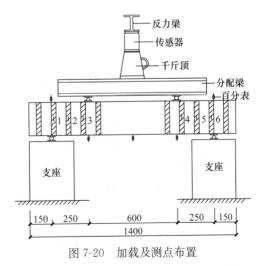

图 7-20　加载及测点布置

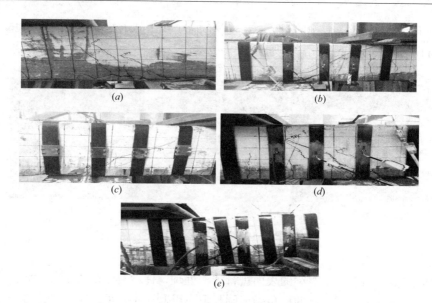

图 7-21　试件破坏形态

(a) 试件 B-1；(b) 试件 JG-1；(c) 试件 JG-2；(d) JG-3 试件；(e) JG-4 试件

对于未加固试件 B-1，荷载达到极限荷载的 40% 时，在剪弯段出现第一条斜裂缝，随后又有另外 2～3 条新的斜裂缝产生，并从支座到加载点逐步延伸发展。随着加载的持续，这些斜裂缝不断变宽，其中一条逐渐贯通形成了上细下粗的主斜裂缝。最终，右侧支座处大量混凝土被压碎，受拉钢筋暴露，承载力瞬间下降，试件宣告失效。

对加固时未持荷的试件 JG-1，初裂时出现少量细小裂缝，随着荷载的增加，钢带对裂缝产生约束，限制其发展，裂缝开展相对未加固试件 B-1 更为缓慢。当加载至极限荷载的 70% 时，呈 45° 角的裂缝贯通形成主斜裂缝，同时靠近下支座混凝土压碎剥落，整个试件发出吱吱的响声，最终导致梁失效破坏。

对加固时持荷的试件 JG-2 和 JG-3，受到前期荷载影响，加固前试件已存在一定的变形和裂缝。再加载时，由于钢带约束作用，前期产生的裂缝基本停止向上发展，初始荷载水平越小，裂缝被抑制的趋势更为明显。随着荷载增加，新的裂缝从钢带两侧未被束缚的薄弱处重新形成，若干并入先前产生的几条裂缝中，形成三角形碎裂体。最终破坏以试件下部开裂，上部混凝土局部压碎而告终。总体看来，初始持荷水平越高，破坏过程更短。

对初始持荷水平为 50%，钢带间距为 50mm 的试件 JG-4，其破坏过程与 JG-3 大致相似，但裂缝的发育更为充分，破坏时试件的变形能力更强。

(5) 荷载-挠度曲线

图 7-22 为本次试验得到的各试件的荷载-跨中挠度曲线。从图 7-22 中可以看出，所有曲线在前期基本重合，原因是加载前期，钢带未进入工作，发挥作用较小，各试件刚度接近。随着荷载的增加，各试件荷载-挠度曲线逐渐分开，相同荷载的作用下，加固试件的跨中挠度均比未加固普通钢筋混凝土梁要小，表明钢带对裂缝开展的约束作用大大提高了梁的刚度。加载到 250kN 左右时，荷载-挠度曲线出现明显拐点，产生新的向水平轴倾斜的直线段（在此称之为"近似水平段"），不同试件的近似水平段呈现一定差异：钢带加固试件 JG-1、JG-2、JG-3、JG-4 的水平段长较未加固试件 B1 的水平段。在钢带间距相同的

情况下，试件初始持荷水平越低，水平段越长；初始持荷水平相同时，钢带间距越小，水平段更长。表明，钢带加固试件的后期变形能力强于未加固试件；加固时的持荷水平越低，钢带间距越小，试件的后期变形能力更强，延性更好。

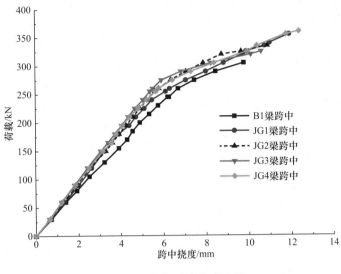

图 7-22　荷载-跨中挠度曲线

（6）钢带应变分析

由试验得到的各试件的荷载与钢带应变发展见图 7-23。从图 7-23 中可以看到，加固

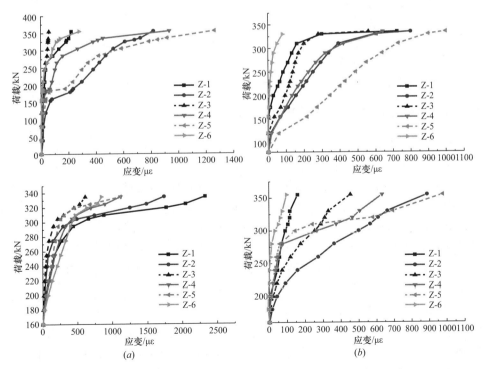

图 7-23　荷载-钢带应变关系曲线

（a）试件 JG-1；（b）试件 JG-2

试件钢带的应变发展大致经历 3 个阶段：①无应变或小应变阶段。初始持荷水平为 0 的试件 JG-1，从加载到斜裂缝出现以前，所有钢带处于无应变状态。初始持荷水平为 25％和 50％的试件，由于加固前已产生裂缝，再加载后，支座和加载点边缘的钢带处于无应变状态，中间钢带产生很小的应变。钢带尚未起到约束构件的作用。②应变缓慢增长阶段。当荷载增加到极限荷载的 40％以后，试件开裂或裂缝缓慢发展，钢带应变缓缓增加，对裂缝开展的抑制作用不断增强。③应变快速发展阶段。当荷载超过 80％极限荷载以后，主斜裂缝形成，与其相交的钢带应变急剧增长，对构件的约束和抗剪作用持续增强，直到试件发生破坏。同时可以看到，同一试件不同位置处钢带应变差异很大，靠近支座与加载点钢带应变较小，支座与加载点中间钢带的应变大。

（7）承载力

由试验得到的各试件极限抗剪承载力见表 7-7。从表 7-7 中可以看到：①采用预应力钢带加固后试件抗剪承载力较未加固试件提高，提高程度在 6.5％～16.1％之间。②加固时的初始持荷水平对试件承载力提高有重要影响，钢带间距相同时，初始持荷水平为 0、25％、50％的三个试件 JG1、JG2、JG3，极限荷载较未加固试件 B-1 分别提高了 14.5％、8.1％、6.5％，初始持荷水平越低，承载力提高越大。③初始持荷水平均为 50％，钢带间距分别为 100mm 和 50mm 的试件 JG3，JG4，极限承载能力相比未加固试件 B-1 分别提高 6.5％和 16.1％，即钢带间距越小，抗剪加固修复成效越显著。

承载力试验结果　　　　　　　　　　　　　　　　　　　　　　表 7-7

试件编号	钢带间距/mm	初始持荷水平	承载力/kN	增幅/％
JG-1	100	0	355	14.5
JG-2	100	0.25	335	8.1
JG-3	100	0.5	330	6.5
JG-4	50	0.5	360	16.1
B-1	无	0	310	0.0

7.4.3　预应力钢带加固钢筋混凝土梁抗剪承载力计算

（1）抗剪加固机理

使用预应力钢带进行加固能显著提升钢筋混凝土梁的抗剪承载力，原因在于：①在构件受剪破坏过程中，钢带直接参与斜截面抗剪，起到类似箍筋的作用。②钢带能有效控制构件斜截面裂缝的发展，增大了构件剪压区区域，使截面的抗剪承载力得到提高。③钢带的存在，能使斜裂缝不再继续发展变宽，并促使裂缝间混凝土骨料之间的咬合更紧。④钢带所形成的外加封闭箍，对构件底部纵筋周围的混凝土形成有效约束，强化了纵筋的销栓作用。⑤对钢带施加的预应力能够对剪跨段的混凝土产生强有力的约束作用，增大混凝土的强度和变形能力，改善构件的抗剪性能。

（2）抗剪加固承载力计算

从上述试验结果和已有研究成果看，钢带强度、钢带尺寸、钢带间距、预应力水平、加固时初始持荷水平等因素均对加固后钢筋混凝土梁的抗剪承载力产生影响，可用式（7-10）计算加固后钢筋混凝土梁的抗剪承载力：

$$V_u = \mu\beta(V_{cs} + V_{ss})$$

（7-10）

式中，V_{cs} 为原钢筋混凝土梁的抗剪承载力，按照《混凝土结构设计规范》GB 50010—2010 中混凝土梁斜截面抗剪承载力计算方法计算；V_{ss} 钢带抗剪承载力；μ 为预应力影响系数，考虑预应力钢带约束效应对钢筋、箍筋和混凝土抗剪的整体提高作用；β 为初始持荷水平影响系数，考虑初始持荷水平提高对构件加固修复效果降低的影响。

根据文献[31]，钢带抗剪承载力 V_{ss} 用如下公式：

$$V_{ss} = (0.9 + 0.3\lambda)(0.71 + 0.053\lambda) \cdot 2t_{ss}w_{ss}h_0 f_{ys}/s_{ss} \tag{7-11}$$

式中，λ 为剪跨比；t_{ss} 为钢带厚度；w_{ss} 为钢带宽度；s_{ss} 为钢带间距；f_{ys} 为钢带屈服强度；h_0 为梁截面有效高度。

$$\mu = 1.0 + 100kA_{ss}/(bs_{ss}) \tag{7-12}$$

其中 $k = \sigma_{con}/f_{ys}$

$A_{ss} = t_{ss}w_{ss}$

式中，k 为预应力度；σ_{con} 为初始预应力；A_{ss} 为钢带横截面面积；b 为梁宽。

$$\beta = 1 - 0.308m + 0.336m^2 \tag{7-13}$$

式中，m 为构件加固时的初始持荷水平，为加固前所受到的荷载与按照《混凝土结构设计规范》GB 50011—2010 计算得到的极限承载力的比值。

本次试验结果与按照上述方法得到的试件抗剪承载力计算值比较见表 7-8。试验值与计算值比值分析求得的均值为 0.974，方差为 0.002，计算值与试验结果基本相符。

计算值与试验值比较　　　　　　　　　　　　　　　　　　表 7-8

试件编号	试验值/kN	计算值/kN	试验值/试验值
JG-1	355	354	1.00
JG-2	335	335	1.00
JG-3	330	328	1.01
JG-4	360	405	0.89

（3）小结

通过试验研究了预应力钢带加固钢筋混凝土柱的受力性能，结果表明采用预应力钢带加固以后，钢筋混凝土梁的抗剪承载力和变形性能均有不同程度提升。加固时的初始持荷水平及钢带间距对加固后的钢筋混凝土梁承载力的提高有重要影响，初始持荷水平越低，承载力提高越大；钢带间距越小，抗剪加固作用就越显著。考虑初始持荷水平的影响，提出了预应力钢带加固钢筋混凝土梁抗剪承载力的计算公式，计算值与试验结果总体相符。

7.4.4　预应力钢带加固火灾后型钢混凝土柱抗震性能试验

（1）加固参数设计

对表 7-1 中同批制作的 5 个试件进行了火灾升温试验和火灾后的加固，加固试件编号为 RSRCF-1、RSRCF-2、RSRCF-3、RSRCF-4、RSRCF-5，其中 RSRCF-1、RSRCF-2、RSRCF-3、RSRCF-4 采用预应力钢带加固，RSRCF-5 采用预应力和外包钢组合加固。加固前试件截面形状与配钢情况见图 7-1，升温曲线见图 7-3。为便于对比，表 7-9 中列出了上述 5 个加固试件以及表 7-1 中 9 个常温及火灾后未加固试件的基本参数情况。试验加载与测试方案同 7.2 节。

试件参数　　　　　　　　　　　表 7-9

试件编号	f_{cu}/MPa	剪跨比 λ	轴压比 n	受火时间 t/min	加固方式	钢带间距/mm
SRC-1	44.1	2.0	0.2	—	常温未加固	—
SRCF-1	44.1	2.0	0.2	90	火灾后未加固	—
RSRCF-1	44.1	2.0	0.2	90	钢带加固	50
SRC-2	44.1	1.5	0.2	—	常温未加固	—
SRCF-2	44.1	1.5	0.2	90	火灾后未加固	—
RSRCF-2	44.1	1.5	0.2	90	钢带加固	50
SRC-3	44.1	2.5	0.2	—	常温未加固	—
SRCF-3	44.1	2.5	0.2	90	火灾后未加固	—
SRCF-4	44.1	2.5	0.3	90	火灾后未加固	—
SRCF-5	44.1	2.5	0.1	90	火灾后未加固	—
RSRCF-3	44.1	2.5	0.2	90	钢带加固	50
RSRCF-4	44.1	2.5	0.2	90	钢带加固	100
RSRCF-5	44.1	2.5	0.2	90	组合加固	50

（2）加固施工工艺

按照表 7-9 的设计方案，对试件 RSRCF-1、RSRCF-2、RSRCF-3、RSRCF-4 采用预应力钢带加固，钢带层数为两层，钢带间距包括 50mm 和 100mm 两种情况。加固步骤为：①清理试件表面，以保证混凝土表面的平整，并用打磨机打磨柱角，使柱角呈圆弧形；②在试件表面画出钢带位置，以保证钢带水平；③将钢带包住柱身并通过打包扣首尾相连，同时将钢带一头传入打包机内；④打开气泵并关闭打包机上溢气阀，直到钢带不能继续被拉紧为止；⑤用打包扣钳扣住打包扣，以防止钢带滑移，并剪断伸出的多余钢带。加固后的试件见图 7-24。

图 7-24　预应力钢带加固试件

对 RSRCF-5 采用外包角钢与预应力钢带的组合加固方法。加固步骤为：①按上述预应力钢带加固方法进行钢带加固施工；②用卡具将待加固用角钢固定在 SRC 柱的四角，再将扁钢缀板按事先设计好的间距与角钢单肢焊接，使二者成为一整体。缀板与角钢焊接时的搭接长度不应小于 30mm，采用三面围焊；施焊时应交错进行，防止焊接所释放的热量烧伤柱身混凝土和造成角钢与缀板的变形；待焊缝冷却后，应及时敲除焊渣，逐个检查焊缝外观质量，凡不符合质量要求的，应采取补救措施或铲除重焊；③焊接结束后，用胶泥将角钢、缀板与混凝土之间的缝隙堵实但须预留注胶口；④待胶泥固结后，用注胶设备将结构胶从预留灌浆口处灌入角钢、缀板及混凝土之间缝隙中，直到灌口有胶溢出为止。加固后的试件如图 7-25 所示。

（a）   （b）

图 7-25　组合加固试件

（a）注胶前；（b）注胶后

（3）加固材料力学性能

试件所用型钢、钢筋、箍筋的力学性能见表 7-2。加固用钢带宽 32mm，厚为 0.9mm，角钢采用∟50×50 等边角钢，扁钢缀板采用 40×4。加固材料的力学性能见表 7-10。

加固材料的力学性能　　　　　　　　　　　　　　　　　　　　　　表 7-10

钢材	屈服强度 f_y/MPa	极限强度 f_t/MPa	弹性模量 E/MPa
预应力钢带	637.35	664.32	2.18×10^5
角钢	345.41	472.55	2.09×10^5
扁钢	301.26	400.73	2.02×10^5

（4）试验现象与破坏形态

试件 RSRCF-1：在位移控制加载的情况下，当位移达到 15mm 时（水平力大约达到峰值荷载的 60%），在试件正面和背面出现第一条斜裂缝，同时试件侧面端部位置出现水平裂缝；位移增加到 20mm 时（水平力大约达到峰值荷载的 75%），试件正面和背面沿着纵筋和型钢翼缘外侧出现纵向短小斜裂缝（粘结裂缝），并伴有钢带与混凝土之间挤压的啪啪声，随后短小斜裂缝不断发展并延伸至试件腹部；位移增加到 30mm 时（水平力大约达到峰值荷载的 95%），短小斜裂缝相互贯通形成纵向粘结劈裂裂缝，同时试件侧面的水平裂缝不断增多，试件端部混凝土出现压碎剥落现象；位移增加到 40mm 时（水平力达到峰值荷载），粘结劈裂裂缝愈加明显，柱端水平裂缝不断向中部扩展，试件正面和背面的斜裂缝明显受到钢带的限制，两排钢带间的混凝土被逐渐分割成小块而剥落，随后荷载开始降低；位移增加到 50mm 时（水平力下降至峰值荷载 92%），试件正面和背面钢带间混凝土成块脱落，侧面柱端混凝土压溃，试件很快发生破坏。从破坏形态看，剪切粘结破坏特征较为明显。图 7-26 给出了试件裂缝发展与分布情况。

图 7-26 RSRCF-1 裂缝开展与分布情况

试件 RSRCF-2：当水平位移施加到 10mm 时（水平力大约达到峰值荷载的 45%），试件正面与背面腹部位置出现斜裂缝，随着荷载往复循环，裂缝呈 X 状交叉发展；位移增加到 20mm 时（水平力大约达到峰值荷载的 80%），交叉斜裂缝变多且缝宽不断加大，同时试件侧面端部位置出现水平裂缝；位移增加到 30mm 时（水平力大约达到峰值荷载的 90%），交叉斜裂缝而将位于两钢带之间的混凝土分成多个菱形块，部分混凝土起皮变酥；位移增值 35mm 时，水平力达到最大值，试件侧面的水平裂缝扩展至正面，但总体上不如斜裂缝发展迅速；位移达到 40mm 时（水平力开始降低），试件正面和侧面混凝土被压碎剥落；继续加大位移 45mm 时（水平力降至峰值荷载的 95%），试件正面位于钢带间的混凝土成片脱落，侧面压碎区开始扩大，随后承载力下降显著加快，试件发生破坏。从破坏形态看，斜压破坏特征较为明显。图 7-27 给出了试件裂缝发展与分布情况。

图 7-27 RSRCF-2 裂缝开展与分布情况

试件 RSRCF-3：当水平加载位移达到 15mm 时（水平力大约达到峰值荷载的 55%），在试件侧面端部位置首先出现水平裂缝，随后试件正面腹部位置出现斜裂缝；随着位移的加大，水平裂缝不断向上扩展；位移增加至 25mm 时（水平力大约达到峰值荷载的 80%），侧面柱端混凝土裂缝宽度加大，混凝土与钢带之间出现挤压的啪啪声；随后柱端混凝土出现轻微剥落，正面腹部出现若干条交叉斜裂缝；位移增加至 35mm 时（水平力大约达到峰值荷载的 95%），柱端侧面水平裂缝延伸到正面，正面斜裂缝变多，宽度变大；位移增至 40mm 时，水平力达到最大值，试件侧面混凝土被钢带分成一个个的小短柱，短柱混凝土压碎并开始脱落，同时正面腹部斜裂缝相互贯通，表层混凝土起皮脱落，随后荷载开始下降；位移增加到 50mm 时，试件侧面混凝土压碎区扩大，正面混凝土也不断剥落，试件承载力下降加快，并最终发生破坏。从破坏形态看，弯剪破坏特征较为明显。图 7-28 给出了试件裂缝发展与分布情况。

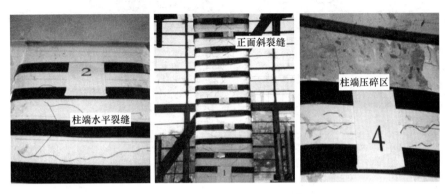

图 7-28　RSRCF-3 裂缝开展与分布情况

试件 RSRCF-4：裂缝开展和破坏形态与试件 RSRCF-3 相似，但由于钢带间距较大（100mm），破坏时柱端压碎更为严重。图 7-29 给出了试件裂缝发展与破坏时裂缝分布情况。

图 7-29　RSRCF-4 裂缝开展与分布情况

试件 RSRCF-5：该试件是采用预应力钢带与外包钢复合加固方案，由于试件表面采取了胶泥堵缝，不便于观察柱身在加载过程中裂缝的发展状况。同时由于灌浆工作时间处在冬季，气温较低且灌浆结束后给予胶水的固化养护时间不足，导致角钢、缀板二者与混凝土之间的胶体未足够固化，在加载后期有胶水从缀板边缘溢出，影响了外包钢材与混凝土协调工作。破坏时，角钢上下端因受压而屈服，部分缀板与角钢连接处的焊缝有撕裂现象。试验结束后，拨开缀板，发现结构胶的确未固化，如图 7-30 所示。

（5）滞回曲线

图 7-31 给出了 5 个加固试件的滞回曲线。对比图 7-9 常温下和火灾后未加固试件的滞回曲线，可以看出火灾后加固试件的滞回曲线形状与未加固试件基本相同：加载初期，曲线斜率基本不变，卸载后的残余变形很小，试件处于弹性工作状态。随着位移的增大，滞回曲线逐渐向水平轴靠拢，滞回环所包含的面积变大。达到峰值荷载后，水平荷载随位移的增加而降低，试件的强度和刚度随着荷载循环次数的增加发生明显退化。与火灾后未加固试件相比，加固试件的滞回曲线更加饱满；钢带间距越小，滞回曲线越饱满。

图 7-30　RSRCF-5 破坏情况与结构胶外溢

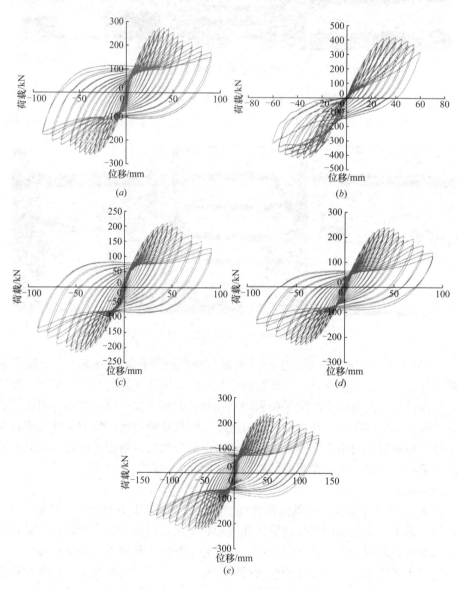

图 7-31　加固试件荷载-位移滞回曲线

（a）RSRCF-1；（b）RSRCF-2；（c）RSRCF-3；（d）RSRCF-4；（e）RSRCF-5

（6）骨架曲线

图 7-32 为加固试件的骨架曲线。从图 7-32 中可以看出，与未加固试件一样，随着剪跨比的增大，试件的峰值荷载降低，但曲线下降段变得平缓，极限变形能力增强。钢带间距越小，试件的峰值荷载越高。

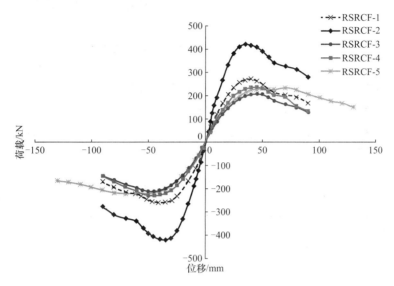

图 7-32　加固试件骨架曲线

图 7-33 给出了加固试件与同条件下未加固试件骨架曲线的对比。从图 7-33（a）中可以看出，同火灾后相同条件下未加固试件相比，经预应力钢带加固后，试件的峰值荷载提高，与峰值荷载对应的位移增大，峰值荷载后的变形能力增强。从图 7-33（b）中可以看出，对剪跨比为 1.5 和 2.0 的试件，火损后经预应力钢带加固，其峰值荷载能达到或超过常温下未受火试件，加固后骨架曲线下降段更平缓，后期变形能力更强。对剪跨比为 2.5 的试件，火损后经预应力钢带加固，其峰值荷载未能达到常温下未受火试件，但加固后骨架曲线下降段更平缓。

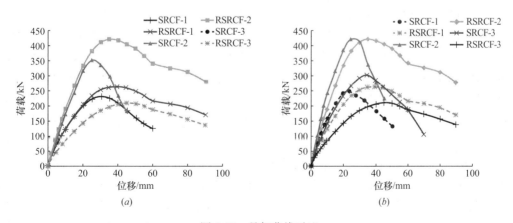

（a）　　　　　　　　　　　　　　（b）

图 7-33　骨架曲线对比

（a）火灾后加固与未加固；（b）火灾后加固与常温未加固

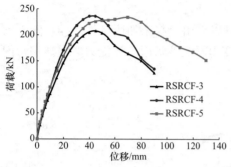

图 7-34 加固方式对试件骨架曲线影响

图 7-34 给出了剪跨比均为 2.5 的 3 个试件加固后骨架曲线的对比情况。从图 7-34 中可以看出，钢带间距的减小，并未提高火灾后型钢混凝土柱的峰值荷载；钢带与外包钢组合加固试件峰值荷载后的曲线下降段更平缓，后期变形能力更强。

（7）承载力与延性

表 7-11 给出了各加固试件的屈服荷载 V_y、屈服荷载对应的位移 Δ_y、峰值荷载 V_m（受剪承载力）、极限荷载 V_u（峰值荷载下降 85% 对应的荷载值）、极限荷载对应的位移 Δ_u 等骨架曲线特征值及位移延性系数 μ，同时给出了常温下及火灾后未加固试件的对比数据。各特征值取值方法见 7.2 节。

常温下、火灾后未加固及加固试件骨架曲线特征值与位移延性系数　　表 7-11

试件编号	剪跨比	V_y/kN	Δ_y/mm	V_m/kN	V_u/kN	Δ_u/mm	μ
SRC-1	2.0	234.0	15.1	260.5	221.4	29.8	1.98
SRCF-1	2.0	202.9	20.4	231.5	196.8	42.8	2.10
RSRCF-1	2.0	227.53	25.03	268.71	228.40	55.87	2.23
SRC-2	1.5	375.2	19.0	419.5	356.6	35.3	1.86
SRCF-2	1.5	320.2	20.0	352.4	299.5	35.6	1.78
RSRCF-2	1.5	390.87	26.20	420.88	357.75	51.87	1.98
SRC-3	2.5	279.3	23.2	302.7	257.3	46.7	2.02
SRCF-3	2.5	153.1	25.5	182.6	155.2	55.6	2.18
RSRCF-3	2.5	164.32	28.02	207.46	176.34	62.25	2.22
RSRCF-4	2.5	217.18	28.82	235.54	200.21	63.74	2.21
RSRCF-5	2.5	187.00	28.94	233.94	198.85	94.64	3.27

从表 7-11 中荷载特征值可以看到：1）火灾后加固试件的屈服荷载和峰值荷载较未加固试件有较大程度提高，剪跨比越小，提高程度越高。剪跨比为 1.5 的加固试件 RSRCF-2，其屈服荷载和峰值荷载较同条件未加固 SRCF-2 分别提高 22%、19.4%，分别达到常温未受火试件 SRC-2 的 104.2% 和 100.3%。剪跨比为 2.0 的加固试件 RSRCF-1，其屈服荷载和峰值荷载较同条件未加固 SRCF-1 分别提高 12.1%、16.1%，分别达到常温未受火试件 SRC-1 的 97.2% 和 103.2%。剪跨比为 2.5 的加固试件 RSRCF-3，其屈服荷载和峰值荷载较同条件未加固 SRCF-3 分别提高 7.2%、13.6%，分别达到常温未受火试件 SRC-3 的 58.8% 和 68.5%。由此可见，预应力钢带加固可小剪跨比试件承载力修复效果十分显著，而对剪跨比较大试件承载力修复效果并不明显。这是因为剪跨比较小的试件以斜压破坏和粘结破坏为主，钢带在试件中直接参与抗剪作用，对试件抗剪承载力提高作用显著；随着剪跨比的增大，试件以弯曲破坏为主，钢带对试件弯曲承载力改善程度有限。2）对发生弯曲破坏的型钢混凝土柱，减小钢带间距，并不能显著提高其水平承载能力。3）试件 RSRCF-5 采用钢带与外包钢组合加固，由于加载时角钢和缀板与混凝土之间的胶体未足够固化，影响了加固效果，对承载力修复作用不明显。

从表 7-10 中试件的位移延性系数可以看到：1）加固后试件的延性明显改善。试件 RSRCF-1、RSRCF-2、RSRCF-3 的位移延性系数较火灾后相同条件下未加固试件分别增大了 6.19％、11.24％、1.83％，较相同条件下常温未受火对应试件的延性系数分别增大了 12.74％、6.45％、9.90％。2）对发生弯曲破坏的型钢混凝土柱，减小钢带间距，并不能显著提高其延性系数。3）采用钢带与外包钢组合加固能显著提高试件的位移延性系数，改善试件的后期变形能力。

（8）刚度

图 7-35 给出了加固方式对试件刚度-位移曲线的对比。从图 7-35 中可以看出，钢带和外包钢的组合加固，对火灾后型钢混凝土柱的刚度修复效果优于单一的钢带加固。对剪跨比为 2.5 发生弯曲破坏的试件，减小钢带间距，对其刚度的修复效果并不显著。

图 7-36 给出了火灾后加固试件与相同条件下未加固试件及常温未受火试件割线刚度-位移曲线的对比情况。从图 7-36 中可以看出，所有试件的刚度为位移的增大而减小。相比火灾后未加固试件，加固试件的前期刚度均有不同程度的提高，其中剪跨比为 1.5 的试件 RSRCF-2、剪跨比为 2.0 的试件 RSRCF-1、剪跨比为 2.5 的试件 RSRCF-3、其初始刚度分别较相同条件

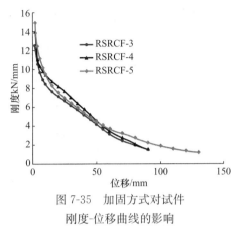

图 7-35　加固方式对试件
刚度-位移曲线的影响

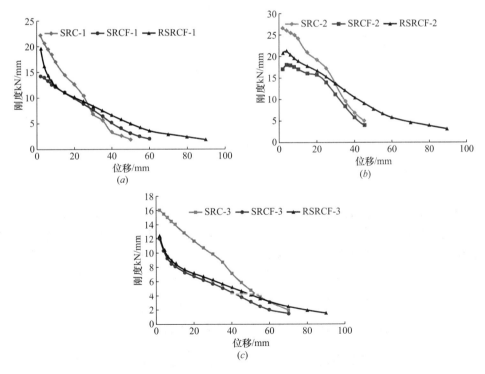

图 7-36　加固试件与未加固试件刚度-位移曲线对比
(a) 剪跨比为 2.0；(b) 剪跨比为 1.5；(c) 剪跨比为 2.5

下火灾后未加固试件提高 21.71%、38.12%、4.26%，分别达到相同条件下常温未受火试件的 77.96%、88.29%、78.18%。而加固后，试件后期刚度不仅超过相同条件下火灾后未加固试件，且均超过相同条件下常温未受火试件。

（9）耗能能力

图 7-37 为火灾后加固试件和相同条件下未加固试件等效阻尼比 h_e 与位移关系曲线的对比。从图 7-37 中可以看出，所有试件的等效阻尼比均随加载位移的增大而增大，预应力钢带加固并不能有效提高试件的等效阻尼比。

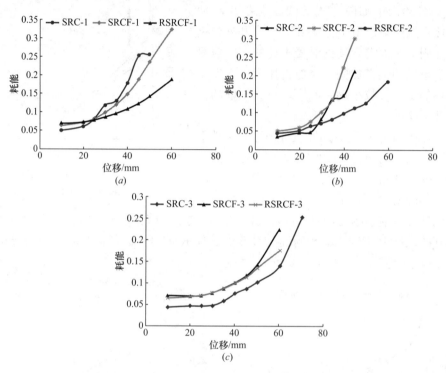

图 7-37　加固试件与未加固试件等效阻尼比-位移曲线对比

（a）剪跨比为 2.0；（b）剪跨比为 1.5；（c）剪跨比为 2.5

（10）小结

通过试验研究了预应力钢带加固火灾后型钢混凝土柱的抗震性能。结果表明预应力钢带加固对火灾后型钢混凝土柱抗剪强度修复效果良好，能将承载力提高至常温未受火之前的水平，但对抗弯承载力修复效果一般；预应力钢带加固，对火灾后发生剪切粘结破坏及剪切斜压破坏的型钢混凝土柱的刚度修复效果良好，能将其刚度提升至同条件下未受火时的 80% 以上，但对发生弯曲破坏的型钢混凝土柱的刚度修复效果欠佳。预应力钢带加固能进一步改善火灾后型钢混凝土柱的延性，提高其抗震性能。

7.4.5　预应力钢带加固火灾后型钢混凝土柱抗震承载力计算

预应力钢带加固火灾后型钢混凝土柱抗震，钢带可通过自身抗剪、限制斜裂缝开展增加骨料咬合力、增强纵筋销栓作用、约束混凝土提高混凝土的强度和变形能力等来提高加固型钢混凝土柱的抗震性能与抗剪承载力。参考《建筑抗震加固技术规程》JGJ 116—

2009 中钢构套加固理论，加固后的抗剪承载力可按式（7-14）计算：

$$V_{R} = V_{cm} + 0.7\alpha F_{ay}h(A_a/s) \tag{7-14}$$

式中，V_{cm} 为高温后型钢混凝土柱的剩余抗剪承载力，根据式（7-2）和式（7-3）计算；A_a 为同一柱截面内钢带的截面面积；F_{ay} 为钢带的抗拉屈服强度；s 为钢带的间距；h 为验算方向柱截面高度；α 为弯曲破坏承载力调整系数，剪跨比小于 2.0 时，取 $\alpha=1.0$，剪跨比大于于 2.5 时，取 $\alpha=0.78$，剪跨比在 2.0 和 2.5 之间时，取线性插值。

7.5　本　章　小　结

本章通过常温及火灾后型钢混凝土抗震性能试验，获得了火灾后型钢混凝土柱反复荷载下的破坏形态、滞回特性、延性、耗能性能等系列抗震性能指标，分析了剪跨比、轴压比等参数对火灾后型钢混凝土柱抗震性能的影响，提出了火灾后型钢混凝土柱抗剪承载力的计算方法。介绍了预应力钢带加固混凝土结构新技术，进行了预应力钢带加固钢筋混凝土梁抗剪性能试验和预应力钢带加固火灾后型钢混凝土柱抗震性能试验，提出了预应力钢带加固钢筋混凝土梁抗剪承载力计算公式和预应力钢带加固火灾后型钢混凝土柱抗剪承载力能力的计算公式。

参　考　文　献

[1] 闵明保，李延和等. 建筑物火灾后诊断与处理 [M]. 江苏：江苏科学技术出版社，1994.

[2] 过镇海，时旭东. 钢筋混凝土的高温性能及其计算 [M]. 北京：清华大学出版社，2003.

[3] 吴波. 火灾后钢筋混凝土结构的力学性能 [M]. 北京：科学出版社，2003.

[4] 曹文衔. 损伤累积条件下钢框架结构火灾反应的分析研究 [M]. 上海：同济大学出版社，1998.

[5] 吴波，马忠诚，欧进萍. 火灾后钢筋混凝土结构的抗震性能研究 [J]. 哈尔滨建筑大学学报，1996，29（1）：9-16.

[6] 吴波，马忠诚，欧进萍. 火灾后钢筋混凝土压弯结构的抗震性能研究 [J]. 地震工程与工程震动，1994，14（4）：24-34.

[7] 吴波，马忠诚，欧进萍. 四面受火后钢筋砼柱抗震性能研究 [J]. 计算力学学报，1997，14（4）：443-453.

[8] 霍静思，韩林海. 火灾作用后钢管混凝土柱钢梁节点滞回性能试验研究 [J]. 建筑结构学报，2006，36（11）：6-10.

[9] 李俊华，陈建华，孙彬. 高温后型钢混凝土柱抗震性能试验研究 [J]. 建筑结构学报，2015，36（5）：124-132.

[10] 郭延生，李俊华，陈建华，陈文龙，熊杨. 预应力钢带加固火灾后型钢混凝土柱抗震性能试验研究 [J]. 工业建筑，2018，48（7）：194-200.

[11] 徐玉野，杨文清，吴波，徐明. 高温后钢筋混凝土短柱抗震性能试验研究 [J]. 建筑结构学报，2013，34（8）：12-19.

[12] 李国强，韩林海，楼国彪，蒋首超. 钢结构及钢-混凝土组合结构抗火设计 [M]. 北京：中国建筑工业出版社，2006：122-124.

[13] Saatcioglu M，Yalcin C. External prestressing concrete columns for improved shear resistance [J]. Journal of Structure Engineering，ASCE，2003，129（8）：1057-1070.

[14] S. Y. Kim，K. H. Yang，H. Y. Byun，et al. Tests of reinforced concrete beams strengthened

with wire rope units [J]. Engineering Structures, 2007 (29): 2711 - 2722.

[15] Yang K. H., Byun H. Y., Ashour A F. Shear strengthening of continuous reinforced concrete T-beams using wire rope units [J]. Engineering Structures, 2009, (31): 1154-1165.

[16] 聂建国, 陶巍, 张天申. 预应力高强不锈钢绞线网—高性能砂浆抗弯加固试验研究 [J]. 土木工程学报, 2007, 40 (8): 1-7.

[17] 吴刚, 蒋剑彪, 吴智深. 预应力高强钢丝绳抗弯加固钢筋混凝土梁的试验研究 [J]. 土木工程学报, 2007, 40 (12): 17-27.

[18] 郭俊平, 邓宗才, 林劲松, 等. 预应力高强钢绞线网加固钢筋混凝土板的试验研究 [J]. 土木工程学报, 2012, 45 (5): 84-92.

[19] Moochul Shin, Bassem Andrawes. Experimental investigation of actively confined concrete using shape memory alloys [J]. Engineering Structures, 2010, 32 (3): 656-664.

[20] Bassem Andrawes, Moochul Shin, Nicholas Wierschem. Active Confinement of Reinforced Concrete Bridge Columns Using Shape Memory Alloys [J]. Journal of Bridge Engineering, ASCE, 2010, 15 (1): 81-89.

[21] Moochul Shin, Bassem Andrawes. Seismic repair of RC bridge piers using shape memory alloys [C]. Proceedings of the 2011 Structures Congress. ASCE, 2011: 2056-2065.

[22] 郭子雄, 张杰, 李传林. 预应力钢板箍加固高轴压比框架柱抗震性能试验研究 [J]. 土木工程学报, 2009, 42 (12): 112-117.

[23] Hasan A., Moghaddam. Seismic Retrofit of large scale reinforced concrete columns by prestressed high strength metal strips [C]. Proceedings of the 2009 Structures Congress. ASCE, 2009, 2863-2872.

[24] Mortazavi A A, Pilak outas K, Son K S. RC Column Strengthening by Lateral Pre-tensioning of FRP [J]. Construction and Building Materials, 2003, (27): 491-497.

[25] Tetsuo Ymakawa, Mehdi Banazadeh, Shogo Fugikawa. Emergency Retrofit of Shear Damaged Extremely Short RC Columns Using Pre-tensioned Aramid Fiber Belts [J]. Journal of Advanced Concrete Technology. 2005, 3 (1): 95-106.

[26] Yan Z H, Pantelides C P, Reaveley L D. Post-tensioned FRP Composite Shells for Concrete Confinement [J]. Composites for Construction, 2007, 12 (1): 81-90.

[27] Shahab Mehdizad Taleie, Hasan Moghaddam. Experimental and Analytical Investigation of Square RC Columns Retrofitted with Pre-stressed FRP Strips [J]. Unlversity of Patras, 2007, (7), 16-18.

[28] 周长东, 赵峰, 张艾荣. 预应力 FRP 布加固混凝土桥墩的力学性能研究 [J]. 工业建筑, 2009, 39 (4): 124-127.

[29] 周长东, 白晓彬, 吕西林. 预应力纤维布约束混凝土圆柱轴压性能分析结构工程师 [J]. 结构工程师, 2013, 29 (1): 149-156.

[30] 刘义, 高宗祺, 杨勇, 等. 预应力钢带加固钢筋混凝土梁柱受力性能试验研究 [J]. 建筑结构学报, 2013, 34 (10): 120-127.

[31] 杨勇, 田静, 刘如月. 预应力钢带加固混凝土梁斜截面开裂荷载及抗剪承载能力分析 [J]. 工业建筑, 2015, 45 (3): 19-21.

[32] 杨勇, 王欣林, 刘义. 预应力钢带加固钢筋混凝土柱轴压承载力试验研究 [J]. 工业建筑, 2012, 42 (S1): 183-187.

[33] 杨勇, 李少语, 刘义, 等. 预应力钢带约束混凝土轴心抗压强度试验研究 [J]. 工业建筑, 2015, 45 (3): 1-5.

［34］ 张波，杨勇，刘义，郝金良，李少语，张科强. 预应力钢带加固钢筋混凝柱轴压性能试验研究
［J］. 工程力学，2016，33（3）：104-111.

［35］ 张磊，宁国荣，李俊华. 预应力钢带加固钢筋混凝土柱试验研究［J］. 工业建筑，2016，46（3）：
155-159.

［36］ 杨勇，赵飞，刘义，等. 预应力钢带加固钢筋混凝土柱抗震性能试验研究［J］. 工业建筑，2013，
43（2）：45-48.

［37］ 杨勇，魏渊峰，赵勇. 预应力钢带加固钢筋混凝土短柱抗震性能试验研究［J］. 工业建筑，2015，
45（3）：6-10.

［38］ Bo Zhang，Yong Yang，Yuan-feng Wei. Experimental study on seismic behavior of reinforced con-
crete column retrofitted with prestressed steel strips［J］. Structure Engineering and Mechanics，
2015，55（6）：1139-1155.

［39］ 王海东，周亮，邓沛航，等. 低预应力钢带箍加固钢筋混凝土柱抗震性能研究［J］. 湖南大学学
报，2014，41（2）：19-25.

第8章 火灾后型钢混凝土柱-型钢混凝土梁节点抗震性能及加固修复

8.1 引　言

梁柱节点是框架的枢纽，它承受梁端和柱端荷载，传递梁端和柱端内力，直接影响到框架的受力性能，节点破坏对框架乃至整个结构的安全性具有极大影响，保证节点的安全可靠是结构设计和加固改造的核心问题之一。

在型钢混凝土结构中，常见的节点形式有三种，分别为型钢混凝土柱-型钢混凝土梁组合节点、型钢混凝土柱-钢筋混凝土梁组合节点、型钢混凝土柱钢梁组合节点[1,2]，如图 8-1 所示。

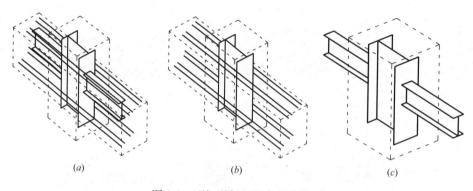

(a)　　　　　　　　　　　(b)　　　　　　　　　　　(c)

图 8-1　型钢混凝土组合节点类型

(a) SRC 柱-SRC 梁节点；(b) SRC 柱-RC 梁节点；(c) SRC 柱-S 梁节点

这些不同类型的型钢混凝土梁柱节点的受力性能长期以来都备受关注[3-15]。本章主要介绍火灾后型钢混凝土柱-型钢混凝土梁组合节点的抗震性能以及应用碳纤维布加固常温下及火灾后该类节点的试验研究情况[16,17]。

8.2　试　验　设　计

8.2.1　试件模型选取

以型钢混凝土框架结构作为原型，平面框架模型如图 8-2 所示。按照《建筑抗震试验规程》JGJ/T 101—2015，取试验模型与原型的几何比例为 1:2，左右梁反弯点之间的距离为 2.4m，上下柱之间的反弯点距离为 1.8m。其边界条件为上、下柱端可在平面内转动，左、右梁端可在平面内移动，节点受力简图及节点试验模型如图 8-3 所示。

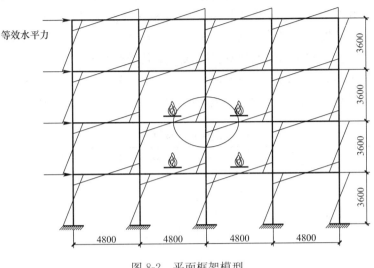

图 8-2 平面框架模型

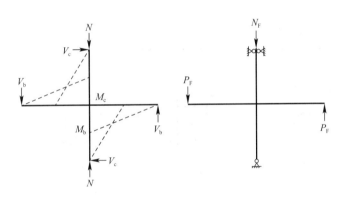

图 8-3 节点受力简图与试验模型

发生火灾时，框架节点存在多种受火形式，受火形式不同会导致节点力学反应的差异，本章选取一四面受火的中间节点作为试验研究对象。

8.2.2 试件设计及制作

设计制作 8 个型钢混凝土梁柱节点试件，其中 4 个进行火灾后抗震性能试验，编号为 SRC-1～SRC-4，2 个进行常温未受火下的对比试验，编号为 SRC-5、SRC-6，2 个采用碳纤维补加固后再进行抗震性能试验，编号为 SRC-7、SRC-8。试件基本参数见表 8-1。

所有试件的截面尺寸与配钢情况相同：节点柱高 1800mm，截面尺寸为 250mm×250mm，内部配置热轧 H 型钢，规格为 HW125×125×6.5×9，在节点区贯通；柱四角配有 4ϕ14 的纵向钢筋，截面配筋率为 0.985%；柱箍筋采用 ϕ8@100，体积配箍率为 0.804%，靠近节点两端区域局部加密，加密区长度等于柱截面高度。节点梁长 2600mm，截面尺寸为 260mm×220mm，内部布置热轧 H 型钢，规格为 HW150×100×6×9，梁型钢在节点区断开，通过对接焊缝与柱型钢翼缘相连，同时在与梁上下翼缘对应的柱截面位置处设置加劲肋，加劲肋厚度及材料强度同梁型钢翼缘；梁四角配有 4⚭14 的纵向钢筋，截面配筋率为 1.076%；梁箍筋采用 $\phi 8@100$，体积配箍率为 0.914%，靠近节点两端区域局部加密，加密区长度等于梁截面高度。节点核心区采用 U 型箍 $\phi 8@100$，U 型箍焊接在梁型钢腹板上。为控制型钢与钢筋位置，确保外围混凝土保护层厚度与设计一致，在梁端和柱端分别设置了两块 10mm 厚的钢端板，端板上型钢和钢筋要穿过的地方预先开孔，待型钢和钢筋就位后焊接。试件尺寸及配钢情况见图 8-4，制作完成过程见图 8-5。

试件基本参数   表 8-1

试件编号	轴压比 n	受火时间 t/min	加固方式
SRC-1	0.2	75	未加固
SRC-2	0.4	75	未加固
SRC-3	0.2	120	未加固
SRC-4	0.4	120	未加固
SRC-5	0.2	0	未加固
SRC-6	0.4	0	未加固
SRC-7	0.2	120	碳纤维加固
SRC-8	0.2	0	碳纤维加固

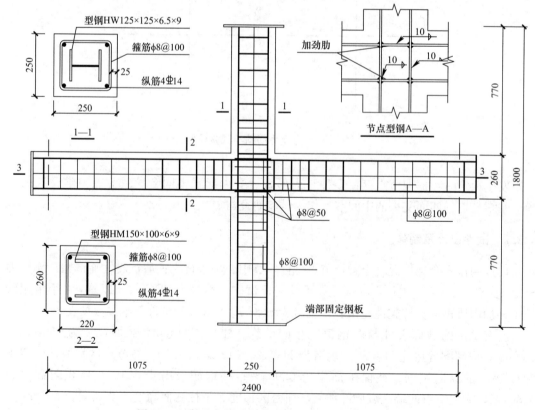

图 8-4 试件几何尺寸与截面配钢情况（单位：mm）

图 8-5　试件制作过程

（a）型钢骨架；（b）纵筋和箍筋；（c）钢骨架；（d）节点 U 型箍；（e）试件浇筑完成；（f）养护完毕；

8.2.3　材料属性

试件时采用商品混凝土浇筑，制作试件的同时，浇筑边长为 150mm 的混凝土立方体试块，与试件在同等条件下养护，在试验受火前按照《普通混凝土力学性能试验方法标准》GB/T 50081—2002 进行试块立方体强度测试，获取混凝土的抗压强度。为了解试件受火后混凝土强度的衰减退化情况，制作了两组对比试块，升温试验时，将试块和试件同时放入火灾炉内进行升温，待试块冷却后测定其抗压强度。实测常温、受火 75min 和 120min 冷却后混凝土立方体抗压强度分别为 56.8MPa、39.0MPa、33.2MPa。

按《金属材料拉伸试验　第 1 部分：室温试验方法》GB/T 228.1—2010 将钢材切割制作成标准材性试样并进行拉伸试验，测定型钢和钢筋的屈服强度、抗拉强度、弹性模量。钢材材性试验标准试样如图 8-6 所示，钢材实测力学性能指标如表 8-2 所示。

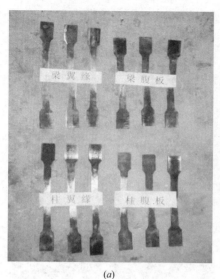 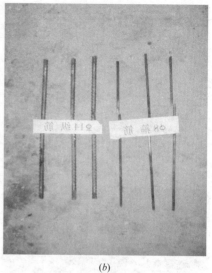

(a)　　　　　　　　　　　　　　　　(b)

图 8-6　钢材材性试样

(<i>a</i>) 梁、柱型钢；(<i>b</i>) 钢筋和箍筋

钢材材性测试结果　　　　　　　　表 8-2

钢材	厚度或直径/mm	屈服强度 f_y/MPa	极限强度 f_u/MPa	弹性模量 $E/10^5$ MPa
柱型钢翼缘	9	273	434	2.04
柱型钢腹板	6.5	294	429	2.01
梁型钢翼缘	9	369	526	1.98
梁型钢腹板	6	376	501	1.99
纵筋	14	456	566	2.01
箍筋	8	458	548	2.15

8.2.4　火灾试验方案

将受火的 5 个试件分 2 批立放于图 5-2 所示的火灾炉内，第 1 炉中为试件 SRC-1、SRC-2，升温时间为 75min；第 2 炉中为试件 SRC-3、SRC-4、SRC-7，升温时间为 120min。到达预定升温时间后，熄火并打开炉门，使试件在自然状态下冷却。由炉内热电偶记录的各批次炉内升降温曲线如图 8-7 所示。

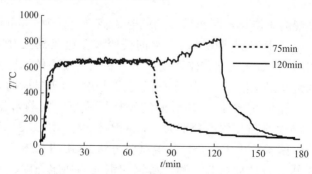

图 8-7　升降温全过程曲线

火灾试验时，采用热电偶对受火时间为 120min 的试件 SRC-3 节点核心区（沿节点中部横截面）和试件 SRC-4 节点核心区及梁端、柱端（沿节点中部纵截面）的温度分布进行了测试，测温点布置如图 8-4 和图 8-8 所示。图 8-8 中，测点 1 和 6 位于节点核心区中心位置处，测点 2 位于距离中心点 40mm 位置处，测点 3 位于距离中心点 80mm 位置处，测点 4 位于柱型钢翼缘内侧，测点 5 位于柱型钢翼缘外侧，测点 7 和 8 分别位于距离梁边缘上 20mm 和 40mm 的柱型钢中心位置处，测点 9 和 10 分别为柱边缘右 20mm 和 40mm 的梁型钢中心位置处。测点 1、2、3 布置的热电偶用于测量沿柱截面径向节点区温度分布，测点 4、5 布置的热电偶用于测量型钢翼缘对于节点区温度场阻隔影响，测点 7、8 和 9、10 布置的热电偶用于测量节点区边缘温度分布情况。

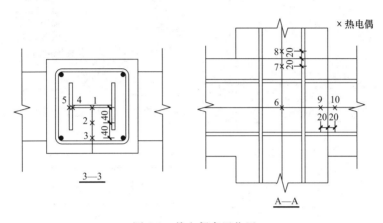

图 8-8　热电偶布置位置

8.2.5　常温及火灾后试验加载与测试方案

（1）加载方案

通过低周反复加载试验研究型钢混凝土梁柱节点的抗震性能，加载装置如图 8-9 所示。试验时，节点柱上端和底部分别通过球接和铰接装置与反力墙和地槽相连，模拟节点受力边界条件。如图 8-9（a）所示，上部球接装置由两个半径 90mm 厚 50mm 半圆形钢片与厚 30mm 钢板焊接组成，装置右半边部分直接焊接在固定钢架上，左半边部分通过螺杆与右半边部分相连，便于拆卸和安装试件。试验时两个半圆形球铰顶住试件上端部，使其可在平面内转动。如图 8-9（b）所示，底部铰接装置同样由两个半径 90mm 厚 50mm 半圆形钢片与厚 30mm 钢板焊接组成，钢片中间预留直径为 40mm 的圆孔，中间插入圆柱形钢轴将两钢片相连，组成可转动铰支座，使柱底能自由转动。

加载时，首先通过油压千斤顶在试件柱顶施加轴向荷载，荷载大小根据预先设置的轴压比确定，在整个试验过程中保持恒定。而后通过 MTS 伺服液压作动器在梁端施加低周反复荷载，反复加载采用位移控制，当加载位移小于 10mm 时，每级加载位移的增幅为 2mm，往复循环 1 次；加载位移大于 10mm 后，每级加载位移的增幅为 10mm，往复循环 3 次。当同一级位移的不同循环荷载下，第 2 次荷载循环的峰值荷载下降为第 1 次循环时峰值荷载的 85% 以下，或进入下降段后某一级位移下的第 1 次循环中，荷载降为峰值荷载的 85% 以下，认为试件发生破坏，将梁拉回原位后停止加载。

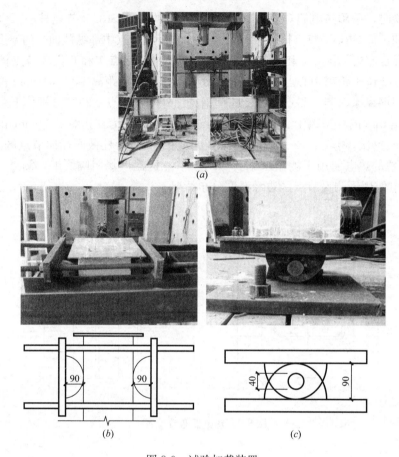

图 8-9　试验加载装置

（a）加载装置概况；（b）顶部球接与简图；（c）底部铰接与简图

（2）测试方案

试验中，一方面通过压力传感器测定施加在柱顶的轴向荷载，通过 MTS 伺服控制系统自动获取梁端荷载与相应位移。另一方面，通过位移计测定梁顶面和底面左、右两个方向加载过程中相对柱端的变形，进而计算测量区段内截面的平均曲率。位移计的布置如图 8-10 所示。

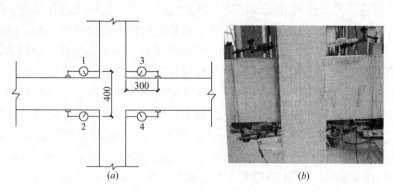

图 8-10　节点区位移计布置

（a）布置位置；（b）布置实景图

8.3　常温下型钢混凝土柱-型钢混凝土梁节点抗震性能试验结果与分析

8.3.1　试验过程及破坏形态

试件从开始加载到最终破坏大致经历如下主要过程：无裂缝——梁根先出现竖向裂缝——节点核心区开裂——节点核心区型钢腹板屈服——节点核心区通裂——箍筋屈服——核心区混凝土剥落——箍筋外漏——试件破坏。整个过程可以概括为弹性阶段、带裂缝工作阶段和破坏阶段。

（1）弹性阶段

在试件的柱顶施加预设的轴力，试件表面未见明显变化，无裂缝产生。在梁端施加反复荷载，当梁端位移增加至 6mm 循环（约 35％峰值荷载）时，从梁根部位置出现第一条竖向裂缝，如图 8-11（a）所示。

（2）带裂缝工作阶段

随着位移的增加与荷载的反复循环，梁身位置出现新的竖向裂缝，且数量不断增多，裂缝长度和宽度不断发展。当加载至 10mm 位移的第一个循环（约 60 极限荷载）时，节点核心区混凝土出现第一条沿对角线方向的裂缝，如图 8-11（b）所示。继续加载，在反复荷载作用下，节点核心区形成交叉裂缝，将核心区混凝土分割成四大块，如图 8-11（c）所示。此时，梁根部"弯曲型"裂缝也不断增多，并逐渐上下贯通。当加载位移增加至 15～20mm（约 85％峰值荷载）时，节点核心区的斜裂缝加大变宽，并与梁根部裂缝连通一体，形成对角线贯通主裂缝，如图 8-11（d）所示。此时节点核心区型钢腹板和箍筋开始屈服，但实测荷载-位移曲线上并未观察到明显拐点，说明型钢翼缘框架的存在及其对混凝土的约束作用使节点刚度没有出现明显衰退现象。

（3）破坏阶段

加载及荷载循环继续，由于交叉斜裂缝间骨料的机械咬合和摩擦作用的存在，梁端竖向荷载还可以继续增大，当到达 30mm 第一个循环时，荷载达到峰值。随后，节点区混凝土剥落，箍筋外露，如图 8-11（e）所示。加载继续至承载力下降至峰值荷载的 85％，停止试验。试件最终破坏如图 8-11（f）所示。

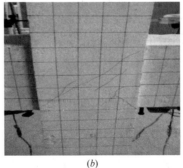

（a）　　　　　　　　　　　　　（b）

图 8-11　试件破坏过程与裂缝开展情况（一）
（a）梁端开裂；（b）核心区开裂

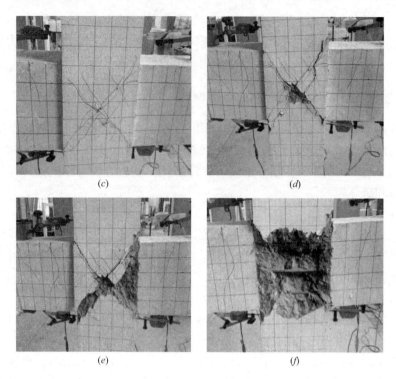

图 8-11　试件破坏过程与裂缝开展情况（二）
（*c*）核心区交叉裂缝；（*d*）核心区"通裂"；（*e*）箍筋外露；（*f*）节点破坏

8.3.2　滞回曲线

常温未受火试件 SRC-5、RC-6 左、右梁端荷载位移 P-Δ 滞回曲线以及左右端荷载平均值与位移的 P-Δ 滞回曲线如图 8-12 所示，可以看出：

（1）各试件左、右梁在反复荷载下 P-Δ 曲线正反向对称发展，左右梁曲线走势相似，左右端荷载平均值与位移 P-Δ 曲线亦正反向对称。同一级位移加载循环中后一个循环的最大荷载低于前一个循环，极限荷载以后，每一级加载循环的最大荷载逐渐衰退。

（2）从加载进程看，加载初期 P-Δ 曲线基本沿着直线发展，卸载时曲线回到零点，没有产生残余形变，表明节点处于弹性阶段。随着加载循环的进行，试件梁根部位出现竖向裂缝，继而节点核心区出现沿对角线方向斜裂缝，P-Δ 曲线开始偏离直线呈梭形发展。继续加载，核心区型钢腹板屈服，节点刚度相比加载初期有所下降，到达最大极限荷载以后，节点残余形变明显增大，强度和刚度衰退加剧，P-Δ 曲线转成倒 S 形发展。当节点接近破坏时，核心区混凝土大量剥落，节点受力性能接近纯钢节点，P-Δ 滞回曲线向梭形转变。

8.3.3　骨架曲线

反复荷载作用下，节点滞回曲线历次位移加载循环峰值点相连，所得的包络线即为骨架曲线。根据图 8-12 中左右端荷载平均值与位移 P-Δ 曲线外包络得到的骨架曲线如图 8-13 所示。图 8-13 中可以看出型钢混凝土梁柱节点 P-Δ 骨架曲线可分为三段：加载初

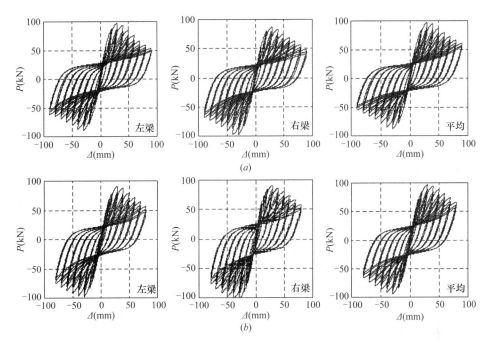

图 8-12　常温下试件 P-Δ 滞回曲线

（a）试件 SRC-5（$n=0.2$）；（b）试件 SRC-6（$n=0.4$）

期直线上升段，出现裂缝后的曲线上升段，破坏阶段的下降段。但是其 P-Δ 骨架曲线并没有如钢筋混凝土节点一样在节点开裂后出现明显拐点，骨架曲线在峰值荷载后具有较长下降段。主要原因为节点核心区型钢腹板的屈服为一相对较长的过程，节点区混凝土开裂破坏后，因为型钢骨架的支撑作用，整个节点依旧具有良好的刚度和承载能力，可以继续承担荷载。

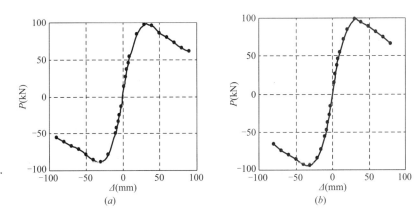

图 8-13　常温下试件 P-Δ 骨架曲线

（a）SRC-5（$n=0.2$）；（b）SRC-6（$n=0.4$）

8.3.4　梁端弯矩-曲率关系曲线

根据图 8-10 所示的测试方案，经换算可得到梁端塑性铰区平均曲率 Φ，即测量范围内单位长度梁左右两个截面的相对平均转角，用式（8-1）计算：

$$\Phi = \frac{|\Delta_1| + |\Delta_2|}{hl} (\text{rad/mm}) \qquad (8-1)$$

式中，Δ_1、Δ_2 分别为梁顶面和底面左右两端测试截面相对柱端的平均变形；h 为梁端左右测试截面上、下测点之间的距离；l 为梁端左右测试截面距离柱边缘的长度。

图 8-14 和图 8-15 分别为常温未受火试件梁端弯矩曲率的 M-Φ 滞回曲线和骨架曲线，其中 $M = PL$，P 为作动器施加在梁端的竖向荷载，取相同循环位移下左右梁端竖向荷载的平均值；L 为作动器合力点至节点边缘的距离。显然，图 8-14 梁端弯矩曲率 M-Φ 滞回曲线与图 8-12 荷载位移 P-Δ 曲线滞回曲线、图 8-15 梁端弯矩曲率 M-Φ 骨架曲线与图 8-13 荷载位移 P-Δ 曲线骨架曲线形状大致相当。

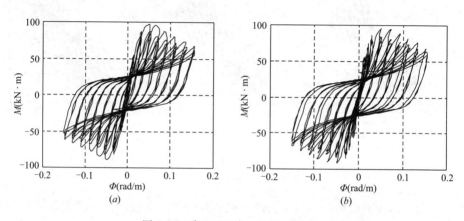

图 8-14　常温下试件 M-Φ 滞回曲线
(a) SRC-5（$n=0.2$）；(b) SRC-6（$n=0.4$）

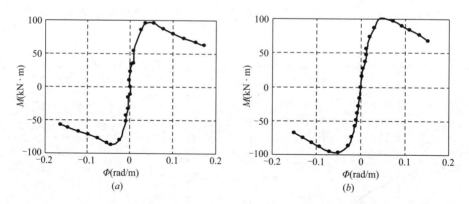

图 8-15　常温下试件 M-Φ 骨架曲线
(a) SRC-5（$n=0.2$）；(b) SRC-6（$n=0.4$）

图 8-16 给出了不同轴压比下试件 M-Φ 骨架曲线对比情况。从图 8-16 中可以看出，轴压比大的试件，其 M-Φ 骨架曲线上升段更陡，极限弯矩更大，表明节点刚度和承载力更高；同时 M-Φ 骨架曲线下降段亦更陡，表明承载力衰减快，后期变形能力降低。

8.3.5　承载力与延性

表 8-3 给出了试件 SRC-5 和 SRC-6 的屈服荷载 P_y、屈服荷载对应的位移 Δ_y 和曲率

Φ_y、峰值荷载 P_{max}、峰值荷载对应的位移 Δ_{max} 曲率 Φ_{max}、极限荷载 P_u（峰值荷载下降 85% 对应的荷载值）、极限荷载对应的位移 Δ_u 和曲率 Φ_u 等骨架曲线特征值及相应的延性系数 μ，其中屈服点采用 R. Park 法确定，如图 8-17 所示，在 P-Δ 骨架曲线上找出与纵坐标 $0.6P_{max}$ 对应的点 J，连接原点 0 与 J，并延长与通过纵坐标为 P_{max} 的点 M 的水平线相交于点 K，过点 K 作横坐标的垂线，与 P-Δ 骨架曲线相交于点 L，点 L 即为屈服点。其他特征点取值方法见 7.2 节。

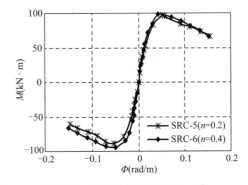

图 8-16　不同轴压比下 M-Φ 骨架曲线对比

常温下试件骨架曲线特征值和延性系数　表 8-3

编号	SRC-5	SRC-6
屈服荷载 P_y(kN)	78.2	81.0
屈服位移 Δ_y(mm)	18.5	18.0
屈服曲率 Φ_y(rad/m)	0.029	0.028
峰值荷载 P_{max}(kN)	93.13	96.06
峰值位移 Δ_{max}(mm)	29.68	29.84
峰值曲率 Φ_{max}(rad/m)	0.053	0.042
极限荷载 P_u(kN)	79.16	82.08
极限位移 Δ_y(mm)	59.2	53.1
极限曲率 Φ_u(rad/m)	0.108	0.098
位移延性系数 μ_s	3.20	2.95
曲率延性系数 μ_Φ	3.72	3.50

8.3.6　耗能能力

采用等效阻尼比 h_e 来衡量节点的耗能能力，h_e 越大，表示节点耗能能力越。h_e 的计算公式如下：

$$h_e = \frac{1}{2\pi}\frac{A}{F\Delta} \tag{8-2}$$

式中，A 为某一级加载位移下单次循环的滞回环的面积；$F\Delta$ 为该滞回环上下两个部分的最大荷载与最大位移乘积的平均值。

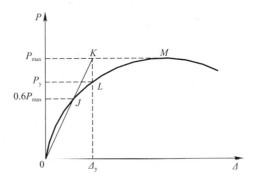

图 8-17　R. Park 法确定屈服点

常温未受火试件各级位移下最后一个循环的等效阻尼比 h_e 见表 8-4。h_e 与位移的关系曲线如图 8-18 所示。从图表中可以看出：①两个试件的等效阻尼比 h_e 均随位移的增大而增大，峰值荷载时的等效阻尼比 h_e 在 0.19 左右，极限荷载时的等效阻尼比 h_e 在 0.38 左右。②峰值位移前，轴压比大的试件的 h_e 略大于轴压比小的试件；峰值位移后，轴压比小的试件的等效阻尼比 h_e 渐渐大于轴压比大的试件，表明轴压比越小，其后期耗能能力越强。

常温未受火试件不同位移下的等效阻尼比 h_e　　　　表8-4

试件编号	10mm	20mm（屈服位移）	30mm（峰值位移）	40mm	50mm	60mm（极限位移）
SRC-5	0.075	0.110	0.189	0.268	0.328	0.386
SRC-6	0.071	0.116	0.195	0.269	0.327	0.384

8.3.7　反复荷载下的强度退化

　　试验表明，在某一控制位移下，试件所能承担的荷载随着加载循环次数的增加而降低，具有明显的退化现象，用强度退化系数 λ_i 表示：

$$\lambda_i = P_i / P_1 \tag{8-3}$$

　　式中，P_i 为某一级加载位移下第 i 次循环的峰值荷载，P_1 为该位移下首次加载时的峰值荷载。λ_i 越小，表明强度退化越快。

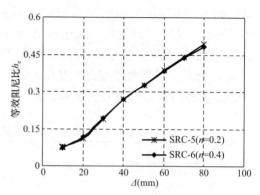

图8-18　轴压比对等效阻尼比的影响

　　两个试件不同加载位移下的强度退化系数与荷载循环次数的关系见图8-19。从图8-19中可以看出：①各级加载位移下，随着循环次数的增加，试件强度均发生不同程度退化，其中第二次加载循环的强度退化程度比第三次加载循环的强度退化程度大。②峰值荷载以前（加载位移大约小于40mm），随着节点区混凝土的开裂与裂缝发展，试件强度退化系数随着加载位移的增大而减小；峰值荷载以后，随着节点区混凝土不断退出工作和型钢的作用不断增强，试件强度退化系数随着加载位移的增加总体保持稳定或略有增大，体现出良好的抗荷载循环能力。

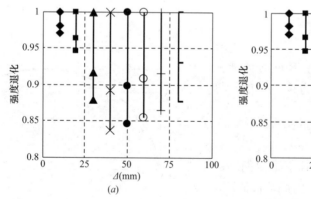
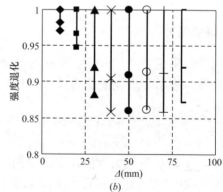

图8-19　常温试件强度衰减曲线
（a）SRC-5（$n=0.2$）；（b）SRC-6（$n=0.4$）

8.3.8　刚度

　　试件刚度除了可用某一级加载位移下的平均割线刚度表示外，还可以用同级控制位移下的环线刚度 K_i 表示，表达式如下[18]：

$$K_i = \sum_{i=1}^{n} P_j^i \bigg/ \sum_{i=1}^{n} \Delta_j^i \qquad (8\text{-}4)$$

式中，P_j^i 为第 j 级加载位移下，第 i 次循环的峰值荷载；Δ_j^i 为第 j 级加载位移下，第 i 次循环的峰值位移；n 为循环次数。图 8-20 为试件 SRC-5 和 SRC-6 环线刚度与加载位移的关系曲线。从图 8-20 可以看出，试件刚度随位移的增大不断减小，呈现明显的退化现象。

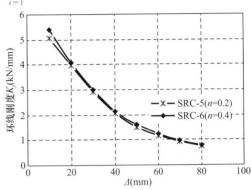

图 8-20　环线刚度-位移关系曲线

8.3.9　本节小结

通过 2 个常温未受火型钢混凝土梁柱节点的反复荷载试验，研究了其破坏特征、滞回特性、延性、耗能性能等。结果显示，型钢混凝土梁柱节点的破坏过程主要经历弹性阶段、带裂缝工作阶段和破坏阶段。在反复荷载作用下，型钢混凝土梁柱节点滞回曲线较为饱满，骨架曲线未出现如钢筋混凝土节点由于混凝土开裂而导致的明显拐点现象，骨架曲线下降段平缓，变形能力较强。试件位移延性系数在大于 2.95，曲率延性系数大于 3.5，峰值荷载时的等效阻尼比在 0.19 左右，极限荷载时的等效阻尼比在 0.38 左右，表现出良好的抗震变形能力与耗能能力。

8.4　火灾后型钢混凝土柱-型钢混凝土梁节点抗震性能试验结果与分析

8.4.1　火灾升温后试验现象

按照图 8-7 所示的升温曲线对试件 SRC-1～SRC-4 进行火灾升温试验后，试件节点核心区以及梁、柱部位均发生了不同程度的损伤，梁柱表面混凝土出现不规则裂纹，节点区出现混凝土爆裂剥落留下的凹坑，图 8-21 为代表性试件 SRC-3 火灾后的外观图。

图 8-21　火灾后试件外观图（试件 SRC-3）

8.4.2　温度测试结果

图 8-22 给出了炉膛和试件内部测点的温度-时间关系曲线。从图 8-22 中可以看出，与炉温相比，试件内部温度存在明显的滞后性。熄火后，炉内温度迅速下降，但试件内部的

温度还会保持一段持续升高状态。

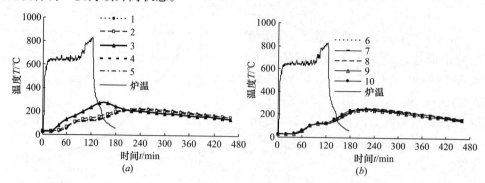

图 8-22 炉膛和试件内部测点温度-时间关系曲线
(a) 试件 SRC-3；(b) 试件 SRC-4

图 8-23 为试件 SRC-3 和试件 SRC-4 内根据图 8-8 预埋热电偶实测的各测点温度 T 随时间 t 的变化曲线。从图 8-23 中可以看出：试件内部各点升降温过程大致相同。距离表面越远的测点，其初始升温速度相对较慢；当温度达到 100℃ 左右，水分蒸发散逸，带走热量，使各测点温度-时间曲线出现恒温平台，距离试件表面越远的点，恒温平台越长；熄火后，炉内温度迅速下降，但试件内部温度仍处于上升阶段，大约 240min 后内部温度开始下降，距离试件表面越远，温度下降的时间越晚。

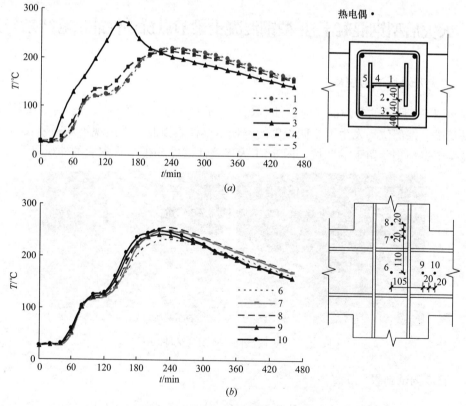

图 8-23 测温点布置和实测温度-时间曲线
(a) 试件 SRC-3；(b) 试件 SRC-4

表 8-5 给出了各测点在升降温全过程下的最高温度。从表中可以看出：1）节点中部横截面上，距试件表面越近，最高温度越高。2）由于钢材的热传导，型钢周围温度较为接近，如试件 SRC-3 核心区型钢腹板外侧测点 1、型钢翼缘与腹板交界处测点 4 和型钢翼缘外侧测点 5 的最高温度均为 220℃左右。3）节点中部纵截面上，距核心区越远，最高温度越高，如测点 7 和测点 9 的最高温度高于测点 6 的最高温度。4）与节点区相连的柱端和梁端的最高温度高于节点区边缘最高温度。如柱端测点 8 的最高温度高于节点区边缘测点 7 的最高温度，梁端测点 10 的最高温度高于节点区边缘测点 9 的最高温度，温差在 5～9℃。

不同测点的最高温度　　　　　　　　　　　　　表 8-5

试件编号	测点编号	具体方位	距表面距离/mm	最高温度/℃
SRC-3	1	核心区型钢腹板外侧	120	218
	2	核心区	80	212
	3	核心区	40	282
	4	核心区型钢翼缘内侧	66	218
	5	核心区型钢翼缘外侧	57	220
SRC-4	6	核心区中心	120	231
	7	核心区边缘	120	249
	8	柱端	120	254
	9	核心区边缘	120	242
	10	梁端	120	251

8.4.3　破坏过程与破坏形态

按照 8.2 节的试验加载方案，对火灾后试件 SRC-1～SRC-4 进行低周反复加载试验后，发现火灾后试件与常温未受火试件的破坏过程和破坏形态基本相同：荷载增加至大约 35%P_{max}时，试件梁上根部位置首先出现弯曲裂缝；加载至大约 60%P_{max}时，节点核心区混凝土出现第一条沿对角线方向的细小裂缝，随着荷载的往复循环，裂缝交叉出现，将核心区混凝土分割成四大块；加载至大约 85%P_{max}时，核心区的交叉裂缝进一步发展，逐渐与梁根部裂缝连成一体，形成对角线贯通主裂缝；继续加载，被交叉裂缝分割的混凝土块开始剥落，节点区箍筋外露，由于型钢腹板的存在及其对核心混凝土的约束作用，此时荷载还能继续增加；极限荷载以后，交叉裂缝不断增大，混凝土大量剥落，试件承载力下降而宣告破坏。试件破坏过程与裂缝形态如图 8-24 所示。

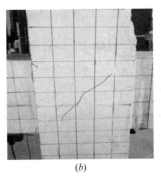

(a)　　　　　　　　　　　(b)

图 8-24　火灾后试件破坏过程与裂缝形态（SRC-4）（一）

(a) 梁端开裂；(b) 节点区开裂

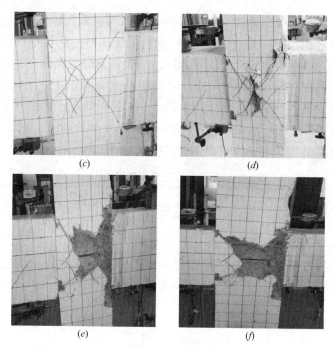

图 8-24 火灾后试件破坏过程与裂缝形态（SRC-4）（二）

（c）节点核心区交叉裂缝；（d）节点核心区"通裂"；（e）节点箍筋外露；（f）节点破坏

8.4.4 滞回曲线

火灾后各试件左、右梁端荷载位移 P-Δ 滞回曲线以及左右端荷载平均值与位移的 P-Δ 滞回曲线如图 8-25 所示，从图 8-25 中及图 8-12 常温下试件的 P-Δ 滞回曲线对比中可以看出：①与常温下型钢混凝土梁柱节点一样，火灾后型钢混凝土梁柱节点的滞回曲线均相对于坐标原点大致对称。②所有火灾后型钢混凝土梁柱节点滞回曲线的发展走势相似，加载初期曲线沿着直线行进，卸载时的残余形变很小，节点处于弹性工作阶段；随着位移的增大，滞回曲线偏离直线，卸载后残余形不断加大；达到峰值荷载后，竖向荷载随位移的增加而降低，节点强度和刚度随荷载循环次数的增加而退化。③火灾后试件和未受火试件的滞回曲线均比较饱满，形状大致相似，表明经历火灾损伤后，型钢混凝土梁柱节点依旧具有良好的滞回特性。

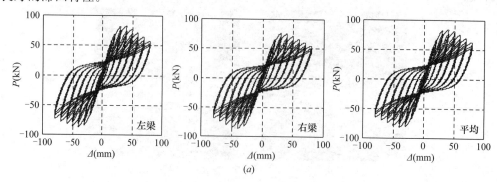

图 8-25 火灾后型钢混凝土梁柱节点 P-Δ 滞回曲线（一）

（a）SRC-1（$t=75\mathrm{min}$，$n=0.2$）

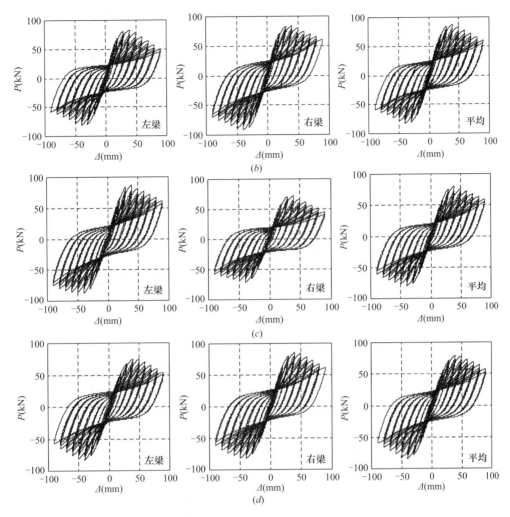

图 8-25　火灾后型钢混凝土梁柱节点 P-Δ 滞回曲线（二）

（b）SRC-2（$t=75\text{min}$，$n=0.4$）；（c）SRC-3（$t=120\text{min}$，$n=0.2$）；

（d）SRC-4（$t=120\text{min}$，$n=0.4$）

8.4.5　骨架曲线

根据图 8-25 中试件 SRC-1～SRC-4 左右梁端荷载平均值与位移 P-Δ 滞回曲线的外包线得到各试件的骨架曲线如图 8-26 所示。图 8-27 和图 8-28 分别给出了火灾后不同受火时间、不同轴压比条件下试件骨架曲线的对比。

从图 8-26～图 8-28 可以看出：①火灾后型钢混凝土梁柱节点的骨架曲线形状与常温未受火试件大致相同，包括直线上升段、曲线上升段、下降段。②在其他参数大致相同的情况下，随着受火时间的增加，试件的峰值荷载降低，峰值荷载对应的位移加大，显示火灾后型钢混凝土梁柱节点的刚度降低；同时，火灾后试件骨架曲线下降段较常温未受火试件更为平缓，表明火灾后型钢在峰值荷载后所体现的作用更加明显。③柱端轴压比的增大，对试件骨架曲线形状影响不大。

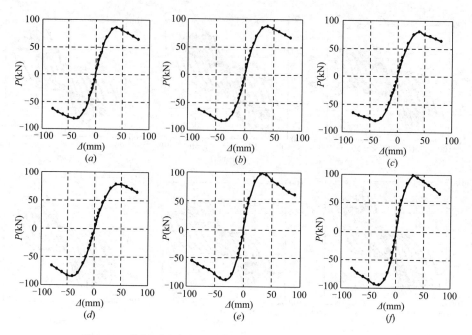

图 8-26　常温下及火灾后型钢混凝土梁柱节点 P-Δ 骨架曲线

(a) SRC-1；(b) SRC-2；(c) SRC-3 (d) SRC-4；(e) SRC-5；(f) SRC-6

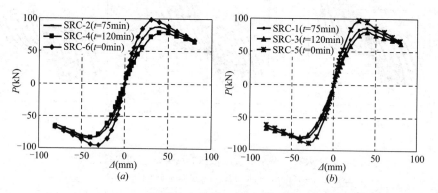

图 8-27　曾经经历受火时间对 P-Δ 骨架曲线的影响

(a) 轴压比 $n=0.2$；(b) 轴压比 $n=0.4$

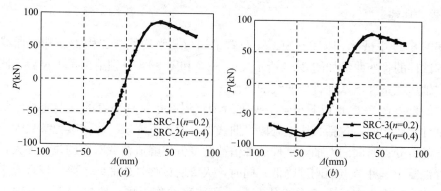

图 8-28　轴压比 P-Δ 骨架曲线的影响

(a) 受火时间 $t=75\text{min}$；(b) 受火时间 $t=120\text{min}$

8.4.6 梁端弯矩-曲率关系曲线

根据图 8-10 所示的测试方案和式（8-1），经换算得到火灾后试件 SRC-1～SRC-4 梁端弯矩曲率的 M-Φ 滞回曲线和骨架曲线分别如图 8-29 和图 8-30 所示。显然，梁端弯矩曲率 M-Φ 滞回曲线和骨架曲线与荷载位移 P-Δ 滞回曲线和骨架曲线形状大致相当。

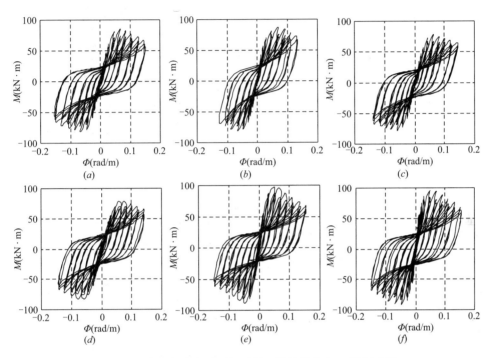

图 8-29　常温与火灾后型钢混凝土梁柱节点 M-Φ 滞回曲线

（a）SRC-1；（b）SRC-2；（c）SRC-3；（d）SRC-4；（e）SRC-5；（f）SRC-6

8.4.7　承载力与延性

根据火灾后试件 SRC-1～SRC-4 以及常温未受火试件 SRC-5 和 SRC-6 的骨架曲线和 7.2 节骨架曲线特征值取值方法，分别获得了各试件的屈服荷载 P_y、屈服荷载对应的位移

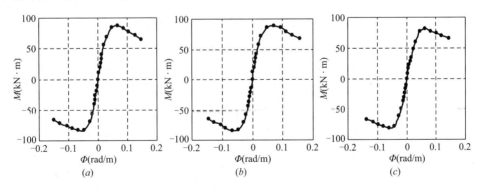

图 8-30　常温火灾后型钢混凝土梁柱节点 M-Φ 骨架曲线（一）

（a）SRC-1；（b）SRC-2；（c）SRC-3

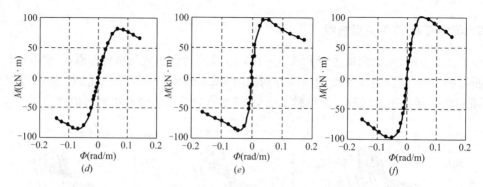

图 8-30 常温火灾后型钢混凝土梁柱节点 M-Φ 骨架曲线（二）

(*d*) SRC-4；(*e*) SRC-5；(*f*) SRC-6

Δ_y 和曲率 Φ_y、峰值荷载 P_{max}、峰值荷载对应的位移 Δ_{max} 曲率 Φ_{max}、极限荷载 P_u（峰值荷载下降 85% 对应的荷载值）、极限荷载对应的位移 Δ_u 和曲率 Φ_u 等骨架曲线特征值及相应的位移延性系数 μ_s 和曲率延性系数 μ_Φ。

常温下与火灾后试件骨架曲线特征值和延性系数 表 8-6

编号	SRC-1	SRC-2	SRC-3	SRC-4	SRC-5	SRC-6
P_y/kN	70.7	70.8	69.2	69.4	78.2	81
Δ_y/mm	22.3	21.9	25.2	25.9	18.5	18
Φ_y/(rad/m)	0.036	0.034	0.038	0.041	0.029	0.028
P_{max}/kN	83.28	84.59	79.78	81.37	93.13	96.06
Δ_{max}/mm	39.72	39.73	39.71	39.72	29.68	29.84
Φ_{max}/(rad/m)	0.068	0.069	0.062	0.066	0.053	0.042
P_u/kN	70.88	71.9	67.81	69.1	79.16	82.08
Δ_u/mm	68.4	63.3	73.3	72.8	59.2	53.1
Φ_u/(rad/m)	0.127	0.118	0.130	0.129	0.108	0.098
μ_s	3.07	2.89	2.91	2.81	3.2	2.95
μ_Φ	3.52	3.47	3.42	3.15	3.72	3.50

从表 8-6 中可以看出，经历火灾作用后，试件的屈服荷载、峰值荷载、极限荷载均出现不同程度降低，受火时间越长，荷载下降越多。与常温未受火试件 SRC-5、SRC-6 相比，受火 75min 的试件 SRC-1、SRC-2，其屈服荷载分别下降 9.59%、12.59%，峰值荷载分别下降 10.58%、11.94%，极限荷载分别下降 10.46%、12.40%；受火 120min 的试件 SRC-3、SRC-4，其屈服荷载分别下降 11.51%、14.32%，峰值荷载分别下降 14.33%、15.29%，极限荷载分别下降 14.30%、15.81%。受火时间相同时，轴压比大的试件，其火灾后的剩余承载力相对更高。相比轴压比为 0.2 的试件 SRC-1、SRC-3，轴压比为 0.4 的试件 SRC-2、SRC-4 屈服荷载分别上升 0.14%、0.29%，峰值荷载分别上升 1.57%、1.99%，极限荷载分别上升 1.44%、1.90%。

火灾后试件在荷载作用下的变形较常温未受火试件增大，受火时间的增长，变形增加越多。与常温未受火试件 SRC-5、SRC-6 相比，受火 75min 的试件 SRC-1、SRC-2，其屈服位移分别增加 20.54%、21.37%，屈服曲率分别增加 24.14%、17.24%；峰值位移分别增加 33.83%、33.14%，峰值曲率分别增加 28.30%、64.29%；极限位移分别增加 15.54%、19.21%，极限曲率分别增加 17.59%、20.41%。受火 120min 的试件 SRC-3、SRC-4，其屈服位移分别增加 36.2%、43.89%，屈服曲率分别增加 31.03%、46.43%；峰值位移分别增加 33.79、33.11%，峰值曲率分别增加 16.98%、57.14%；极限位移分别增加 23.81%、37.10%，极限曲率分别增加 20.37%、31.63%。轴压比对火灾后试件变形影响不明显。

火灾后试件的延性较常温未受火试件减小，受火时间越长，减小程度越大。与常温未受火试件 SRC-5、SRC-6 相比，受火时间为 75min 的试件 SRC-1、SRC-2，其位移延性系数分别下降 4.06%、2.03%，曲率延性系数分别下降 5.4%、1.0%；受火时间为 120min 的试件 SRC-3、SRC-4，其位移延性系数分别下降 9.06%、4.05%，曲率延性系数分别下降 8.0%、10.0%。当受火时间相同时，试件延性系数随着轴压比的增大而减小，如试件 SRC-2 的位移延性系数较试件 SRC-1 减小 5.86%，曲率延性系数较 SRC-1 减小 1.4%；试件 SRC-4 的位移延性系数较试件 SRC-3 减小 3.44%，曲率延性系数较试件 SRC-3 减小 7.9%。

8.4.8　耗能能力

试验中火灾后及常温未受火试件各级位移下最后一个循环的等效阻尼比 h_e 见表 8-7。图 8-31、图 8-32 分别给出了受火时间、轴压比对试件 h_e 与位移的关系曲线的影响。

火灾后及常温未受火试件不同位移下的等效阻尼比 h_e　　　　表 8-7

编号	10mm	20mm	30mm	40mm	50mm	60mm	70mm	80mm
SRC-1	0.088	0.117	0.185	0.253	0.309	0.365	0.414	0.467
SRC-2	0.083	0.120	0.189	0.256	0.316	0.370	0.421	0.475
SRC-3	0.093	0.116	0.171	0.248	0.300	0.347	0.394	0.439
SRC-4	0.094	0.123	0.171	0.236	0.294	0.349	0.397	0.457
SRC-5	0.075	0.110	0.189	0.268	0.328	0.386	0.439	0.493
SRC-6	0.071	0.116	0.195	0.269	0.327	0.384	0.435	0.432

从图表中可以看出：①不管是否经历火灾作用，试件的等效阻尼比均随位移的增大而增大，表明型钢混凝土梁柱节点良好的耗能性能。②加载初期，由于火灾后试件的刚度减小，相同位移条件下的滞回环较常温未受火试件饱满，因而试件的等效阻尼比较常温未受火试件增大，且受火时间越长，增大程度越多。加载位移为 20mm 时，与常温未受火试件 SRC-5、SRC-6 相比，受火时间 75min 的试件 SRC-1、SRC-2，其等效阻尼比分别上升 6.36%、3.35%，受火时间为 120min 的试件 SRC-3、SRC-4，其等效阻尼比分别上升 5.17%、6.03%。③加载中后期，火灾后试件的强度衰减加快，相同位移条件下滞回环包含的面积较常温未受火试件减小，高温后试件的等效阻尼比相比常温未受火试件的亦减小，且受火时间越长，减小程度越大。加载位移为 40mm 时，与常温未受火试件 SRC-5、SRC-6 相比，受火时间 75min 的试件 SRC-1、SRC-2，其等效阻尼比分别下降 5.96%、4.83%，受火时间 120min 的试件 SRC-3、SRC-4，其等效阻尼比分别下降 7.46%、12.27%。加载位移为 70mm 时，与常温未受火试件 SRC-5、SRC-6 相比，受火时间为

75min 的试件 SRC-1、SRC-2，其等效阻尼比较常温下分别下降 5.69%、3.22%，受火时间 120min 的试件 SRC-3、SRC-4，其等效阻尼比分别下降 10.25%、8.74%。④轴压比对火灾后型钢混凝土梁柱节点的耗能能力影响不大。

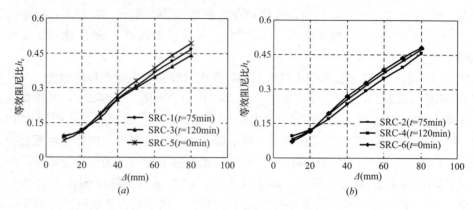

图 8-31　受火时间对等效阻尼比的影响
（a）轴压比 $n=0.2$；（b）轴压比 $n=0.4$

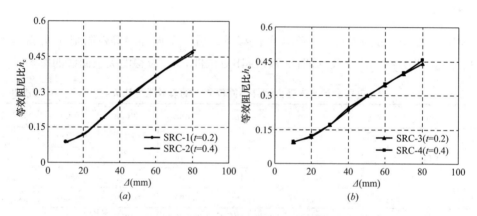

图 8-32　轴压比对等效阻尼比的影响
（a）受火试件 $t=75$min；（b）受火试件 $t=120$min

8.4.9　反复荷载下的强度退化

用式（8-3）计算火灾后型钢混凝土梁柱节点反复荷载下不同加载位移时的强度衰减。图 8-33 给出了试件 SRC-1～SRC-4 不同加载位移下的强度系数与荷载循环次数的关系。从图 8-33 中可以看出：①与常温未受火试件一样，火灾后试件各级加载位移下的强度随着循环次数的增加而不断衰减，其中第二次循环的强度退化程度比第三次加载循环的强度退化程度大。②峰值荷载以前（加载位移大约小于 40mm），随着节点区混凝土的开裂与裂缝发展，试件强度退化系数随着加载位移的增大而减小；峰值荷载以后，随着节点区混凝土不断退出工作和型钢的作用不断增强，试件强度退化系数随着加载位移的增加总体保持稳定或略有增大。③所有试件 3 次反复荷载下的强度退化系数均大于 0.85，由于内部核心型钢的存在，火灾后反复荷载下型钢混凝土梁柱节点的强度退化并不明显，节点具有良好的抵抗荷载退化的能力。

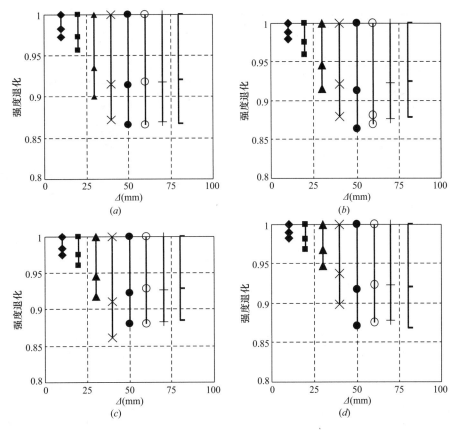

图 8-33　火灾后反复荷载下型钢混凝土梁柱节点的强度衰减退化
（a）SRC-1；（b）SRC-2；（c）SRC-3；（d）SRC-4

8.4.10　刚度

用式（8-4）计算火灾后型钢混凝土梁柱节点在某一级加载位移下的环线刚度。图 8-34、图 8-35 分别给出了受火时间与轴压比对试件环线刚度与加载位移关系曲线的影响。从图 8-34 和图 8-35 中可以看出：①所有试件的刚度均随加载位移的增大而减小，表现出明显的退化现象。②与常温未受火试件相比，火灾后试件加载初期的刚度显著降低，受火时间越长，刚度降低越显著。与常温未受火试件 SRC-5、SRC-6 相比，受火 75min 试件 SRC-1、SRC-2 的初始刚度分别下降 23.41％、25.50％，受火 120min 试件 SRC-3、SRC 4 初始刚度分别下降 31.49％、37.51％。③加载后期，随着节点区混凝土的不断破坏剥落，型钢对刚度的贡献越来越大，且由于高温后型钢性能的恢复，高温后试件和常温未受火试件的刚度大致趋向一致。④轴压比对火灾后试件的初始刚度有一定影响，轴压比越大的试件其初始刚度越大。如受火时间相同时，轴压比为 0.4 的试件 SRC-2，其初始刚度比轴压比为 0.2 的试件 SRC-1 初始刚度大 4.29％。

8.4.11　本节小结

通过型钢混凝土梁柱节点的火灾升温试验及火灾后的低周反复加载试验，研究了火灾后该类节点的滞回特性、延性、耗能性能、承载力与刚度退化规律。结果表明：火灾后试

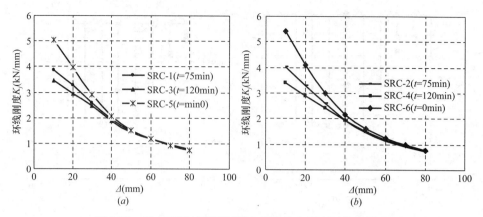

图 8-34 受火时间对型钢混凝土梁柱节点刚度退化的影响

(a) $n=0.2$；(b) $n=0.4$

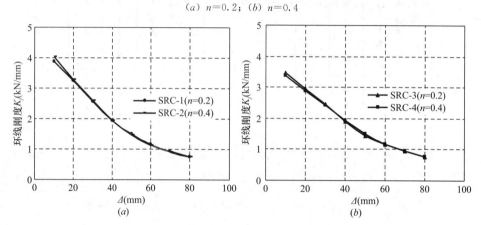

图 8-35 轴压比对火灾后型钢混凝土梁柱节点刚度退化的影响

(a) $t=75\text{min}$；(b) $t=120\text{min}$

件与常温未受火试件的破坏过程和破坏形态基本一致。经历火灾损伤后，型钢混凝土梁柱节点的滞回曲线仍然饱满，但试件承载力降低、变形增大、延性减弱。受火时间越长，承载力下降程度越高、变形增加程度越大、延性系数越小。与常温未受火型钢混凝土梁柱节点相比，火灾后试件加载初期的刚度降低、等效阻尼比增大，受火时间越长，刚度降低和等效阻尼比增大的程度越高。随着加载的进程，火灾后后试件的刚度与常温未受火时间刚度逐渐趋向一致，但等效阻尼比相比常温未受火试件减小，受火时间越长，减小越多。

8.5 常温及火灾后型钢混凝土柱-型钢混凝土梁节点加固试验结果与分析

8.5.1 加固方案

目前，国内外有较多关于梁柱节点加固的研究文献[19-34]。根据《碳纤维片材加固混凝土结构技术规程》CECS 146—2003，采用单层厚度为 0.3mm 碳纤维布对表 8-1 中受火 120min 的试件 SRC-7 及常温未受火试件 SRC-8 进行加固。加固施工工艺包括如图 8-36 所示的三个流程。

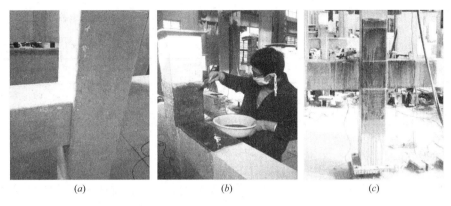

图 8-36　节点加固施工过程
(a) 试件表面处理；(b) 涂刷浸渍胶水；(c) 粘贴碳纤维布

(1) 试件表面处理。加固前用打磨机对其加固部位进行打磨并清除表面劣化混凝土直至露出混凝土结构层，试件转角处打磨成半径大于等于 20mm 的圆弧。

(2) 配置并刷涂浸渍胶水。浸渍胶水 A 胶与 B 胶按照质量 1∶2 配置，配置过程中使用洁净无杂质容器盛放，在搅拌胶水过程应采用专业搅拌器缓慢沿同一方向搅拌以防止胶水中产生大量气泡影响粘贴质量。待充分搅拌后，将胶水均匀地刷涂于需粘贴纤维布部位。

(3) 粘贴碳纤维布。待底层浸渍胶水指触干燥后，将已裁剪好的纤维布轻压于粘贴位置，而后使用滚筒刷滚压其表面，使其充分浸没胶水。碳纤维布粘贴方案如图 8-37 所示：①首先在节点核心区（前后两面）沿梁端方向粘贴一条与梁同宽的"一"字型碳纤维布，并向梁端左右两边分别延伸 200mm。②在与上述碳纤维布垂直的柱端方向粘贴一条与柱同宽的"一"字型碳纤维布，并向柱下端方向延伸 200mm。③在梁柱上下交接处（左右两面）各粘贴一条与梁同宽的 L 型碳纤维布，并向梁端和柱端方向延伸 300mm。④在梁端粘贴一条宽度为 300mm 的 U 型碳纤维布，将上述梁端"一"字型及 L 型碳纤维布包裹其中。⑤在柱端环贴一层宽度为 300mm 的碳纤维布，将上述柱端"一"字型及 L 型碳纤维布包裹其中。所有碳纤维布均为一层。

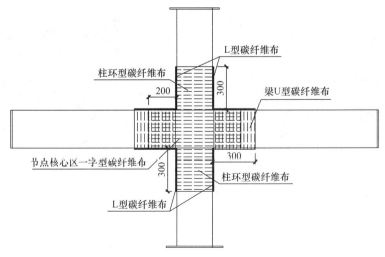

图 8-37　碳纤维布加固方案

碳纤维布及配套粘结材料由南京卡曼特科技有限公司生产，材料性能如表 8-8 所示。

加固材料性能				表 8-8
材料名称	抗拉强度/MPa	抗弯强度/MPa	抗压强度/MPa	弹性模量/MPa	伸长率
碳纤维布	3435	—	—	$2.42×10^5$	1.7%
浸渍胶水	55.5	52.5	75.4	2460.4	3.4%

8.5.2　试验过程与破坏形态

对加固后的型钢混凝土梁柱节点进行低周反复加载试验，发现火灾后加固试件 SRC-7 与常温未受火加固试件 SRC-8 的破坏过程与破坏形态相似：当荷载增加到 $50\%P_{max}$ ~ $70\%P_{max}$ 时，在加固区段外的梁上出现弯曲裂缝；随后试件左右两侧梁柱交接处的 L 型碳纤维布起拱变形，柱根碳纤维布外侧开裂；继续加载，节点核心区"一"字型碳纤维布鼓胀破裂，试件所受的荷载达到最大值，由于碳纤维布的约束作用，该荷载在随后加载过程中能较长时间保持稳定；最大荷载后，随着加载位移的增大和荷载的往复循环，常温下加固试件 SRC-8 节点核心区碳纤维布横向断裂，混凝土破碎，箍筋外露而宣告破坏。火灾后加固试件 SRC-7 则由于梁端 U 型碳纤维布撕裂失去锚固作用，导致核心区"一"字型碳纤维布不再有效，试件承载力降低而发生破坏。揭开 SRC-7 残存碳纤维布，发现核心区积累了大量混凝土碎块，且箍筋外露。试件的破坏过程与破坏形态如图 8-38 所示。

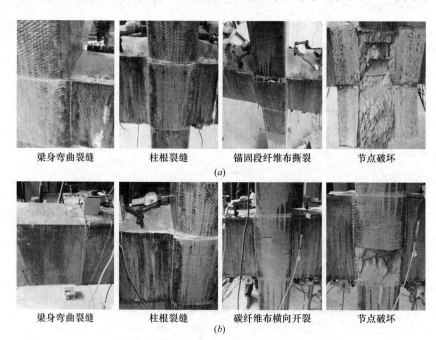

梁身弯曲裂缝	柱根裂缝	锚固段纤维布撕裂	节点破坏

(a)

梁身弯曲裂缝	柱根裂缝	碳纤维布横向开裂	节点破坏

(b)

图 8-38　加固试件的破坏过程与破坏形态
(a) 试件 SRC-7；(b) 试件 SRC-8

对比加固试件与未加固试件的破坏过程可以看出，碳纤维布能很好地约束混凝土的开裂和膨胀，使混凝土变形发展更充分，因而试件的破坏过程更长。其中，节点侧面梁柱交接处 L 型纤维布约束了梁柱间的相对变形，抑制了梁端与柱端弯曲裂缝的出现；核心区"一"字型纤维布约束了核心区混凝土的开裂和膨胀，并兜住随后剥落的混凝土，提高裂缝间的摩擦力和机械咬合力，而使得节点在经历极限荷载以后的若干个荷载循环内，强度保持在较高水平；梁端 U 型及柱端环型纤维布则有效锚固了以上"一"字型和 L 型纤维布，使纤维布的强度得以充分发挥。因而，本试验中的节点加固方案切实可行，但试件 SRC-7 在试验后期出现了梁端 U 型碳纤维布撕裂失效的问题，显示进一步加强节点核心区碳纤维布锚固的重要性。

8.5.3　滞回曲线

碳纤维布加固试件 SRC-7、SRC-8 左、右梁端荷载位移 P-Δ 滞回曲线以及左右端荷载平均值与位移的 P-Δ 滞回曲线如图 8-39 所示。与同等条件下常温未加固试件的 P-Δ 滞回曲线（图 8-12）及火灾后未加固试件的 P-Δ 滞回曲线（图 8-25）相比，加固试件滞回曲线更加饱满。

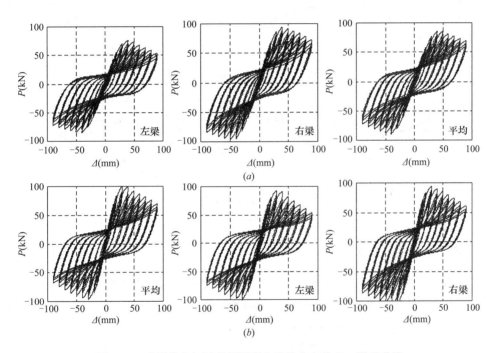

图 8-39　碳纤维布加固型钢混凝土梁柱节点的 P-Δ 滞回曲线
（a）火灾后加固试件 SRC-7；（b）常温未受火加固试件 SRC-8

8.5.4　骨架曲线

根据图 8-39 中试件 SRC-7、SRC-8 左右梁端荷载平均值与位移 P-Δ 滞回曲线的外包线得到各试件的骨架曲线如图 8-40 所示。图 8-41 给出了加固试件相同条件下未加固试件骨架曲线的对比。从图中可以看出加固后试件的骨架曲线与未加固试件形状相似。与相同条件下未加固试件相比，加固试件骨架曲线上升段更为陡峭，刚度提高；下降段更平缓，变形能力增强；荷载峰值增大，承载力水平更高。

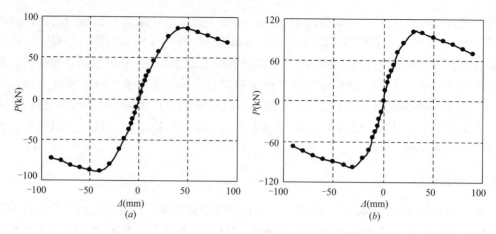

图 8-40 碳纤维布加固型钢混凝土梁柱节点的 P-Δ 骨架曲线

（a）SRC-7（$t=120$min）；（b）SRC-8（$t=0$min）

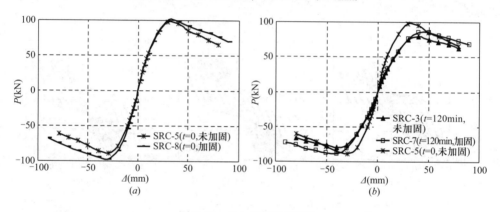

图 8-41 P-Δ 骨架曲线对比

（a）常温未受火试件；（b）火灾后试件

8.5.5 梁端弯矩-曲率关系曲线

根据图 8-10 所示的测试方案和式（8-1），经换算得到碳纤维布加固试件梁端弯矩曲率的 M-Φ 滞回曲线和骨架曲线分别如图 8-42 和图 8-43 所示。

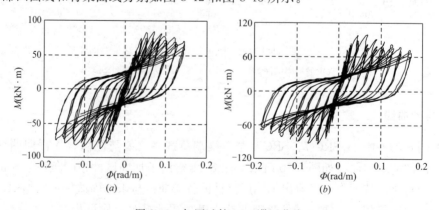

图 8-42 加固试件 M-Φ 滞回曲线

（a）SRC-7（$t=120$min）；（b）SRC-8（$t=0$min）

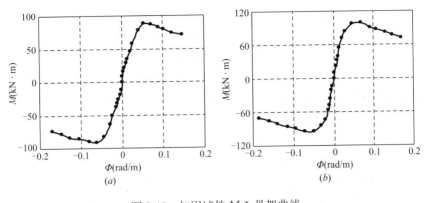

图 8-43 加固试件 M-Φ 骨架曲线

(a) SRC-7 (t=120min)；(b) SRC-8 (t=0min)

8.5.6 承载力与延性

根据常温与火灾后加固试件 SRC-7、SRC-8 以及同条件下未加固试件 SRC-3 和 SRC-5 的骨架曲线，分别获得了试件的屈服荷载 P_y、屈服荷载对应的位移 Δ_y 和曲率 Φ_y、峰值荷载 P_{max}、峰值荷载对应的位移 Δ_{max} 曲率 Φ_{max}、极限荷载 P_u（峰值荷载下降85%对应的荷载值）、极限荷载对应的位移 Δ_u 和曲率 Φ_u 等骨架曲线特征值及相应的位移延性系数 μ_s 和曲率延性系数 μ_Φ。

常温下与火灾后加固试件骨架曲线特征值和延性系数   表 8-9

编号	SRC-3	SRC-5	SRC-7	SRC-8
P_y/kN	69.2	78.2	75.4	82.9
Δ_y/mm	25.2	18.5	27.2	19.1
Φ_y/(rad/m)	0.038	0.029	0.04	0.031
P_{max}/kN	79.78	93.13	87.27	99.02
Δ_{max}/mm	39.71	29.68	40.08	29.83
Φ_{max}/(rad/m)	0.062	0.053	0.058	0.047
P_u/kN	67.81	79.16	74.18	84.17
Δ_u/mm	73.3	59.2	80.8	65.1
Φ_u/(rad/m)	0.130	0.108	0.137	0.114
μ_s	2.91	3.2	2.97	3.41
μ_Φ	3.42	3.72	3.43	3.68

从表 8-9 中可以看到，与常温下未受火试件 SRC-5 相比，同条件下火灾后试件 SRC-3 所能承担的荷载减小，与荷载对应的变形增大，延性系数降低。其中，屈服荷载下降 11.51%，峰值荷载下降 14.33%，极限荷载下降 14.30%。屈服位移增加 36.2%，屈服曲率增加 31%；峰值位移增加 33.79，峰值曲率增加 17.0%；极限位移增加 23.81%，极限曲率增加 20.4%。位移延性系数下降 9.06%，曲率延性系数下降 8.06%。延性系数下降，表明火灾后后期变形能力减弱。

经碳纤维布加固后，其他相同条件下试件所能承担的荷载、与荷载对应的位移、位移延性系数均增大，曲率延性系数大致相当。其中，火损后的加固试件 SRC-7，相比火损后未加固试件 SRC-3，屈服荷载增大 8.96%，峰值荷载增大 9.39%，极限荷载增大 9.39%，屈服位移增大 7.94%，峰值位移增大 0.93%，极限位移增大 10.23%，位移延性系数增大 2.06%。屈服荷载、峰值荷载、极限荷载分别达到常温未受火试件 SRC-5 的 96.4%、93.7%、93.7%，位移延性系数达到常温未受火试件 SRC-5 的 92.8%，加固修复效果明显。常温加固试件 SRC-8，相比未加固试件 SRC-5，屈服荷载增大 6.01%，峰值荷载增大 6.32%，极限荷载增大 6.32%，屈服位移增大 3.24%，峰值位移增大 0.51%，极限位移增大 9.97%，位移延性系数增大 6.56%。

总体而言，常温下碳纤维布加固对型钢混凝土梁柱节点承载力与延性的提高程度大致相当。火灾后碳纤维布加固对型钢混凝土梁柱节点承载力的修复效果比延性的修复效果更佳，同时要使加固后的承载力与延性达到或超过受火前，需进一步增加加固用碳纤维布的层数或采取其他更有效加固措施。

8.5.7 耗能能力

采用试件各级加载位移下最后一次循环的等效阻尼比 h_e 作为衡量节点耗能能力的指标，加固试件 SRC-7，SRC-8 及未加固对比试件 SRC-3、SRC-5 等效阻尼比 h_e 见表 8-10，效阻阻尼比 h_e 与位移关系曲线如图 8-44 所示。

试件加固前后等效阻尼比　　　　　　　　　　　　　　　表 8-10

试件编号	10mm	20mm	30mm	40mm	50mm	60mm	70mm	80mm
SRC-3	0.093	0.116	0.171	0.248	0.300	0.347	0.394	0.439
SRC-7	0.090	0.111	0.147	0.208	0.265	0.311	0.349	0.390
SRC-5	0.075	0.110	0.189	0.268	0.328	0.386	0.439	0.493
SRC-8	0.069	0.096	0.164	0.241	0.290	0.340	0.390	0.440

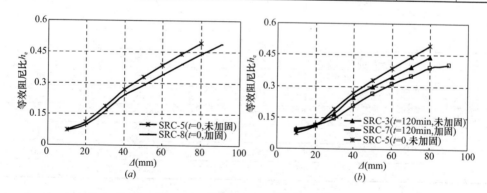

图 8-44　加固前后等效阻尼比对比

(a) 常温未受火加固；(b) 火灾后加固

从图 8-44 和表 8-10 中可以看出：①所有试件的等效阻尼比均随位移的增大而增大，最后一级加载位移时试件 SRC-3、SRC-7、SRC-5、SRC-8 的等效阻尼比分别达到 0.439、0.390、0.493、0.440，体现出良好的耗能性能。②与常温未受火试件 SRC-5 相比，火损后试件 SRC-3 加载初期的等效阻尼比大，而加载中后期的等效阻尼比小。这是由于加载初期，高温后试件的刚度减小，相同控制位移下的荷载降低，滞回环较常温未受火试件饱满，因而试件的等效阻尼比较常温未受火试件增大；加载中后期，高温后试件的强度衰减加快，相同位移条件下滞回环包含的面积较常温未受火试件减小，等效阻尼比相比常温未受火试件降低。③与常温下及火灾后未加固试件相比，加固试件在相同加载位移下的等效阻尼比分别减小。这是因为碳纤维布加固能提高型钢混凝土梁柱节点的承载力，但对其刚度的提高作用有限，导致加固后试件滞回环饱满度降低，等效阻尼比减小。

8.5.8　反复荷载下的强度退化

用式（8-3）计算火灾后型钢混凝土梁柱节点反复荷载下不同加载位移时的强度退化。图 8-45 给出了相同条件下的加固试件和未加固试件不同加载位移下的强度退化系数与荷载循环次数的关系。从图 8-45 中可以看出：①各级加载位移下，随着荷载循环次数的增加，强度退化系数不断减小。②峰值荷载以前（加载位移大约小于 40mm），随着加载位移的增大，试件的强度退化系数不断减小。相同位移水平下，与未加固试件相比，加固试件由于碳纤维布抑制了混凝土开裂和裂缝发展，其相应的强度退化系数更大，强度退化程度更低。③峰值荷载以后，节点区混凝土逐渐破碎而退出工作，型钢的作用不断增强，不论是加固试件还是未加固试件，其强度退化系数均随着加载位移的增加总体保持稳定或略有增大，体现出良好的抗荷载循环能力。

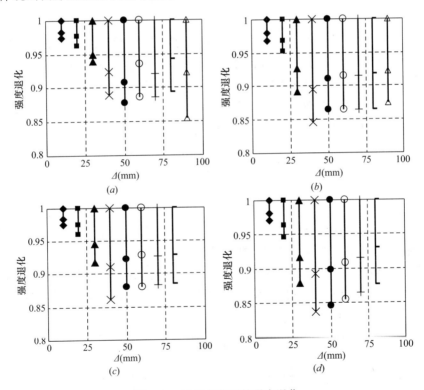

图 8-45　反复荷载下的强度退化

(a) SRC-7（$t=120$min，加固）；(b) SRC-8（$t=0$min，加固）；

(c) SRC-3（$t=120$min，未加固）；(d) SRC-5（$t=0$min，未加固）

8.5.9　刚度

图 8-46 给出了试件加固前后环线刚度与加载位移关系曲线。从图 8-46 中可以看出：

①所有试件的环线刚度均随加载位移的增大而减小,表现出明显的退化现象。②经碳纤维布加固后,不同加载位移下,型钢混凝土梁柱节点刚度均有所提高。

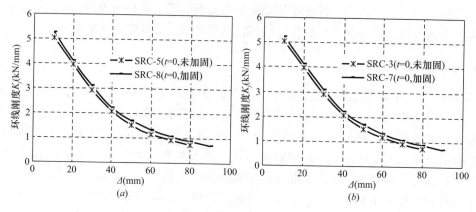

图 8-46　刚度退化
（a）未受火加固；（b）火灾后加固

8.5.10　本节小结

本节进行了常温下及火灾后碳纤维加固型钢混凝土柱-型钢混凝土梁节点的反复荷载试验及未加固节点的对比试验。结果表明：火灾后型钢混凝土梁柱节点的承载力和刚度降低、延性系数减小。采用碳纤维加固能有效提高常温下及火灾后型钢混凝土梁柱节点的承载力与延性,加固后试件的滞回曲线更加饱满,变形能力增强,峰值荷载后的强度和刚度退化减缓,抗震性能的修复效果显著。

8.6　本　章　小　结

本章通过常温及火灾后型钢混凝土柱-型钢混凝土梁节点的低周反复加载试验,获得了火灾后型钢混凝土梁柱节点反复荷载下的破坏形态、滞回特性、延性、耗能性能等系列抗震性能指标,分析了节点受火时间、柱端轴压比等参数对火灾后型钢混凝土梁柱节点抗震性能的影响。介绍了碳纤维布加固常温及火灾后型钢混凝土梁柱节点的施工流程,进行了加固后型钢混凝土梁柱节点的低周反复加载试验,分析了碳纤维布加固对型钢混凝土梁柱节点抗震性能的修复效果。

参 考 文 献

[1]　刘维亚. 钢与混凝土组合结构理论与实践［M］. 北京：中国建筑工业出版社,2008：232-238.

[2]　赵鸿铁. 钢与混凝土组合结构［M］. 北京：科学出版社,2005：207-208.

[3]　田守瑞. 圆形截面钢骨混凝土柱—钢梁节点抗震性能的试验研究［D］. 北京：北京工业大学,2001.

[4]　Ryoichi Kanno and GoregoryG. Derierlein. Seismic Behavior of Composite（RCS）Beam-Column Joint Subassemnlies［M］. Composite Construction in Steel and Concrete Ⅲ. NewYork：ASCE,1997,PP：236-249.

[5] Chung-Che Chou，Chia-Ming Uang. Cyclic performance of a type of steel beam to steel-encased rein-forced concrete column moment connection [J]. Journal of Constructional Steel Research，2002，58：637-663.

[6] 薛建阳，赵鸿铁，杨勇. 型钢混凝土粘结机理及节点构造方法的研究 [J]. 哈尔滨工业大学学报，2001，34：148-151.

[7] 薛建阳，赵鸿铁，杨勇. 型钢混凝土节点抗震性能及构造方法 [J]. 世界地震工程，2002，18 (2)：61：64.

[8] 柳会红，何益斌，沈蒲生. 反复荷载作用下型钢混凝土梁-柱节点中梁抗剪性能试验研究 [J]. 四川建筑科学研究，2004，30 (3)：21-30.

[9] 陈丽华，李爱群，赵玲. 型钢混凝土梁柱节点的研究现状 [J]. 工业建筑，2005，35 (1)：56-58.

[10] 闫长旺. 钢骨超高强混凝土框架节点抗震性能研究 [D]. 大连：大连理工大学，2009.

[11] 李忠献，张雪松，丁阳. 装配整体式型钢混凝土框架节点抗震性能研究 [J]. 建筑结构学报，2006，26 (4)：32-36.

[12] 曾磊. 型钢高强高性能混凝土框架节点抗震性能及设计计算理论研究 [D]. 西安：西安建筑科技大学，2008.

[13] 曾磊，许成祥等. 型钢高强高性能混凝土框架节点非线性有限元分析 [J]. 工程抗震与加固改造，2010，32 (2)：37-41.

[14] 刘义. 型钢混凝土异性柱框架节点抗震性能及设计方法研究 [D]. 西安：西安建筑科技大学，2009.

[15] 武启明，李军华，王子英. 型钢混凝土异形柱框架角节点抗扭承载力有限元分析 [J]. 四川建筑科技研究，2013，39 (3)：19-22.

[16] 李俊华，章子华，池玉宇. 火灾后型钢混凝土梁柱节点抗震性能试验研究 [J]. 工程力学，2017，34 (7)：156-165

[17] 裴哲俊，李俊华*，池玉宇，孙彬. 常温及火灾后型钢混凝土梁柱节点加固试验研究 [J]. 建筑结构，2017，47 (9)：33-39.

[18] 唐九如. 钢筋混凝土框架节点抗震（第一版）[M]. 南京：东南大学出版社，1989.

[19] GB 50367—2013. 混凝土结构加固设计规范 [S]. 中华人民共和国行业标准. 2013.

[20] Gergely Janos，Pantelides Chris P. Shear strengthening of RCT-joints using CFRP composites [J]. Journal of Composites for Construction，ASCE，2000，v4，n2，p：56-64.

[21] A. Parvin，P. Granata. Investigation on the effects of fiber composites at concrete joints [J]. ACI Jounal Composites，Part B 2000，31：499-509.

[22] Ghobarah A，Said A. Shear strengthening of beam-column joints [J]. Engineering Structures，2002，24 (7)：881-888.

[23] 陆洲导，洪涛，谢莉萍. 碳纤维加固震损混凝土框架节点抗震性能的初步研究 [J]. 工业建筑，2003，33 (2)：9-12.

[24] 陆洲导，宋彦涛，王李果. 碳纤维加固混凝土框架节点的抗震试验研究 [J]. 结构工程师，2004，10：39-43.

[25] 曹忠民，李爱群，王亚勇，姚秋来. 高强钢绞线网-聚合物砂浆抗震加固框架梁柱节点的试验研究 [J]. 建筑结构学报，2006，27 (4)：10-15.

[26] 周运瑜，陆洲导，余江滔，张克纯. 混凝土空间框架节点的加固试验研究 [J]. 低温建筑技，2009，12：62-64.

[27] 周运瑜，余江滔，陆洲导，张克纯. 玄武岩纤维加固震损混凝土框架节点的抗震性能 [J]. 中南大学学报（自然科学版），2010，41 (4)：1515-1521.

［28］ 欧阳利军，余江滔，张克纯. 玄武岩纤维加固震损混凝土框架节点承载力计算分析［J］. 工程抗震与加固改造，2009，31（6）：33-46.

［29］ 余江滔，苏磊，陆洲导，张克纯. 玄武岩纤维加固震损三维混凝土框架节点抗震试验［J］. 同济大学学报（自然科学版），2011，39（1）：18：24.

［30］ 张克纯，陆洲导. 外包钢套加固震损框架节点试验研究低温建筑技术［J］. 低温建筑，2004，4：28-30.

［31］ 黄小奎，崔凯成，熊丹安. 碳纤维布加固梁柱节点试验研究［J］. 武汉理工大学学报，2004，26（2）：30-33.

［32］ 廖杰洪，余江滔，张克纯. 钢筋混凝土框架节点震损加固方法对比研究［J］. 工程抗震与加同改早，2011，33（5）：98-104.

［33］ 韩建强，刘冉冉，倪国葳，刘波. 预应力装配加固混凝土框架结构抗震性能研究［J］. 工业建筑，2010，40（5）：47-50.

［34］ 商兴艳，余江滔，陆洲导，张克纯. L型纤维加固钢筋混凝土框架节点的抗震性能［J］. 同济大学学报，2013，41（11）：1644-1652.

第9章 火灾后型钢混凝土柱-钢筋混凝土梁
节点抗震性能及加固修复

9.1 引　言

作为型钢混凝土梁柱节点的一种重要形式，型钢混凝土柱-钢筋混凝土梁组合节点的受力性能长期以来都备受关注[1]。当框架梁的跨度较小时，采用这种节点可有效降低工程造价，简化施工。试验结果表明[2,3]，型钢混凝土柱-钢筋混凝土梁节点的等效阻尼比、延性系数与普通型钢混凝土柱-型钢混凝土梁组合节点较为接近，核心区混凝土对节点抗剪承载力起重要作用。

目前，国内外有较多钢筋混凝土和钢管混凝土梁柱节点受力性能及加固修复的研究报导[4-19]，但有关型钢混凝土柱-钢筋混凝土梁抗火及火灾后性能退化与加固修复的研究相对较少。本章主要介绍这种节点火灾后的抗震性能以及应用碳纤维布加固常温下及火灾后该类节点的试验研究情况。

9.2 试验概况

9.2.1 试件设计与制作

按照第8章图8-2所示的平面框架模型选择用于试验的型钢混凝土柱-钢筋混凝土梁组合节点。模型与原型的几何比例为1:2，左右梁反弯点之间的距离为2.4m，上下柱之间的反弯点距离为1.8m，节点受力简图与试验模型如图8-3所示。

试件数量为8个，其中2个进行常温受火低周反复加载试验，试件编号为JD-1、JD-2；4个进行火灾后低周反复加载试验，试件编号依此为JD-3～JD-6；2个采用碳纤维加固后再进行抗震性能试验，试件编号为JD-7、JD-8。所有试件基本参数见表9-1。

试件基本参数 表9-1

试件编号	轴压比 n	受火时间 t/min	加固方式
JD-1	0.2	0	未加固
JD-2	0.4	0	未加固
JD-3	0.2	75	未加固
JD4	0.4	75	未加固
JD-5	0.2	120	未加固
JD-6	0.4	120	未加固
JD-7	0.2	0	碳纤维加固
JD-8	0.2	75	碳纤维加固

所有试件的截面尺寸与配钢情况相同：节点柱高1800mm，柱截面尺寸为250mm×250mm，内配HW125×125mm宽翼缘H型钢和4根直径为12mm纵筋钢筋。梁截面尺寸为280mm×220mm，内配8根直径为16mm的纵向受力钢筋，钢筋外围混凝土保护层厚度为30mm。梁柱均采用直径均为6mm的箍筋，箍筋间距为100mm。试件尺寸及配钢情况见图9-1。

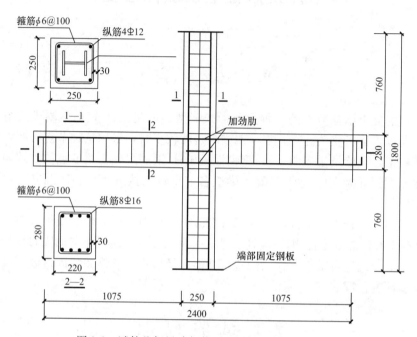

图9-1　试件几何尺寸与截面配钢情况（单位：mm）

图9-2　节点区构造

试件中，柱纵筋贯通通过节点。梁上下层的4根纵筋中，外侧两根贯通通过节点，中间2根钢筋在节点区断开，与焊接在柱型钢翼缘外侧钢端板焊接，钢端板平行的柱型钢腹板处焊接三角形加劲肋，如图9-2所示。

9.2.2　试件加工制作

试件制作时，①首先将柱型钢与预先加工切割好的下端钢板焊接；②接着焊接节点核心区型钢腹板加劲肋及连接梁纵筋的钢端板；③套入柱纵筋和箍筋，焊接柱顶板；④将梁主筋和连接端板焊接连接；⑤绑扎箍筋、布置热电偶；⑥支模、浇筑混凝土、养护试件。具体加工流程见图9-3。

9.2.3　材料属性

试件时采用商品混凝土浇筑，制作试件的同时，浇筑边长为150mm的混凝土立方体试块，与试件在同等条件下养护，按照《普通混凝土力学性能试验方法》GB/T 50081—2002进行试块立方体强度测试，实测立方体抗压强度为49.6MPa。

图 9-3 试件制作流程图

(a) 焊接底板、端板、加劲肋；(b) 焊接梁、柱纵筋；(c) 绑扎箍筋；
(d) 支模；(e) 绑扎热电偶；(f) 浇筑试件

按《金属材料拉伸试验：第 1 部分：室温试验方法》GB/T 228.1—2010 将钢材切割制作成标准材性试样并进行拉伸试验，测定型钢和钢筋的屈服强度、抗拉强度、弹性模量。钢材材性试验标准试样如图 9-4 所示，钢材实测力学性能指标如表 9-2 所示。

9.2.4 火灾试验方案

将受火的 5 个试件分 2 批立放于图 5-2 所示的火灾炉内，第 1 炉中为试件 JD-3、JD-4、JD-8，升温时间为 75min；第 2 炉中为试件 JD-5、JD-6，升温时间为 120min。到达预定升温时间后，熄火并打开炉门，使试件在自然状态下冷却。由炉内热电

图 9-4 钢材材性试样

偶记录的各批次炉内升降温曲线如图 9-5 所示。

钢材材性测试结果　　　　　　　　　　　表 9-2

钢材	厚度或直径/mm	屈服强度 f_y/MPa	极限强度 f_u/MPa	弹性模量 E/10^5MPa
柱型钢翼缘	9	243.92	373.33	1.99
柱型钢腹板	6.5	277.62	425.94	2.01
柱纵筋	12	502.16	593.55	1.91
梁纵筋	16	454.32	595.36	1.98
箍筋	6	330.2	532.5	2.07

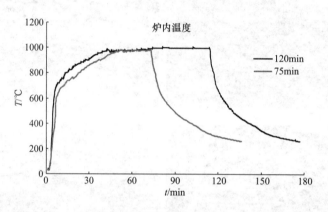

图 9-5　炉内升降温曲线

升温试验中，为了解节点核心区温度分布，在试件 JD-5 节点核心区处埋入编号为 1～5 的热电偶，如图 9-6 所示；为考察升温过程中节点核心区、核心区边缘、构件端部升温过程及温度分布差异，在试件 JD-6 节点区埋入编号 6～10 的热电偶，如图 9-6（b）所示。

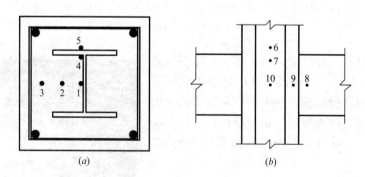

图 9-6　热电偶布置位置
（a）试件 JD-5；（b）试件 JD-6

9.2.5　常温及火灾后试验加载与测试方案

对常温下及火灾后型钢混凝土柱-钢筋混凝土梁进行低周反复加载试验，试验加载装置、加载程序、测试方案同第 8 章 8.2 节。

9.3　常温下型钢混凝土柱-钢筋混凝土梁节点抗震性能试验结果与分析

9.3.1　试验过程与试验现象

对试件 JD-1 和 JD-2 进行反复加载时，结合梁端荷载、位移变化与试件裂缝发展情况记录分析试验现象。可以发现，两个试件从加载到破坏，大致经历了弹性工作阶段、带裂缝工作阶段、破坏阶段，具体过程如下：

（1）弹性工作阶段

按照试验方案，在柱端根据预定轴压比施加恒定轴向荷载，梁端施加反复荷载。加载初期试件表面完好。当梁端最大位移加至 8mm 时（梁端最大荷载达到峰值荷载的 50%左右），梁顶面与柱身交界线出现首条裂缝，并随着该级位移的往复循环顺梁身向下延伸，

(a)　　　　　　　　　　(b)

(c)　　　　　　　　　　(d)

(e)　　　　　　　　　　(f)

图 9-7　常温未受火试件的破坏过程

（a）梁端弯曲裂缝；（b）节点核心区剪切裂缝；（c）节点核心区剪切裂缝；

（d）梁身竖向弯曲裂缝；（e）节点核心区破坏形态；（f）梁端破坏形态

此时节点核心区依然完好。继续加载，当梁端位移增加至10mm时（梁端最大荷载达到峰值荷载的60%左右），节点区出现首条斜裂缝，试件刚度开始降低，意味着弹性工作阶段结束。

（2）带裂缝工作阶段

节点开裂后，继续增加梁端荷载，试件进入带裂缝的弹塑性工作阶段，当梁端最大位移加至15mm时（梁端最大荷载达到90%峰值荷载），节点区剪切裂缝增多并呈交叉形X状，沿节点对角线方向将节点区分成四部分。梁身出现多条竖向弯曲裂缝，梁端竖向弯曲裂缝增宽并进一步向下延伸发展，与节点区裂缝连通。

（3）破坏阶段

继续增加梁端最大位移，节点核心区型钢腹板和箍筋相继屈服，依靠斜裂缝间骨料咬合力和摩擦力作用，梁端荷载继续增大。梁端位移增加至30mm时，梁端最大竖向荷载达到峰值荷载，此后核心区斜向交叉裂缝宽度显著增大，并伴随大量混凝土剥落及箍筋外露，此时梁身竖向弯曲裂缝基本停止发展。当梁端最大荷载下降至峰值荷载的85%时，宣告节点破坏。

9.3.2 滞回曲线

常温未受火试件JD-1、JD-2左、右梁端荷载位移 P-Δ 滞回曲线以及左右端荷载平均值与位移的 P-Δ 滞回曲线如图9-8所示。

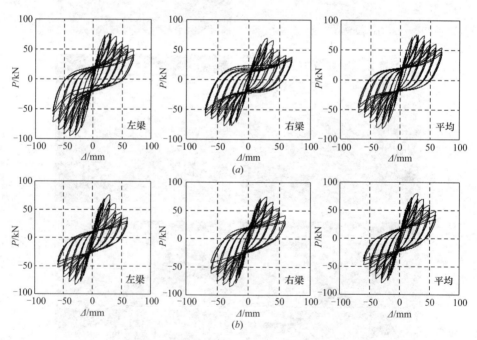

图9-8 试件 P-Δ 滞回曲线
(a) 试件 JD-1 ($n=0.2$)；(b) 试件 JD-2 ($n=0.4$)

从图9-8中可以看出：①两个试件的滞回曲对称性较好。同级加载位移下，正向加载和反向加载的梁端最大荷载基本相等，不同向加载的曲线走势基本一致。相同量级位移加载循环中，后一循环的梁端最大荷载及滞回环面积相较于前一加载循环有所下降，表现出了强度及耗能能力退化现象。②相同条件下，柱端轴压比小的试件与轴压比大的试件相比较，其滞回曲线更加饱满。③与图 8-13 型钢混凝土柱-型钢混凝土梁的滞回曲线相比，型钢混凝土柱-钢筋混凝土梁的滞回曲线的饱满度有所欠缺。

9.3.3　骨架曲线

根据图 9-8 中节点梁左右端荷载平均值与位移滞回曲线外包线得到的骨架曲线如图 9-9 所示，图 9-10 给出了节点柱不同轴压比下骨架曲线的对比。从图 9-9 和图 9-10 中可以看出：①与普通型钢混凝土梁柱节点一样，型钢混凝土柱-钢筋混凝土梁节点 P-Δ 骨架曲线可分加载初期直线上升段、节点开裂后的曲线上升段、破坏阶段的下降段。骨架曲线没有如钢筋混凝土节点一样在节点开裂后出现明显拐点。②柱端轴压比对骨架曲线有一定影响，轴压比大的试件，其峰值荷载稍高，峰值荷载后的下降段更陡峭。

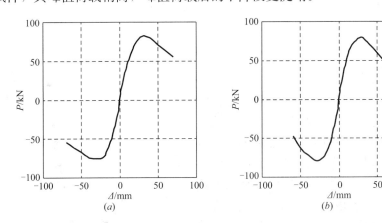

图 9-9　试件 P-Δ 骨架曲线
(a) JD-1 (n=0.2)；(b) JD-2 (n=0.4)

9.3.4　梁端弯矩-曲率关系曲线

相对于梁端荷载-位移的 P-Δ 曲线，节点边缘的梁端弯矩-曲率的 M-Φ 关系更能反映节点实际变形能力。根据第 8 章图 8-10 所示的测试方案和式（8-1），经换算得到常温下型钢混凝土柱-钢筋混凝土梁节点弯矩曲率的 M-Φ 滞回曲线和骨架曲线分别如图 9-11 和图 9-12 所示。

从图 9-10 和图 9-11 中可以看出：①试件 JD-1 和 JD-2 的 M-Φ 滞回曲线形状与其 P-Δ 平均滞回曲线总体一致。加载初期 M-Φ 曲线沿直线上升，卸载后变形恢复。随着加载的继续，试件进入弹塑性阶段，残余形变明显变大，强度和刚度衰退加快，M-Φ 曲线转成反 S 形发展。②对比图 9-8 和图 9-9 试件 P-Δ 滞回曲线和骨架曲线，可以看出轴压比对试件 M-Φ 滞回特性和骨架曲线的影响更为明显，轴压比越大，M-Φ 滞回曲线更不饱满，骨架曲线上升段和下降段都更为陡峭。

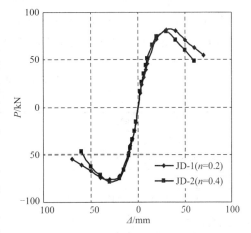

图 9-10　轴压比对骨架曲线的影响

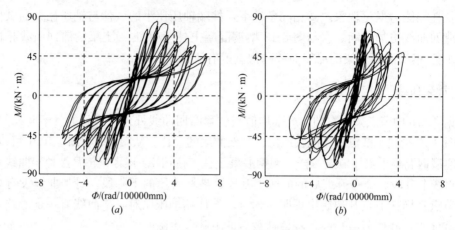

图 9-11 试件 M-Φ 滞回曲线

(a) JD-1 (n=0.2)；(b) JD-2 (n=0.4)

9.3.5 承载力与延性

表 9-3 给出了试件 JD-1 和 JD-2 的屈服荷载 P_y、屈服荷载对应的位移 Δ_y 和曲率 Φ_y、峰值荷载 P_{max}、峰值荷载对应的位移 Δ_{max} 曲率 Φ_{max}、极限荷载 P_u（峰值荷载下降 85% 对应的荷载值）、极限荷载对应的位移 Δ_u 和曲率 Φ_u 等骨架曲线特征值及相应的延性系数 μ。其中屈服点采用 R. Park 法确定，如图 9-13 所示，在 P-Δ 骨架曲线上找出与纵坐标 $0.6P_{max}$ 对应的点 J，连接原点 0 与 J，并延长与通过纵坐标为 P_{max} 的点 M 的水平线相交于点 K，过点 K 作横坐标的垂线，与

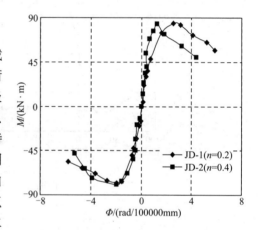

图 9-12 试件 M-Φ 骨架曲线

P-Δ 骨架曲线相交于点 L，点 L 即为屈服点。其他特征点取值方法见 7.2 节。

常温下试件骨架曲线特征值和延性系数　　　　　　表 9-3

编号	JD-1	JD-2
屈服荷载 P_y（kN）	63.4	63.7
屈服位移 Δ_y（mm）	16.3	14.3
屈服曲率 Φ_y（10^{-5} rad/mm）	1.24	0.89
峰值荷载 P_{max}（kN）	78.7	79.5
峰值位移 Δ_{max}（mm）	30.0	30.0
峰值曲率 Φ_{max}（10^{-5} rad/mm）	—	—
极限荷载 P_u（kN）	66.9	67.6
极限位移 Δ_y（mm）	48.8	43.6
极限曲率 Φ_u（10^{-5} rad/mm）	3.97	3.12
位移延性系数 μ_s	2.99	3.05
曲率延性系数 μ_Φ	3.20	3.51

从表 9-3 中可以看出：①两个试件的屈服荷载与峰值荷载大致相当，表明柱端轴压比对型钢混凝土柱-钢筋混凝土梁框架节点承载力影响有限。②轴压比对试件变形的影响较大。轴压比为 0.4 的试件 JD-2，其屈服位移和极限位移分别较轴压比为 0.2 的试件 JD-1 减小 12.3% 和 10.7%，其屈服曲率和极限曲率分别较轴压比为 0.2 的试件 JD-1 减小 28.2% 和 21.4%。轴压比越大，型钢混凝土柱-钢筋混凝土梁框架节点变形和转动能力越弱。③尽管轴压比大的试件的变形能力差，但延性系数比轴压

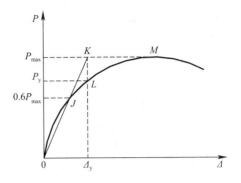

图 9-13 R. Park 法确定屈服点

比小的试件更大，其中位移延性系数增大 2.0%，曲率延性系数增大 8.8%。这是主要是因为轴压比大的试件前期刚度较大，试件屈服时对应的位移和曲率较小，破坏时的极限位移和极限曲率与屈服位移和屈服曲率的比值增大。

9.3.6 强度退化

（1）荷载循环次数对强度退化的影响

反复荷载下，结构构件随荷载循环次数的增加不断发生损伤而导致强度下降。荷载循环次数对强度退化的影响可用强度退化系数 λ_i 来表示：

$$\lambda_i = \frac{P_j^i}{P_j^1} \tag{9-1}$$

其中，P_j^i 为第 j 级加载位移下第 i 次加载的最大荷载；P_j^1 为第 j 级加载位移下第 1 次加载的最大荷载。JD-1 和 JD-2 两个试件不同加载位移下的强度退化系数与荷载循环次数的关系见图 9-14。

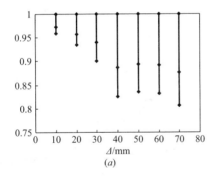
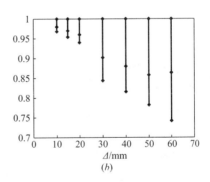

图 9-14 荷载循环次数对强度退化的影响
（a）试件 JD-1 （n=0.2）；（b）试件 JD-2 （n=0.4）

从图 9-14 中可以看出：①各级加载位移下，随着循环次数的增加，两个型钢混凝土柱-钢筋混凝土梁节点的强度均发生不同程度退化，其中第二次加载循环的强度退化程度比第三次加载循环的强度退化程度大。②强度退化系数 λ_i 随着加载位移的增大不断减小，这与普通型钢混凝土柱-型钢混凝土梁节点在峰值荷载以后，强度退化系数随着加载位移的增加总体保持稳定或略有增大不一样。表明，节点核心区缺少型钢梁的约束后，型钢混

凝土柱-钢筋混凝土梁节点抵抗荷载循环次数的能力较型钢混凝土柱-型钢混凝土梁节点有所降低。③轴压比大的试件，峰值荷载前的强度退化系数 λ_i 大于轴压比小的试件，峰值荷载以后的强度退化系数 λ_i 小于轴压比小的试件。表明，随着轴压比的增大，型钢混凝土柱-钢筋混凝土梁节点后期抵抗荷载循环的能力降低。

（2）整体强度退化

反复荷载下，结构构件在同一级加载位移下的强度会随着荷载循环次数的增加而不断降低，同时峰值荷载以后，构件在不同加载位移下所能达到的最大荷载也不断下降。可用整体强度退化系数 λ_j 反应加载过程中这一强度退化现象：

$$\lambda_j = \frac{P_j}{P_{\max}} \tag{9-2}$$

式中，λ_j 为第 j 级加载循环时的整体强度退化系数；P_j 为第 j 级加载位移下所能达到的最大荷载；$P_{\max}$ 为加载过程中的峰值荷载。D-1 和 JD-2 两个试件整体强度退化系数 λ_j 与加载位移的关系曲线见图 9-15。从图 9-15 可以看出，峰值荷载以后，轴压比大的试件整体强度退化更为显著。

9.3.7　刚度

用式（8-4）计算试件在某一级加载位移下的环线刚度。图 9-16 为试件 JD-1 和 JD-2 环线刚度与加载位移的关系曲线。表 9-4 给出了不同试件初始加载、屈服、达到最大荷载时的刚度值。图 9-16 刚度位移曲线表明试件刚度随位移的增大不断减小，呈明显退化现象；轴压比大的试件，加载前期刚度比轴压比小的试件大，加载后期由于强度退化加快，其刚度反而比轴压比小的试件小。表 9-4 数据显示，与轴压比为 0.2 的试件 JD-1 相比较，轴压比为 0.4 的试件 JD-2 的初始加载刚度大 6.3%、屈服时对应刚度大 14.5%，但峰值荷载对应的刚度小 2.4%。

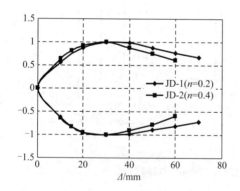

图 9-15　试件整体强度退化系数-位移关系曲线

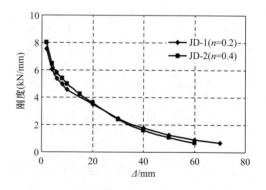

图 9-16　刚度-位移关系曲线

加载特征点的刚度对比　　　　　　　　　　　　　　表 9-4

试件编号	初始刚度（kN/mm）	屈服荷载对应刚度（kN/mm）	峰值荷载对应刚度（kN/mm）
JD-1	7.552	3.890	2.484
JD-2	8.025	4.455	2.423

9.3.8　耗能能力

用等效阻尼比反应低周反复荷载下型钢混凝土柱-钢筋混凝土梁组合节点的耗能能力。试件 JD-1 和 JD-2 各级位移下最后一个循环的等效阻尼比 h_e 见表 9-5。h_e 与位移的关系曲线如图 9-17 所示。从图表中可以看出：①两个试件的等效阻尼比 h_e 均随位移的增大而增大，峰值荷载时的等效阻尼比 h_e 在 0.10 左右，极限荷载时的等效阻尼比 h_e 在 0.16 左右，比普通型钢混凝土柱-型钢混凝土梁组合节点的对应的等效阻尼比小。②相同位移下，轴压比大的试件的等效阻尼比较轴压比小的试件大。

试件不同位移下等效阻尼比　　　　　　　　　　　　表 9-5

试件编号	等效阻尼比 h_e（N/mm）							
	10mm	15mm	20mm	30mm	40mm	50mm	60mm	70mm
JD-1	0.0376	—	0.0614	0.0894	0.1313	0.1644	0.1960	0.2298
JD-2	0.0375	0.0525	0.0668	0.1194	0.1626	0.2097	0.2605	

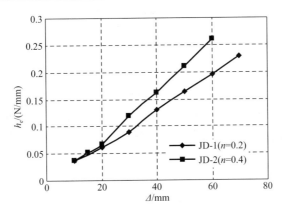

图 9-17　试件等效阻尼比

9.3.9　本节小结

通过常温未受火型钢混凝土柱-钢筋混凝土梁节点的低周反复加载试验，分析了其破坏特征、滞回特性、延性、耗能性能等。结果显示，型钢混凝土柱-钢筋混凝土梁节点的破坏过程与普通型钢混凝土梁柱节点一样，经历弹性阶段、带裂缝工作阶段和破坏阶段。在反复荷载作用下，节点的滞回曲线较为饱满，骨架曲线未出现如钢筋混凝土节点由于混凝土开裂而导致的明显拐点现象。与普通型钢混凝土柱-型钢混凝土梁节点相比，由于节点区没有型钢梁自身抗剪和对混凝土的约束作用，试件反复荷载下的强度退化系数减小，抵抗荷载循环的能力下降；等效阻尼比减小，耗能能力降低。

9.4　火灾后型钢混凝土柱-钢筋混凝土梁节点试验结果与分析

9.4.1　火灾升温后的试验现象

按照图 9-4 的升降温全过程曲线对试件 JD-3～JD-6、JD-8 进行火灾升温试验，待试件冷却后将其从炉膛内吊出。发现受火时间为75min的试件表面呈灰色,受火120min后的试件表面呈亮黄色。试件节点核心区及梁、柱部位均发生不同程度的损伤,表面混凝土出现裂纹,部分位置出现混凝土爆裂现象,如图9-18所示。

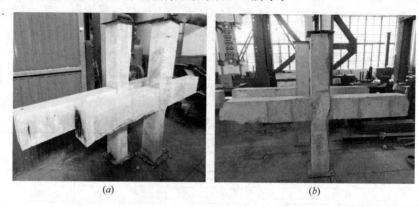

图9-18 受火后试件表面状况
(a) 受火75min后;(b) 受火120min后

9.4.2 温度测试结果

图9-19为炉膛和试件内部测点的温度-时间关系曲线对比。从图9-19中可以看出,与炉温相比,试件内部温度存在明显的滞后性。熄火后,炉内温度迅速下降,但试件内部的温度还会保持一段持续升高状态。图9-20为试件JD-5和试件JD-6各测点实测的温度 T 随时间 t 的变化曲线。

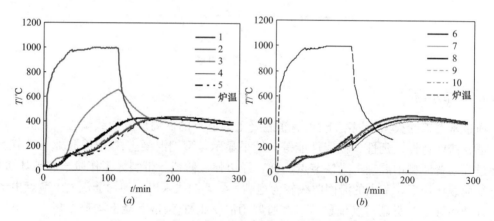

图9-19 炉膛和试件内部测点温度-时间关系曲线对比
(a) 试件JD-5;(b) 试件JD-6

表9-6给出了各测点在升降温全过程下的最高温度。从表中可以看出:1)节点中部横截面上,距试件表面越近,升温速度越快,最高温度越高,距离试件表面122mm、82mm、42mm的测点1、2、3,实测最高温度分别为429℃、438℃、660℃,达到最高温度的时间点分别在火后的195min、155min、114min。2)由于钢材的热传导,型钢周围温度较为接近,如试件JD-5核心区型钢腹板外侧测点1、型钢翼缘与腹板交界处测点4和型钢翼缘外侧测点5的最高温度均为430℃左右。3)节点中部纵截面上,距核心区越远,最

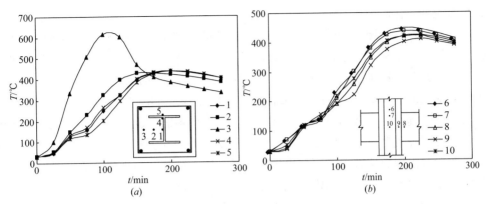

图 9-20　试件内部测温点布置和温度-时间关系曲线

（a）试件 JD-5；（b）试件 JD-6

高温度越高，如测点 6 和测点 7 的最高温度高于测点 10 的最高温度。4）与节点区相连的柱端和梁端的最高温度高于节点区边缘最高温度。如柱端测点 6 的最高温度高于节点边缘近柱端测点 7 的最高温度，梁端测点 8 的最高温度高于节点边缘近梁端测点 9 的最高温度，温差在 10℃ 左右。

不同测点的最高温度　　　　　　　　　　　　　　　　　表 9-6

试件编号	测点编号	具体方位	距表面距离/mm	最高温度/℃
JD-5	1	核心区型钢腹板外侧	122	429
	2	核心区型钢腹板外侧	82	438
	3	核心区型钢腹板外侧	42	660
	4	核心区型钢翼缘内侧	51	430
	5	核心区型钢翼缘外侧	42	430
JD-6	6	柱端	120	448
	7	节点边缘近柱端	120	438
	8	梁端	120	424
	9	节点边缘近梁端	120	415
	10	核心区中心	120	423

9.4.3　试验过程与试验现象

按照 9.2 节的试验加载方案，对火灾后试件 JD-3～JD-6 进行了低周反复加载试验。火灾后试件与常温未受火试件的破坏过程和破坏形态总体相似，经历弹性工作阶段、带裂缝工作阶段和破坏阶段，但每个阶段又与常温未受火试件表现出不一样的特征：

（1）弹性工作阶段

对于受火 75min 的试件 JD-3 和 JD-4，在加载位移为 10mm 时，在梁端一样出现弯曲裂缝，出现弯曲裂缝时的荷载水平与常温试件一样，大约为峰值荷载的 50%，但此时对应的位移比常温未受火试件大，火灾后试件刚度的降低使变形相对增大。对于受火 120min 的试件 JD-5 和 JD-6，在加载位移为 6mm 时，在梁端一样出现弯曲裂缝，出现弯曲裂缝时的荷载水平和加载位移均比常温未受火试件小，荷载水平大约为峰值荷载的 35%，长时间受火导致的承载力下降使开裂时间提前，开裂时对应的荷载水平降低。加载位移为 15mm 左右时，火灾后试件在节点区出现首条斜裂缝，此时荷载水平与常温未受火试件一样大约为峰值荷载的 60% 时，但加载位移比常温未受火试件大。

（2）带裂缝工作阶段

节点开裂后，继续增加梁端荷载，火灾后试件进入带裂缝的弹塑性工作阶段，当梁端最大位移加至 20mm 时，节点区剪切裂缝增多并交叉呈 X 状，沿节点对角线方向将节点区分成四部分。此时荷载水平大约为峰值荷载的 75% 左右，而常温未受火试件此时的荷载水平达到峰值荷载的 90%。节点裂缝交叉后，对于受火 75min 的试件 JD-3 和 JD-4，梁身出现多条剪切斜裂缝，这与常温未受火试件梁身出现竖向弯曲裂缝显著不同，表明火灾使梁的抗剪承载力下降更严重。对于受火 120min 的试件 JD-5 和 JD-6，梁身不止如受火 75min 试件那样在梁身出现剪切裂缝，而且出现沿主筋方向的纵向粘结裂缝，表明长时间受火使钢筋与混凝土之间的粘结退化加剧。

（3）破坏阶段

梁端位移增加至 40mm 时，火灾后试件达到峰值荷载，此后核心区斜向交叉裂缝宽度显著增大，并伴随大量混凝土剥落及箍筋外露。当梁端最大荷载下降至峰值荷载的 85% 时，宣告节点破坏。破坏时，受火 120min 的试件 JD-5 和 JD-6，沿主筋方向的纵向粘结裂缝十分明显。受火 75min 与 120min 试件的破坏过程与破坏形态分别如图 9-21 和图 9-22 所示。

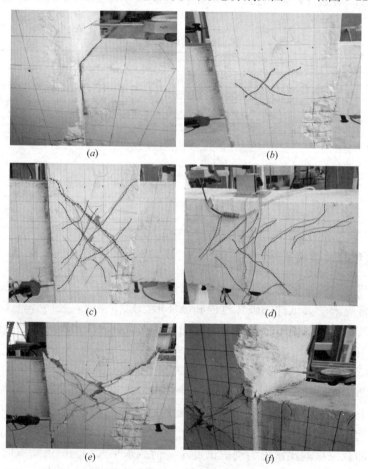

（a）　　　　　　　　　　（b）

（c）　　　　　　　　　　（d）

（e）　　　　　　　　　　（f）

图 9-21　受火 75min 试件的破坏过程与破坏形态

（a）梁端弯曲裂缝；（b）节点区剪切裂缝；（c）节点区交叉裂缝；
（d）梁身剪切斜裂缝；（e）节点破坏形态；（f）破坏时梁端裂缝

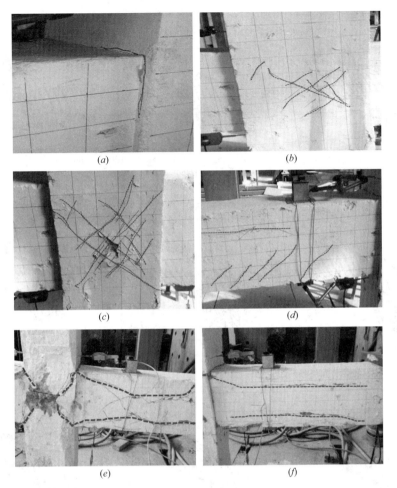

图 9-22　受火 120min 试件的破坏过程与破坏形态

(a) 梁端弯曲裂缝；(b) 节点区剪切裂缝；(c) 节点区交叉裂缝；

(d) 梁身剪切、粘结裂缝；(e) 节点区破坏形态；(f) 梁身破坏形态

9.4.4　滞回曲线

受火后型钢混凝土柱-钢筋混凝土梁节点左右梁端荷载-位移（P-Δ）滞回曲线以及左右梁端荷载平均值-位移（P-Δ）滞回曲线如图 9-23 所示。从图 9-23 中可以看出：①与图 9-8 所示常温下试件 P-Δ 滞回曲线一样，火灾后型钢混凝土柱-钢筋混凝土梁节点的滞回曲线相对于坐标原点大致对称，滞回曲线均比较饱满。②所有试件加卸载走势相似，加载初期曲线沿着直线行进，卸载时的残余形变很小；随着位移的增大，滞回曲线偏离直线，卸载后残余形不断加大；达到峰值荷载后，竖向荷载随位移的增加而降低，节点强度和刚度随荷载循环次数的增加而退化。

9.4.5　骨架曲线

根据图 9-23 火灾后试件左右梁端荷载平均柱-位移滞回曲线，获得试件的 P-Δ 骨架曲线如图 9-24 所示。

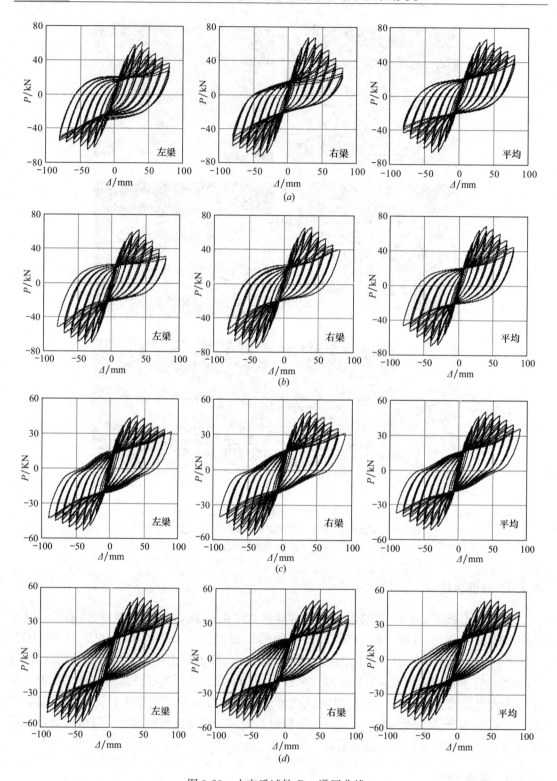

图 9-23　火灾后试件 P-Δ 滞回曲线

（a）JD-3　t＝75min　n＝0.2；（b）JD-4　t＝75min　n＝0.4；

（c）JD-5　t＝120min　n＝0.2；（d）JD-6　t＝120min　n＝0.4

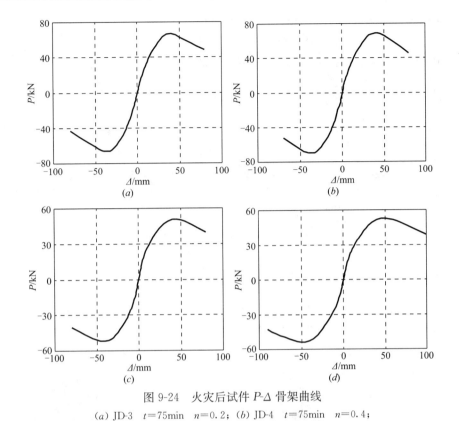

图 9-24　火灾后试件 P-Δ 骨架曲线

(a) JD-3　$t=75$min　$n=0.2$；(b) JD-4　$t=75$min　$n=0.4$；

(c) JD-5　$t=120$min　$n=0.2$；(d) JD-6　$t=120$min　$n=0.4$

图 9-25 给出了常温及受灾不同受火时间下试件骨架曲线的对比情况。从图 9-25 中可以看出，在其他条件相同的情况下，随着受火时间的增长，试件的峰值荷载下降，与峰值荷载对应的位移增加，骨架曲线上升段和下降段更加平缓，表现出明显的火灾"软化"现象。

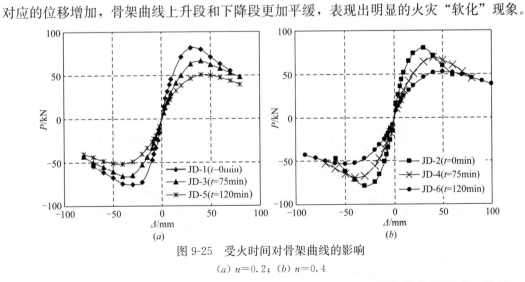

图 9-25　受火时间对骨架曲线的影响

(a) $n=0.2$；(b) $n=0.4$

图 9-26 给出了轴压比对火灾后型钢混凝土柱-钢筋混凝土梁骨架曲线的影响。从图 9-26 中可以看出，受火试件相同时，不同轴压比试件骨架曲线上升段基本重合，轴压比大的试件，其峰值荷载略高。

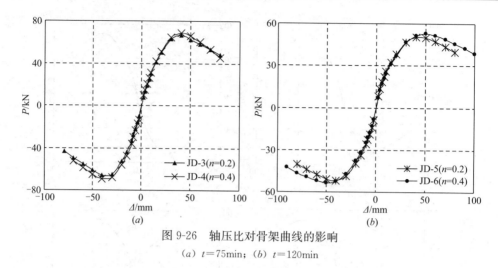

图 9-26 轴压比对骨架曲线的影响

（a）$t=75\text{min}$；（b）$t=120\text{min}$

9.4.6 梁端弯矩-曲率关系曲线

火灾后型钢混凝土柱-钢筋混凝土梁节点弯矩曲率的 M-Φ 滞回曲线如图 9-27 所示。不同试件 M-Φ 骨架曲线的对比如图 9-28 所示。

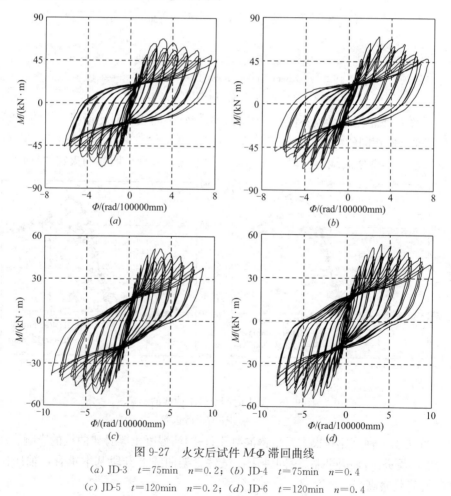

图 9-27 火灾后试件 M-Φ 滞回曲线

（a）JD-3 $t=75\text{min}$ $n=0.2$；（b）JD-4 $t=75\text{min}$ $n=0.4$

（c）JD-5 $t=120\text{min}$ $n=0.2$；（d）JD-6 $t=120\text{min}$ $n=0.4$

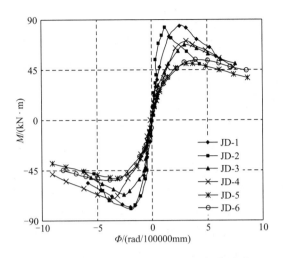

图 9-28　常温及火灾后试件 M-Φ 骨架曲线对比

9.4.7　承载力与延性

表 9-7 给出了常温下及火灾后试件屈服荷载 P_y、屈服荷载对应的位移 Δ_y 和曲率 Φ_y、峰值荷载 P_{max}、峰值荷载对应的位移 Δ_{max} 曲率 Φ_{max}、极限荷载 P_u（峰值荷载下降 85% 对应的荷载值）、极限荷载对应的位移 Δ_u 和曲率 Φ_u 等骨架曲线特征值及相应的延性系数 μ。特征荷载和相应位移、曲率的取值方法同 9.3 节。

常温与火灾后试件骨架曲线特征值和延性系数　　表 9-7

编号	JD-1	JD-2	JD-3	JD-4	JD-5	JD-6
屈服荷载 P_y(kN)	63.4	63.7	50.6	57.0	41.3	43.3
屈服位移 Δ_y(mm)	16.3	14.3	22.7	22.5	22.2	25.6
屈服曲率 Φ_y(10^{-5}rad/mm)	1.24	0.89	1.67	1.74	1.45	1.62
峰值荷载 P_{max}(kN)	78.7	79.5	66.3	69.0	51.2	53.2
峰值位移 Δ_{max}(mm)	30.0	30.0	39.9	40.0	40.1	50.0
极限荷载 P_u(kN)	66.9	67.6	56.4	58.7	43.5	45.2
极限位移 Δ_y(mm)	48.8	43.6	60.7	61.5	71.2	82.7
极限曲率 Φ_u(10^{-5}rad/mm)	3.97	3.12	4.97	5.34	6.78	7.82
位移延性系数 μ_s	2.99	3.05	2.67	2.73	3.21	3.23
曲率延性系数 μ_Φ	3.20	3.51	2.98	3.07	4.68	4.82

从表 9-7 中可以看出，经历火灾作用后，试件的屈服荷载、峰值荷载、极限荷载均出现不同程度降低，受火时间越长，荷载下降越多。与常温未受火试件 JD-1、JD-2 相比，受火 75min 的试件 JD-3、JD-4，其屈服荷载分别下降 20.2%、10.5%，峰值荷载分别下降 15.8%、13.2%，极限荷载分别下降 15.7%、13.2%；受火 120min 的试件 JD-5、JD-6，其屈服荷载分别下降 34.9%、32.0%，峰值荷载分别下降 34.9%、33.1%，极限荷载分别下降 35.0%、33.1%。受火时间相同时，轴压比大的试件，其火灾后的剩余承载力相对更高。相比轴压比为 0.2 的试件 JD-3、JD-5，轴压比为 0.4 的试件 JD-4、JD-6 屈服荷载分别上升 12.6%、4.8%，峰值荷载分别上升 4.1%、3.9%，极限荷载分别上升

4.1％、3.9％。对比表8.6中的数据可以看出，受火时间相同时，火灾后型钢混凝土柱-钢筋混凝土梁节点承载力降低程度高于普通型钢混凝土柱-型钢混凝土梁节点。

表9-7中的数据显示，火灾后试件在荷载作用下的变形较常温未受火试件增大。与常温未受火试件JD-1、JD-2相比，受火75min的试件JD-3、JD-4，其屈服位移分别增加39.3％、57.3％，屈服曲率分别增加34.7％、95.5％；峰值位移分别增加31.03％、46.43％；极限位移分别增加24.4％、41.0％，极限曲率分别增加25.1％、71.2％。受火120min的试件JD-5、JD-6，其屈服位移分别增加36.2％、79.2％，屈服曲率分别增加16.9％、82.0％；峰值位移分别增加33.7％、66.7％；极限位移分别增加45.9％、89.7％，极限曲率分别增加70.8％、150.6％。轴压比越大，受火时间越长，相应荷载下的变形增加越多。对比表8-6中的数据可以看出，受火时间相同时，火灾后型钢混凝土柱-钢筋混凝土梁节点特征变形大于普通型钢混凝土柱-型钢混凝土梁节点。承载力降低而变形增大，表明火灾后型钢混凝土柱-钢筋混凝土梁节点的"软化"现象比普通型钢混凝土柱-型钢混凝土梁节点更为突出。

从表9-6中可以看出，受火75min的试件JD-3、JD-4，其位移延性系数和曲率延性系数均较相同条件下未受火试件JD-1、JD-2小，其中位移延性系数分别减小10.7％和10.5％，曲率延性系数分别减小6.9％和12.5％；而受火120min的试件JD-5、JD-6的位移延性系数和曲率延性系数均较相同条件下未受火试件JD-1、JD-2大，其中位移延性系数分别增大7.4％和6.9％，曲率延性系数分别增大46.3％和37.3％。这是因为一定程度的受火，使混凝土变脆变酥，使其强度下降，变形能力降低，延性系数减小；随着受火时间的增长，钢筋与混凝土的粘结退化严重，受荷时产生粘结劈裂裂缝，使梁端受压区高度减小，提高了试件后期变形与转动能力，反而使延性系数增大。

9.4.8 强度退化

（1）荷载循环次数对强度退化的影响

用式（9-1）计算反复荷载下试件强度退化系数 λ_i。火灾后试件JD-3～JD-6不同加载位移下的强度退化系数 λ_i 与荷载循环次数的关系见图9-29。从图9-29中可以看出：火灾后型钢混凝土柱-钢筋混凝土梁节点的强度退化系数 λ_i 在峰值荷载前，随着加载位移的增大不断减小；峰值荷载后随着加载位移的增加总体保持稳定，这与常温下试件随位移增大不断减小有显著差异。这是因为火灾混凝土强度退化，型钢在节点中对承载力的作用加大，型钢良好的抗荷载循环能力使节点强度退化系数能保持相对稳定。所有试件不同位移下的强度退化系数均大于0.8，受火时间越长，试件破坏时的强度退化系数越大，表明火灾后型钢混凝土柱-钢筋混凝土梁节点具有良好的抵抗荷载循环的能力。

（2）整体强度退化

用式（9-2）计算反复荷载结构构件的整体强度退化系数 λ_j，图9-30给出了常温及火灾后试整体强度退化系数 λ_j 与加载位移的关系曲线对比。从图9-30可以看出，峰值荷载以后，火灾后试件的整体强度退化系数大于常温未受火试件，受火时间越长，整体强度退化系数越大。这是因为火灾后由于混凝土性能退化使试件整体承载力降低，此时型钢对节点承载力的贡献加大，受火时间越长，型钢对在节点承载力中起的作用越大，型钢良好的受力性能使其后期整体强度退化系数保持更高水平。

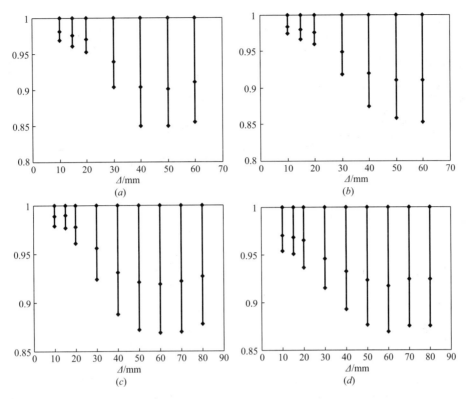

图 9-29　火灾后不同加载位移下的强度退化系数

(*a*) JD-3　*t*=75min　*n*=0.2；(*b*) JD-4　*t*=75min　*n*=0.4

(*c*) JD-5　*t*=120min　*n*=0.2；(*d*) JD-6　*t*=120min　*n*=0.4

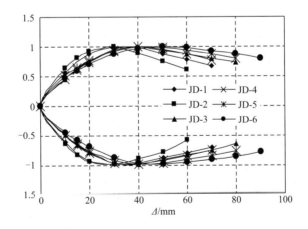

图 9-30　常温及火灾后试件整体强度退化

9.4.9　刚度

试件环线刚度按式（8-4）计算。图 9-31 和图 9-32 分别给出了受火时间和轴压比对试件环线刚度的影响。表 9-8 给出了不同试件初始加载、屈服、达到最大荷载时的环线刚度值。

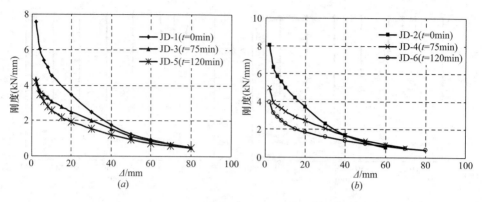

图 9-31　受火时间对试件环线刚度的影响

(a) $n=0.2$；(b) $n=0.4$

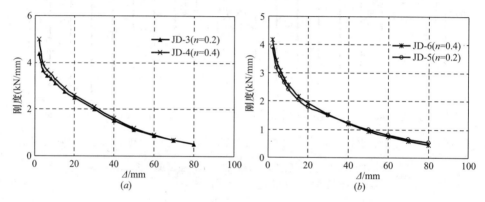

图 9-32　轴压比对火灾后试件环线刚度的影响

(a) $t=75$min；(b) $t=120$min

常温及火灾后加载特征点的环线刚度对比　　　　　　表 9-8

试件编号	初始刚度 kN/mm	屈服荷载对应刚度 kN/mm	峰值荷载对应刚度 kN/mm
JD-1	7.552	3.890	2.484
JD-2	8.025	4.455	2.423
JD-3	4.372	2.229	1.522
JD-4	4.994	2.533	1.556
JD-5	3.910	1.691	1.221
JD-6	4.163	1.860	1.201

　　从图 9-31 可以看出，受火时间对试件刚度有显著影响，在相同轴压比的情况下，随着受火时间的增加，试件的环线刚度不断降低。表 9-8 中的数据显示，轴压比为 0.2 时，受火时间为 75min、120min 的试件 JD-3、JD-5，与常温未受火试件 JD-1 相比较，初始刚度分别下降了 42.1%、48.2%，屈服荷载对应刚度分别下降了 42.7%、58.5%，峰值荷载对应刚度分别下降了 38.7%、50.9%；轴压比为 0.4 时，受火时间为 75min、120min 的试件 JD-4、JD-6，与常温未受火试件 JD-2 相比较，初始刚度分别下降了 37.8%、48.1%，屈服荷载对应刚度下降了 43.1%、58.3%，峰值荷载对应刚度分别下降了 35.8%、50.4%。同时图 9-31 显示，接近破坏时，不同受火时间试件的平均割线刚度趋

于一致。这是因为临近破坏时，混凝土逐渐退出工作，试件的刚度主要由截面型钢和钢筋提供，当配钢量相同时，所有试件的刚度最终趋向一致。

图 9-32 表明，当受火试件相同时，轴压比大的试件，加载前期刚度比轴压比小的试件大，加载后期由于强度退化加快，其刚度与轴压比小的试件相当或略小。表 9-8 中的数据显示，受火时间为 75min 试件，轴压比 0.4 的试件 JD-4 与轴压比 0.2 的试件 JD-3 相比较，初始刚度和屈服荷载对应的刚度分别提高 14.2%、13.6%，而峰值荷载对应刚度只提高 2.2%；受火时间为 120min 试件，轴压比 0.4 的试件 JD-6 与轴压比 0.2 的试件 JD-5 相比较，初始刚度及屈服荷载对应刚度分别提高 6.5%、10.0%，而峰值荷载对应刚度刚度减小了 1.7%。

9.4.10　耗能能力

用等效阻尼比 h_e 衡量低周反复荷载下型钢混凝土柱-钢筋混凝土梁组合节点的耗能能力。图 9-33 给出了受火时间对试件不同位移下最后一个循环等效阻尼比 h_e 的影响。

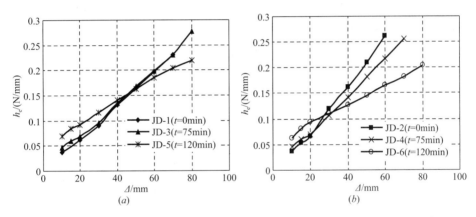

图 9-33　受火时间对等效阻尼比的影响
(a) $n=0.2$；(b) $n=0.4$

从图 9-33 可以看出：受火时间对火灾后型钢混凝土柱-钢筋混凝土梁节点耗能能力具有较大影响。相同轴压比的情况下，加载位移较小时，受火后试件的等效阻尼比 h_e 要高于未受火试件，且受火时间越长 h_e 越大；随着加载位移的增大，未受火试件与受火试件 h_e 之间的差距会逐渐缩小；到了在破坏阶段，未受火试件 h_e 要高于受火试件。这是因为火灾后试件在加载初期比常温未受火试件更早处于带裂缝工作状态，且刚度降低变形加大，试件耗能能力更强；随着加载的进行，火灾后试件强度衰减加快，相同位移的荷载循环下滞回环所包围面积逐渐小于常温未受火试件，因而耗能能力不如常温未受火试件。

表 9-9 给出了常温及火灾后试件不同位移下最后一个循环的等效阻尼比数值。表 9-9 中数据显示，轴压比为 0.2，受火时间为 75min、120min 的试件 JD-3、JD-5，加载位移为 10mm 时，其等效阻尼 h_e 与未受火试件 JD-1 相比分别高了 27.1%、64.4%；加载位移增加到 40mm 时，其等效阻尼 h_e 只比未受火试件 JD-1 高了 7.3%、23.2%；加载位移为 70mm，试件即将破坏阶段时，其等效阻尼 h_e 与未受火试件 JD-1 比较低 0.4%、20.3%。轴压比为 0.4，受火时间为 75min、120min 的试件 JD-4、JD-6，加载位移为 10mm 时，其

等效阻尼 h_e 与未受火试件 JD-2 比较分别高 20.3%、84%；加载位移增加到 30mm 时，其等效阻尼 h_e 与未受火试件 JD-2 比较分别低 10.7%、2.3%；加载位移为 60mm，试件即将破坏时，其等效阻尼 h_e 与未受火试件 JD-2 相比，分别低 16.5%、21.9%。

常温及火灾后试件不同位移下等效阻尼比　　　　　　表 9-9

试件编号	等效阻尼比 h_e（N/mm）							
	10mm	15mm	20mm	30mm	40mm	50mm	60mm	70mm
JD-1	0.0376	—	0.0614	0.0894	0.1313	0.1644	0.1960	0.2298
JD-2	0.0375	0.0525	0.0668	0.1194	0.1626	0.2097	0.2605	—
JD-3	0.0478	0.0593	0.0686	0.0959	0.1349	0.1684	0.1992	0.2307
JD-4	0.0451	0.0603	0.0694	0.1066	0.1409	0.1831	0.2175	0.2562
JD-5	0.0618	0.0816	0.0930	0.1101	0.1278	0.1462	0.1647	0.1831
JD-6	0.0690	0.0835	0.0925	0.1166	0.1410	0.1634	0.1853	0.2035

图 9-34 给出了轴压比对火灾后试件等效阻尼比的影响。从图 9-34 中可以看出，当受火时间相同时，不同轴压比试件加载初期的等效阻尼比 h_e 较为接近；随着加载的进行，轴压比大的试件的等效阻尼 h_e 逐渐大于轴压比小的试件，且随着加载位移的增加，差距越来越大。

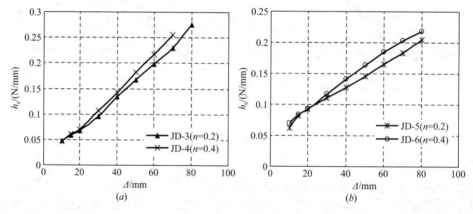

图 9-34　轴压比火灾后试件对等效阻尼比的影响
(a) $t=75$min；(b) $t=120$min

表 9-9 中的数据显示，受火时间为 75min，轴压比为 0.4 的试件 JD-4，加载位移为 10mm 时，其等效阻尼 h_e 比轴压比为 0.2 的试件 JD-3 小 5.9%；加载位移增加到 30mm 和 60mm 时，其等效阻尼 h_e 比轴压比为 0.2 的试件 JD-3 分别大 11.2% 及 9.2%。受火时间为 120min，轴压比为 0.4 的试件 JD-6，加载位移为 15mm 时、30mm、60mm 时，其等效阻尼 h_e 比轴压比为 0.2 的试件 JD-5 分别大 2.3%、5.9% 及 12.5%。

9.4.11　本节小结

本节进行了型钢混凝土柱-钢筋混凝土梁节点的火灾升温试验及火灾后的低周反复加载试验，研究火灾后该类节点的滞回特性、延性、耗能性能、承载力与刚度退化规律。结果表明：火灾后试件与常温未受火试件的破坏过程基本一致，但受火时间较长试件的节点梁出现沿钢筋外侧纵向粘结裂缝，这与常温未受火试件显著不同。经历火灾损伤后，型钢混凝土柱-钢筋混凝土梁节点的滞回曲线仍然饱满，但试件承载力降低、刚度退化、变形增大。火灾后由于钢筋与混凝土的粘结劈裂裂缝减小了梁端受压区高度，提高了试件后期变形与转动能力，延性系数反而较常温未受火试件大。与常温未受火试件相比，火灾后后试件加载初期的刚度降低、等效阻尼比增大，受火时间越长，刚度降低和等效阻尼比增大的程度越高。随着加载的进程，火灾后后试件的刚度与常温未受火时间刚度逐渐趋向一致，但等效阻尼比相比常温未受火试件减小，受火时间越长，减小越多。

9.5　常温与火灾后型钢混凝土柱-钢筋混凝土梁节点加固试验结果与分析

9.5.1　加固方案

根据《碳纤维片材加固混凝土结构技术规程》CECS 146—2003，采用单层厚度为0.3mm的碳纤维布对表 9-1 中常温未受火试件 JD-7 及受火 75min 的试件 JD-8 进行了加固。加固施工工艺包括试件表面处理、配置并刷涂浸渍胶水、粘贴碳纤维布三个主要流程。

碳纤维部加固粘贴方式与 8.5.1 普通型钢混凝土梁柱节点大致相同：①首先在节点核心区（前后两面）沿梁端方向粘贴一条与梁同宽的"一"字型碳纤维布，并向梁端左右两边分别延伸 200mm。②在与上述碳纤维布垂直的柱端方向粘贴一条与柱同宽的"一"字型碳纤维布，并向柱下端方向延伸 200mm。③在梁柱上下交接处（左右两面）各粘贴一条与梁同宽的 L 型碳纤维布，并向梁端和柱端方向延伸 300mm。④在梁端粘贴一条宽度为 300mm 的 U 型碳纤维布，将上述梁端"一"字型及 L 型碳纤维布包裹其中。⑤在柱端环贴一层宽度为 300mm 的碳纤维布，将上述柱端"一"字型及 L 型碳纤维布包裹其中。碳纤维布加固粘贴方案如图 9-35 所示，试件加固完工后如图 9-36 所示。

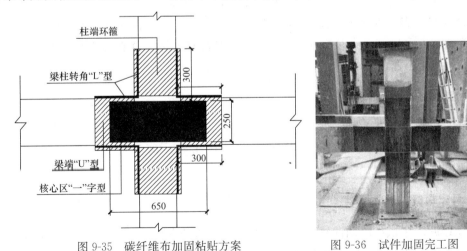

图 9-35　碳纤维布加固粘贴方案　　　　图 9-36　试件加固完工图

加固所用的碳纤维布及配套粘结材料与第 8 章普通型钢混凝土柱-型钢混凝土梁加固

时采用的材料一样，具体性能指标见表8-8。

9.5.2 试验过程与破坏形态

对加固后的型钢混凝土柱-钢筋混凝土梁节点施加低周反复试验，火灾后加固试件JD-8与常温未受火加固试件JD-7的破坏过程与破坏形态相似：由梁端位移控制加载，当位移增加到10mm时，左右两侧梁柱交接处碳纤维布表面涂刷的胶水裂开并伴随着开裂劈裂声；当位移增加至20mm时，梁柱交接处L型纤维布崩开，并随着往复加载不断延伸撕裂。随后，节点核心区"一"字型纤维布与柱端环箍纤维布之间出现垂直于柱身方向的横向裂缝，并随着往复加载循环不断发展。继续加载，核心区混凝土挤压破碎导致试件破坏。试件的破坏过程与破坏形态如图9-37所示。

图9-37 加固试件的破坏过程与破坏形态
（*a*）胶水开裂；（*b*）碳纤维布掀开鼓起；（*c*）试件破坏

对比加固试件与未加固试件的破坏过程可以看出，碳纤维布能很好地约束混凝土的开裂和膨胀，使混凝土变形发展更充分，试件的破坏过程更长。与普通型钢混凝土梁柱节点的加固机理一样，节点侧面梁柱交接处L型纤维布约束了型钢混凝土柱和钢筋混凝土梁间的相对变形，抑制了梁端与柱端弯曲裂缝的出现；核心区"一"字型纤维布约束了核心区混凝土的开裂和膨胀，使得节点在经历极限荷载以后的若干个荷载循环内，强度保持较高水平；梁端U型及柱端环形纤维布则有效锚固了以上"一"字型和L型纤维布，使纤维布的强度得以充分发挥，同时抑制了火灾后钢筋与混凝土粘结劈裂裂缝的出现，使节点的受力性能得到进一步改善。

9.5.3 滞回曲线

常温下与火灾后碳纤维布加固试件JD-7、JD-8左右端荷载平均值与位移的P-Δ滞回曲线及其与未加固试件JD-1、JD-3滞回曲线的对比如图9-38所示。显然，加固后试件的滞回曲线更加饱满。

9.5.4 骨架曲线

根据图9-37中试件滞回曲线的外包线可得到其骨架曲线。图9-39给出了加固试件与未加固试件骨架曲线的对比。从图9-39（*a*）中可以看到，两个常温未受火试件JD-1和JD-7骨架曲线的上升段基本重合，碳纤维布加固试件下降段相对未加固试件更加平缓。

图 9-39（b）显示，火灾后经碳纤维布加固后，试件 JD-8 骨架曲线上升段和下降段均较火灾后未加固试件 JD-3 更为陡峭，峰值荷载增大，接近常温未受火试件 JD-1 的峰值荷载，且骨架曲线下降段较常温未受火试件 JD-1 平缓。从图 9-39（a）和图 9-39（b）的对比来看，碳纤维布加固对火灾后型钢混凝土柱-钢筋混凝土梁节点的修复效果优于相应的常温未受火试件。

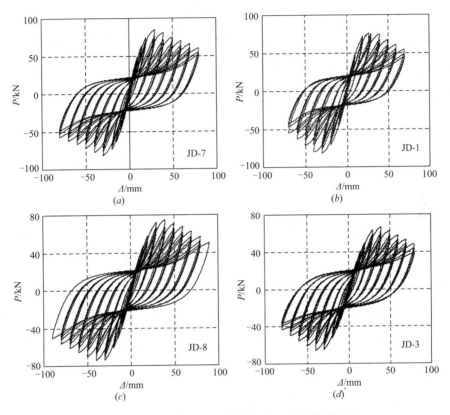

图 9-38　加固试件与未加固试件 P-Δ 滞回曲线对比

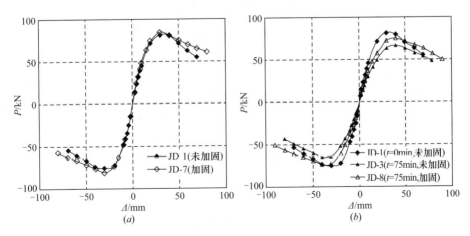

图 9-39　加固试件与未加固试件 P-Δ 骨架曲线对比
（a）常温未受火试件；（b）火灾后试件

9.5.5　承载力与延性

根据常温与火灾后加固试件 JD-7、JD-8 以及同条件下未加固试件 JD-1 和 JD-3 的骨架曲线，分别获得了试件的屈服荷载 P_y、屈服荷载对应的位移 Δ_y、峰值荷载 P_{max}、峰值荷载对应的位移 Δ_{max}、极限荷载 P_u、极限荷载对应的位移 Δ_u 等骨架曲线特征值及相应的位移延性系数 μ_s，特征荷载和相应位移取值方法同 9.3 节。

常温下与火灾后加固试件骨架曲线特征值和延性系数　表 9-10

编号	JD-1	JD-7	JD-3	JD-8
P_y/kN	63.4	70.8	50.6	63.1
Δ_y/mm	16.3	17.7	22.7	22.3
P_{max}/kN	78.7	83.3	66.3	74.6
Δ_{max}/mm	30.0	30.0	39.9	40.0
P_u/kN	66.9	70.8	56.4	63.4
Δ_u/mm	48.8	55.6	60.7	67.7
μ_s	2.99	3.14	2.67	3.04

从表 9-10 中数据可以看到，其他相同条件下，经碳纤维布加固后试件所能承担的荷载增大，常温加固试件 JD-7，相比未加固试件 JD-1，屈服荷载增大 11.70%，峰值荷载增大和极限荷载增大 5.84%；火损后加固试件 JD-8，相比未加固试件 JD-3，屈服荷载增大 24.70%，峰值荷载增大和极限荷载增大 12.52%，达到常温未受火试件 JD-1 的 94.79%。因此，碳纤维布对火灾后型钢混凝土柱-钢筋混凝土梁节点承载力的修复效果较为明显。

同时，表 9-10 中数据显示，碳纤维布加固对试件屈服荷载及峰值荷载对应的位移影响较小，但对极限荷载对应的位移影响较大，常温加固试件 JD-7，相比未加固试件 JD-1，极限荷载对应的位移增大 13.93%；火损后加固试件 JD-8，相比未加固试件 JD-3，极限荷载对应的位移增大 11.53%。由于加固后试件后期变形能力增强，因而延性得到进一步改善，常温加固试件 JD-7，相比未加固试件 JD-1，位移延性系数增大 5.01%；火损后加固试件 JD-8，相比未加固试件 JD-3，位移延性系数增大 13.85%，超过常温未加固试件 JD-1 的位移延性系数。因此，碳纤维布对火灾后型钢混凝土柱-钢筋混凝土梁节点延性的修复效果十分有效。

9.5.6　强度退化

图 9-40 给出了常温及火灾后加固试件和相同条件下未加固整体强度退化系数 λ_j 与加载位移的关系曲线对比。从图 9-40 可以看出，碳纤维布加固对常温和火灾后型钢混凝土柱-钢筋混凝土梁节点峰值荷载以后的强度退化均有一定改善作用。

9.5.7　刚度

图 9-41 给出了加固试件和未加固对比试件环线刚度与加载位移的关系曲线。从图 9-41 中可以看出：①所有试件的环线刚度均随加载位移的增大而减小，表现出明显的退化现象。②常温未受火加固试件与未加固试件的刚度-位移曲线总体呈平行状，但加固试件化曲线位于

未加固试件上方，说明经碳纤维布加固后，试件总体刚度有所提升。③火灾后加固试件在峰值荷载前，环线刚度明显高于未加固试件，但与相同条件下未受火试件相比仍有一定差距；峰值荷载后，随着混凝土不断剥落退出工作，不同试件的刚度渐渐趋于一致。

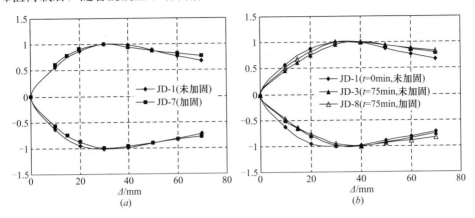

图 9-40　碳纤维布加固对试件整体强度退化的影响
(a) 常温未受火试件；(b) 火灾后试件

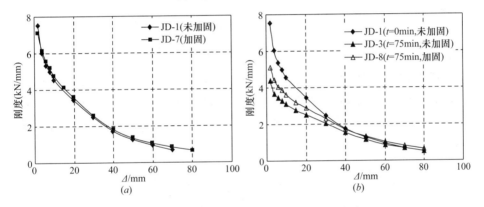

图 9-41　加固试件和未加固试件刚度退化曲线
(a) 常温未受火试件　(b) 火灾后试件

表 9-11 给出了加固试件与相同条件下未加固试件各特征点的刚度值。表中数据显示，常温下经碳纤维布加固后，试件 JD-7 的初始刚度、屈服荷载对应刚度、峰值荷载对应刚度比未加固试件 JD-1 分别提高了 6.3%、14.5%和 0.4%；火灾后经碳纤维布加固后，试件 JD-8 的初始刚度、屈服荷载对应刚度、峰值荷载对应刚度比未加固试件 JD-3 分别提高了 14.2%、13.6%和 2.2%，恢复至常温未受火试件 JD-1 的 66.1%、65.1%和 62.6%。因此，碳纤维布对火灾后型钢混凝土柱-钢筋混凝土梁节点刚度有明显的修复效果，但距离恢复至常温未受火前的状态仍有不小差距。

加固及同条件下未加固试件特征点环线刚度值　　　　　　　表 9-11

试件编号	初始刚度（kN/mm）	屈服荷载对应刚度（kN/mm）	峰值荷载对应刚度（kN/mm）
JD-1	7.552	3.890	2.484
JD-7	8.025	4.455	2.493
JD-3	4.372	2.229	1.522
JD-8	4.994	2.533	1.556

9.5.8 耗能能力

图 9-42 为加固和同条件未加固试件不同位移最后一次循环下等效阻尼比 h_e 曲线。从图 9-42 中可以看到，所有试件的等效阻尼比均随着梁端加载位移的增加而增大。常温加固试件和未加固试件的等效阻尼比-位移曲线基本重合，而火灾后加固试件等效阻尼比-位移曲线位于未加固试件上方，表明耗能能力得到提高。

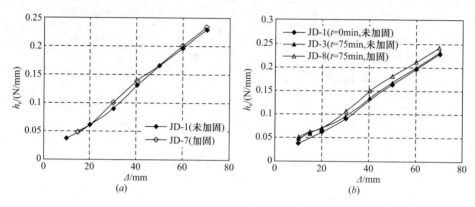

图 9-42 等效阻尼比-位移关系曲线
(a) 常温未受火试件；(b) 火灾后试件

由表 9-12 给出了加固试件和未加固试件不同加载位移最后一次循环下等效阻尼比 h_e 的数值。表中数据显示，加载位移为 10mm、30mm、50mm 时，与火灾后未加固试件相比，火后加固试件的等效阻尼比分别提高了 3.8%、9.5%、7.0%，达到常温未受火试件的 130%、120%和 110%。

常温与火灾后加固和未加固试件各级位移下等效阻尼比 表 9-12

| 试件编号 | 等效阻尼比 h_e（N/mm） | | | | | | | |
	10mm	15mm	20mm	30mm	40mm	50mm	60mm	70mm
JD-1	0.0376	—	0.0614	0.0894	0.1313	0.1644	0.1960	0.2298
JD-7	0.0373	0.0485	0.0600	0.0997	0.1384	0.1667	0.2007	0.2344
JD-3	0.0478	0.0593	0.0686	0.0959	0.1349	0.1684	0.1992	0.2307
JD-8	0.0496	0.0618	0.0710	0.1050	0.1488	0.1802	0.2103	0.2421

9.5.9 本节小结

本节进行了常温下及火灾后碳纤维加固型钢混凝土柱-钢筋混凝土梁节点的反复荷载试验及未加固节点的对比试验。结果表明：火灾后型钢混凝土柱-钢筋混凝土梁节点的承载力和刚度发生退化、延性系数减小。采用碳纤维加固能有效提高常温下及火灾后型钢混凝土柱-钢筋混凝土梁节点的承载力与延性；对常温下型钢混凝土柱-钢筋混凝土梁节点刚度和耗能能力的影响较小，对火灾后型钢混凝土柱-钢筋混凝土梁刚度和耗能能力有一定的改善作用。总的看来，碳纤维布加固对火灾后型钢混凝土柱-钢筋混凝土梁节点抗震性能的修复作用优于常温未受火构件。

9.6 本 章 小 结

本章通过常温及火灾后型钢混凝土柱-钢筋混凝土梁节点的低周反复加载试验，获得了试件的破坏形态、滞回特性、延性、耗能性能等系列抗震性能指标，分析了节点受火时间、柱端轴压比等参数对火灾后型钢混凝土梁柱节点抗震性能的影响。介绍了碳纤维布加固常温及火灾后型钢混凝土柱-钢筋混凝土梁节点的施工流程，进行了加固后型钢混凝土梁柱节点的低周反复加载试验，分析了碳纤维布加固对常温下及火灾后型钢混凝土柱-钢筋混凝土梁节点抗震性能的修复效果。

参 考 文 献

[1] 刘维亚. 钢与混凝土组合结构理论与实践 [J]. 北京：中国建筑工业出版社，2008.

[2] 钱东江，蒋永生，梁书亭等. 正交钢骨混凝土节点抗震性能的试验研究 [J]. 江苏建筑，2002，(1)：10-12.

[3] 王连广，贾连光，张海霞. 钢骨高强混凝土边节点抗震性能试验研究 [J]. 工程力学，2005，22 (1)：182-186.

[4] 霍静思. 火灾作用后钢管混凝土柱-钢梁节点力学性能研究 [D]. 福州. 福州大学，2005：75-79.

[5] 霍静思，韩林海. 火灾作用后钢管混凝土柱—钢梁节点滞回性能试验研究 [J]. 建筑结构学报. 2006，27 (6)：28-38.

[6] Ding J，Wang Y C. Experimental study of structural fire behaviour of steel beam to concrete filled tubular column assembles with different types of joints [J]. Engineering Structures，2007，29 (12)：3485-3502.

[7] Ding J，Wang Y C. Temperatures in unprotected joints between steel beams and concrete-filled tubular columns in fire [J]. Fire Safety Journal，2009，44 (1)：16-32.

[8] 郑永乾. 型钢混凝土构件及梁柱连接节点耐火性能研究 [D]. 福州：福州大学，2007.

[9] Ghobarah A，Said A. Seismic rehabilitation of beam-column joints using FRP laminates [J]. Journal of Earthquake Engineering，2001，5 (1)：113-129.

[10] T. EI-Amoury，Ghobarah A. Seismic rehabilitation of beam-column joint using GFRP sheets [J]. Engineering Structures，2002，24：1397-1407.

[11] 陆洲导，谢莉萍，洪涛. 碳纤维加固低配箍混凝土梁板柱节点的抗震试验 [J]. 同济大学学报：自然科学版，2003，3 (3)：253-257.

[12] 吴波，王维俊. 碳纤维布加固钢筋混凝土框架节点的抗震性能试验研究 [J]. 土木工程学报，2005，38 (4)：60-65.

[13] 彭亚萍，王铁成，刘增夕，等. FRP抗震加固混凝土梁柱节点的受剪承载力分析 [J]. 地震工程与工程振动，2006，(1)：116-121.

[14] 冼巧玲，江传良，周福霖. 混凝土框架节点碳纤维布抗震加固新方法研究 [J]. 建筑结构学报，2007，28 (5)，137-144.

[15] 陆洲导，洪涛，谢莉萍. 碳纤维加固震损混凝土框架节点抗震性能的初步研究 [J]. 工业建筑，2003，33 (2)：9-12.

[16] Alcocer S M，Jirsa J Q. Strength of reinforced concrete frame connections rehabilitated by jacketing [J]. ACI Structural Journal，1993，90 (3)：249-362.

[17] Shannag M J，Alhassan M A. Seismic upgrade of interior beam-column subassemblages with high-

performance fiber reinforced concrete jackets [J]. ACI Structural Journal，2005，203（1）：131-138.

[18] Han L H，Zheng Y Q and Tao Z. Fire performance of steel-reinforced concrete beam-column joints [J]. Magazine of Concrete Research，2009，61（7）：409-428.

[19] 宋天诣. 火灾后钢-混凝土组合框架梁-柱节点的力学性能研究 [D]. 北京：清华大学，2010.

第 10 章　火灾后型钢混凝土柱-钢梁节点抗震性能及加固修复

10.1　引　言

型钢混凝土柱-钢梁组合节点能充分发挥型钢混凝土柱强度高、刚度大、抗震性能好的优点，钢梁的存在又能极大简化节点施工工艺，降低混凝土浇筑困难，同时有利于压型钢板-混凝土组合楼板等组合结构技术的配套应用，因而在工程中很受欢迎[1-7]。

目前，有关型钢混凝土柱-钢梁组合节点抗火性能及火灾后力学性能的研究相对较少。本章主要介绍这种节点火灾后的抗震性能以及常用的加固修复措施。

10.2　试　验　概　况

10.2.1　试件设计与制作

设计梁柱节点试件时，一般有两种原则：一种是"强节点、弱构件"，设计的试件以节点核心区的剪切破坏而告终；另一种是"弱节点、强构件"，设计的节点以梁端或柱端出现塑性铰而发生破坏。两种破坏形态下节点变形特性、内力抵抗机理及极限承载力各不相同，本章主要研究节点核心区的抗剪性能，因而遵循"弱节点、强构件"，使节点核心区发生剪切破坏。

共设计了 8 个型钢混凝土柱-钢梁节点试件，其中 4 个进行火灾后的抗震性能试验，编号为 JD-2、JD-3、JD-5、JD-6，2 个进行常温未受火下的对比试验，编号为 JD-1、JD-4，2 个火损后采用外包钢或碳纤维布加固再进行抗震性能试验，编号为 JD-7、JD-8。试件基本参数见表 10-1。

试件基本参数　　　　　　　　　　　　　　表 10-1

试件编号	轴压比 n	受火时间 $t/\min$	加固方式
JD-1	0.174	0	未加固
JD-2	0.174	90	未加固
JD -3	0.174	150	未加固
JD -4	0.087	0	未加固
JD -5	0.087	90	未加固
JD -6	0.087	150	未加固
JD-7	0.174	90	外包钢加固
JD-8	0.174	90	碳纤维加固

各试件的梁柱截面尺寸、配钢与配筋情况完全相同，柱型钢采用 H150×150×7×10，梁型钢采用 H300×125×12×16，在钢结构加工厂通过对接焊缝相连，在梁腹板及与梁上

下翼缘齐平的柱腹板上焊接加劲肋。钢梁与钢柱节点制作完成后，在钢柱外围绑扎钢筋，浇筑混凝土，形成型钢混凝土柱-钢梁节点试件。柱内纵筋采用 $4\phi14$，箍筋非加密区采用 $\phi8@150$，加密区采用 $\phi8@80$，加密区范围为柱节点边缘上下各 500mm，节点核心区的箍筋采用两 U 型箍焊接于型钢梁上。试件尺寸和焊接详图如图 10-1 所示。

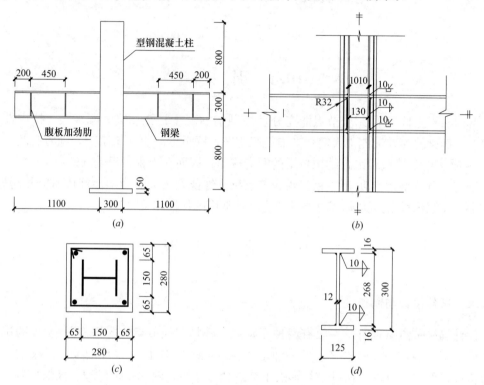

图 10-1　试件尺寸和焊接详图

（a）梁柱尺寸；（b）梁柱节点焊接；（c）柱截面尺寸与配钢；（d）梁截面尺寸及焊接

10.2.2　材料属性

混凝土浇筑在实验室进行，所用混凝土为商品混凝土，在浇筑混凝土制作型钢混凝土柱-钢梁节点试件的同时，浇筑边长为 150mm 的混凝土立方体试块，与试件同等条件养护。试件受火前按《普通混凝土力学性能试验方法》GB/T 50081—2002 进行混凝土立方体抗压强度测试，确定试件所用混凝土强度，实测的混凝土立方体抗压强度平均值为 48.5MPa。

按《金属材料　拉伸试验　第 1 部分：室温试验方法》GB/T 228.1—2010 进行拉伸试验，测定了型钢及钢筋的屈服强度和抗拉强度。由试验测得的型钢、纵向钢筋、箍筋的材料属性见表 10-2。

钢材材性测试结果　　　　　　　　　　　　　　　　　表 10-2

钢材	厚度或直径/mm	屈服强度 f_y/MPa	极限强度 f_u/MPa	弹性模量 $E/10^5$MPa
柱型钢翼缘	10	479.0	643.7	2.13
柱型钢腹板	7	536.7	627.5	2.13
梁型钢翼缘	16	407.4	555.1	2.11

续表

钢材	厚度或直径/mm	屈服强度 f_y/MPa	极限强度 f_u/MPa	弹性模量 E/10^5MPa
梁型钢腹板	12	403.6	570.6	2.04
纵筋	14	390.0	566.7	2.01
箍筋	8	326.4	473.7	2.05

10.2.3　火灾试验方案

将受火的 6 个试件分 3 批立放于图 5-2 所示的火灾炉内,第 1 炉中为试件 JD-2 和 JD-5,升温时间为90min;第 2 炉中为试件 JD-7 和 JD-8,升温时间为90min;第 3 炉中为试件 JD-3 和 JD-6,升温时间为 150min。到达预定升温时间后,熄火并打开炉门,使试件在自然状态下冷却。由炉内热电偶记录的各批次炉内升降温曲线如图 10-2 所示。第 3 炉试件升温时遭遇了设备故障,致使升温曲线出现较大幅度波动。

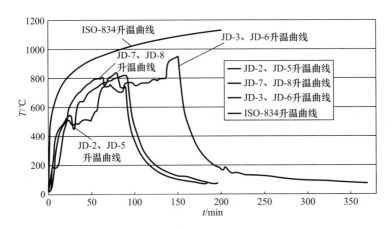

图 10-2　火灾升降温全过程曲线

火灾试验时,采用热电偶对受火时间为 150min 的试件 JD-3 节点核心区的温度分布进行了测试,测温点布置如图 10-3 所示。测点 1~5 相对柱边缘的距离分别为 30mm、60mm、90mm、120mm、144mm。

10.2.4　试验加载方案

通过低周反复加载试验研究常温下及火灾后型钢混凝土柱-钢梁节点的抗震性能,加载装置如图 10-4 所示。试验时,首先通过油压千斤顶在试件柱顶施加轴向荷载,荷载大小根据预先设置的轴压比确定,在整个试验过程中保持恒定。而

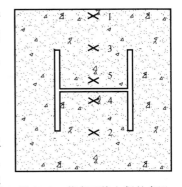

图 10-3　节点区热电偶的布置

后通过 MTS 伺服液压作动器在梁端施加低周反复荷载,反复加载采用位移控制,梁端竖向位移小于 10mm 时,以 2.5mm 为一加载步长;梁端竖向位移在 10~20mm 时,以 5mm 为一加载步长;梁端竖向位移在大于 20mm 后,以 10mm 为一加载步长,同一级位移下荷载往复循环 3 次。当某一级位移第 2 次循环的峰值荷载下降为第 1 次循环时峰值荷载的 85% 以下,或某一级位移下的第 1 次循环的荷载降为峰值荷载的 85% 以下,认为试件发生

破坏，将梁拉回原位后停止加载。

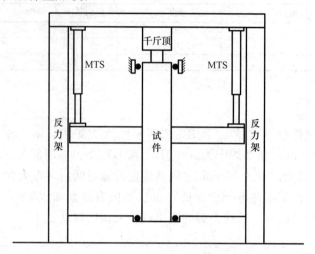

图 10-4 试验加载装置

试验中，通过压力传感器测定施加在柱顶的轴向荷载，通过 MTS 伺服控制系统自动获取梁端荷载与相应位移，观察试验过程中的节点开裂、裂缝发展过程和试件破坏形态。

10.3 常温及火灾后型钢混凝土柱-钢梁试验结果与分析

10.3.1 火灾温度测试结果

由热电偶测得各测点的温度-时间曲线及其与炉膛升温曲线的对比如图 10-5 所示。从图 10-5 中可以看出，粘贴在节点核心区柱型钢腹板测点 5 的升温最快，温度最高，最高温度可达 700℃。这是因为钢材的热传导系数大，温度由钢梁迅速传导至节点核心区型钢腹板，导致核心区型钢温度最高。

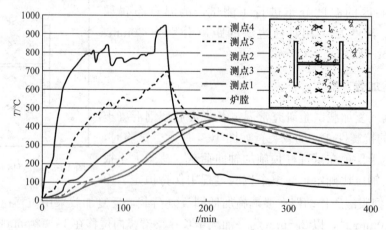

图 10-5 热电偶温度测试结果

其余测点的温度上升及下降都较为平缓，相对于炉膛温度存在明显的滞后性。由各测点的温度变化曲线可以看出，测点升温速度由快到慢依次为测点 5（型钢腹板表面）、测点

1（距柱外边缘 30mm）、测点 4（距柱外边缘 120mm），测点 2（距柱外边缘 60mm），测点 3（距柱外边缘 90mm）。最高温度分别达到 700℃、485℃、470℃、440℃、440℃。

10.3.2 破坏过程与破坏形态

常温未受火试件及火灾后试件的破坏过程和破坏形态与常温未受火试件大致相似，从开始加载到最终破坏大致经历节点区混凝土初裂、裂缝开展、压溃破坏 3 个阶段。梁端竖向位移小于 15mm 以前，节点核心区混凝土基本完好，试件处于弹性工作阶段；梁端竖向位移达到 20mm 时，随着荷载的往复循环，节点区混凝土沿 45° 对角线出现互相交叉的斜裂缝；当梁端竖向位移达到 30mm 时，随着荷载的往复循环，梁端荷载增加明显减缓，节点区裂缝数量增多，裂缝宽度加大；而后梁端竖向位移达到 40mm 时，裂缝宽度进一步加大，且最大荷载开始降低，核心区混凝土开始脱落，部分箍筋外露；当梁端竖向位移达到 50mm、60mm 时，随着荷载的往复循环，核心区混凝土大面积脱落，纵筋和箍筋外露；继续增加梁端竖向位移，箍筋外围混凝土几乎完全脱落，纵筋压屈外鼓，节点区型钢翼缘外露，荷载下降很快，节点破坏。敲开节点区内柱型钢翼缘间的残余混凝土，发现型钢尚未屈曲，使节点保持了一定的承载力。试件的典型破坏过程与破坏形态如图 10-6 所示。

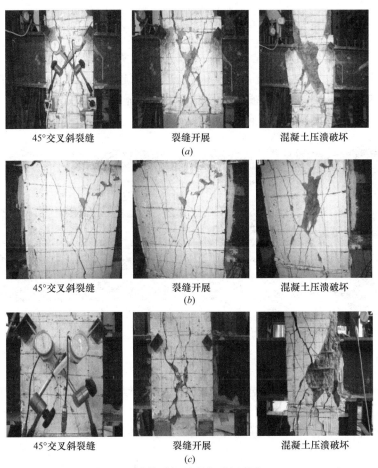

45°交叉斜裂缝	裂缝开展	混凝土压溃破坏
(a)		
45°交叉斜裂缝	裂缝开展	混凝土压溃破坏
(b)		
45°交叉斜裂缝	裂缝开展	混凝土压溃破坏
(c)		

图 10-6 试件破坏过程与破坏形态（一）
（a）试件 JD-1；（b）试件 JD-2；（c）试件 JD-4

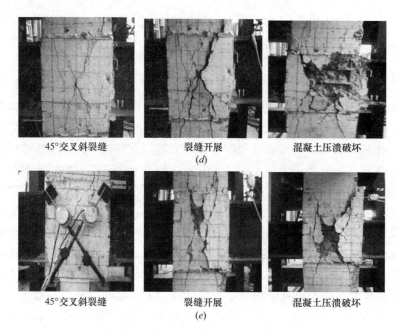

45°交叉斜裂缝	裂缝开展	混凝土压溃破坏
	(d)	
45°交叉斜裂缝	裂缝开展	混凝土压溃破坏
	(e)	

图 10-6　试件破坏过程与破坏形态（二）

(d) 试件 JD-5；(e) 试件 JD-6

　　比较所有试件的裂缝开展情况，发展试件初裂与火灾作用和轴压力有关，节点受火时间越长，核心区混凝土出现裂缝相对越早；柱端轴压力越小，节点核心区混凝土出现裂缝越早。其原因是受火时间越长，混凝土强度越低，抵抗开裂的能力越弱；轴压力越大，节点核心区混凝土受到的约束越大，可有效延缓裂缝的出现。试验结束后的试件状况见图 10-7。

图 10-7　试验结束后的试件状况

10.3.3　滞回曲线

　　加载过程中，MTS 伺服系统自动采集的各节点的梁端荷载-位移曲线如图 10-8 所示，图中横坐标为梁端竖向位移，纵坐标为梁端竖向荷载。

　　从图 10-8 常温及火灾后型钢混凝土柱-钢梁节点梁端荷载-位移滞回曲线可以看出以下几个特点：

　　1) 型钢混凝土柱-钢梁框架节点滞回曲线兼有纯钢节点与钢筋混凝土节点的典型特征。加载初期节点核心区混凝土未现裂缝时，滞回曲线沿直线发展，卸载时几乎没有残余

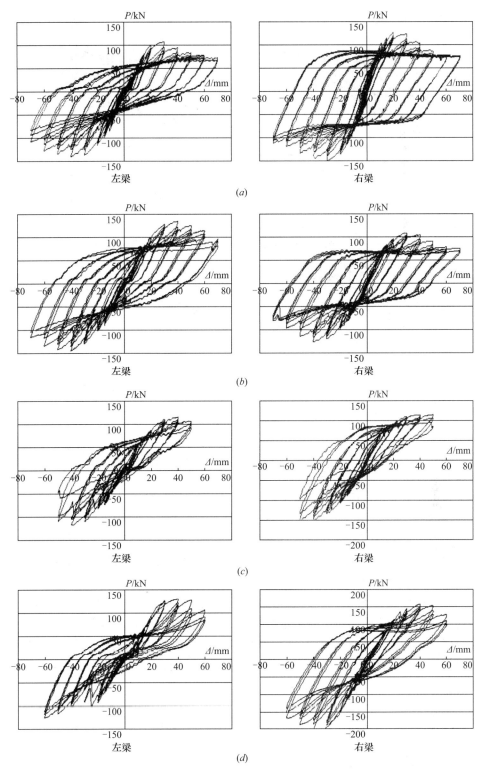

图 10-8　型钢混凝土柱-钢梁节点梁端荷载-位移滞回曲线（一）

(*a*) JD-1（未受火，轴压比 0.174）；(*b*) JD-2（受火时间 90min，轴压比 0.174）；

(*c*) JD-3（受火时间 150min，轴压比 0.174）；(*d*) JD-4（未受火，轴压比 0.087）

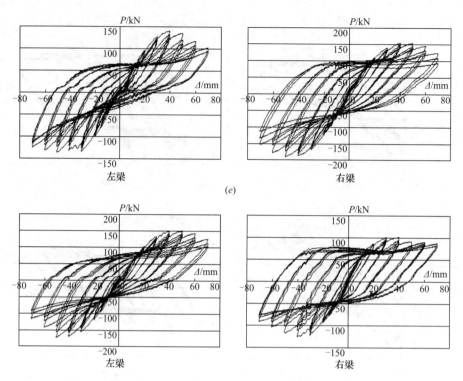

图 10-8　型钢混凝土柱-钢梁节点梁端荷载-位移滞回曲线（二）

(e) JD-5 荷载（受火时间 90min，轴压比 0.087）；

(f) JD-6（受火时间 150min，轴压比 0.087）

变形产生；随着荷载的增加，节点核心区出现沿对角线斜向裂缝，滞回曲线不再保持直线状态而开始呈梭形状，卸载时变形不能完全恢复，刚度开始下降；荷载达到峰值时，节点残余应变变大，核心区混凝土开始脱落，刚度和强度衰减较快；接近破坏时，节点核心区混凝土大量剥落，混凝土已丧失承载能力。当轴压比不大时，峰值荷载之后，包络线下降先快后慢，各级位移下的最大荷载收敛于一个稳定的值，表现出钢结构的滞回特性。其主要原因是荷载逐级加大过程中，随着核心区箍筋屈服和混凝土的剥落，型钢的贡献越来越大，最终类似于钢结构节点。

2）受火后节点试件的滞回曲线较常温未受火节点试件滞回曲线捏缩，受火时间越长，捏缩越明显，说明受火时间越久对型钢混凝土节点的抗震越不利。其主要原因是受火后混凝土的强度退化显著，从热电偶收集的核心区混凝土温度可以看出，最高温度可达 450℃，高温使混凝土转脆，延性变差，受火时间越长，核心区混凝土退出工作越快，滞回曲线捏缩越明显。

3）其他条件相同时，轴压比越大，滞回曲线捏缩越明显。特别是当受火时间达到 150min 时，随着混凝土强度损失的加重，轴压比对试件滞回曲线的影响更为明显。

10.3.4　骨架曲线

骨架曲线是指首次加载曲线与以后每次循环的荷载-位移曲线峰值点连线的轨迹，根据图 10-8 试件左右梁滞回曲线可得到其左右梁的骨架曲线，将左右梁骨架曲线上相同位移下的荷载取平均值得到试件常温下及火灾后各试件的骨架曲线如图 10-9 所示。

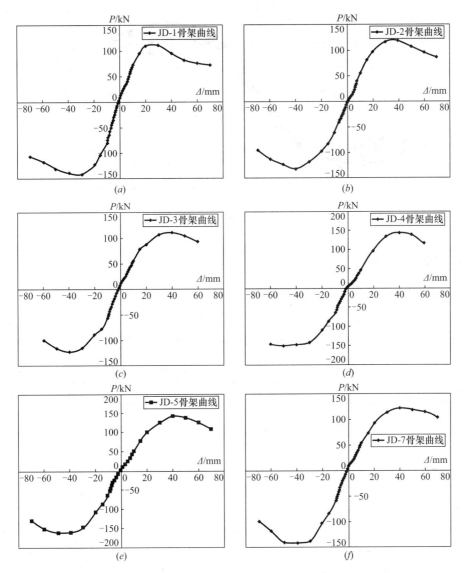

图 10-9 型钢混凝土柱-钢梁节点梁端荷载-位移骨架曲线

(a) JD-1 骨架曲线;(b) JD-2 骨架曲线;(c) JD-3 骨架曲线;

(d) JD-4 骨架曲线;(e) JD-5 骨架曲线;(f) JD-6 骨架曲线

从图 10-9 中可以看出,与其他形式普通型钢混凝土梁柱节点一样,所有型钢混凝土柱-钢梁框架节点试件的受力过程可分为三个阶段:弹性阶段、弹塑性阶段、破坏阶段,整条骨架曲线较为光滑,上升段没有明显的拐点,下降段相对平缓。图 10-10 给出了不同试件骨架曲线的对比。

从图 10-10 中可以看出,受火时间不同,节点的骨架曲线也有所差异。其他条件相同时,随着受火时间增加,骨架曲线上的峰值点降低。轴压比相同时,受火 90min 节点试件骨架曲线上峰值荷载较未受火试件稍有下降,而受火 150min 节点试件骨架曲线上峰值荷载较未受火试件降低显著。

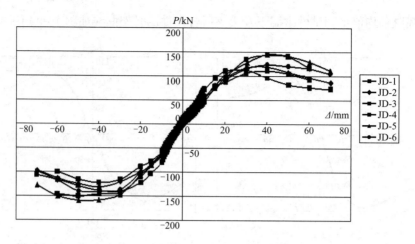

图 10-10　常温下及火灾后试件骨架曲线对比

10.3.5　承载力与变形

根据试件骨架曲线和通用屈服弯矩法，获得了各试件的屈服荷载 P_y、屈服荷载对应的位移 Δ_y、峰值荷载 P_{max}、峰值荷载对应的位移 Δ_{max}、极限荷载 P_u（峰值荷载下降 85% 对应的荷载值）、极限荷载对应的位移 Δ_u 等骨架曲线特征值及相应的位移延性系数 μ_s。

常温下与火灾后试件骨架曲线特征值和延性系数　　　　　　　　　　　表 10-3

编号	JD-1	JD-2	JD-3	JD-4	JD-5	JD-6
P_y/kN	102.0	100.0	95.0	116.0	114.5	100.5
Δ_y/mm	17.8	22.3	24.3	24.6	25.2	23.8
P_{max}/kN	129.9	128.6	124.5	148.5	137.5	133.0
Δ_{max}/mm	29.8	37.4	44.9	45.3	40.5	41.8
P_u/kN	110.4	109.3	105.8	126.2	116.9	113.0
Δ_u/mm	52.1	57.9	55.2	65.8	62.5	63.8
μ_s	2.93	2.60	2.27	2.68	2.48	2.57

从表 10-3 中可以看出，经历火灾作用后，试件的屈服荷载、峰值荷载、极限荷载均出现不同程度降低，受火时间越长，荷载下降越多。与常温未受火试件 JD-1、JD-4 相比，受火 90min 的试件 JD-2、JD-5，其屈服荷载分别下降 1.96%、1.29%，峰值荷载和极限荷载分别下降 1.00%、7.41%；受火 150min 的试件 JD-3、JD-6，其屈服荷载分别下降 6.82%、13.36%，峰值荷载和极限荷载分别下降 4.16%、10.43%。受火时间相同时，轴压比大的试件，其火灾后的剩余承载力相对更低。相比轴压比为 0.087 的试件 JD-5、JD-6，轴压比为 0.174 的试件 JD-3、JD-4，屈服荷载分别下降 12.66%、5.47%，峰值荷载和极限荷载分别下降 6.47%、6.39%。

从表 10-3 中的变形数据看，轴压比较大的三个试件 JD-1、JD-2、JD-3，在经历火灾作用后，试件的峰值荷载所对应的位移加大，且随着受火时间的增长，峰值荷载对应的位移相应增大。受火 90min 的试件 JD-2 最大荷载所对应的位移比未受火试件 JD-1 的最大荷载所对应的位移增加了 25.5%，受火 150min 的试件 JD-3 最大荷载所对应的位移比未受火试件 JD-1 最大荷载所对应的位移增加了 50.7%。而轴压比较小的三个试件 JD-4、JD-5、JD-6，经历火灾作用后，其峰值荷载对应的位移相对常温未受火试件不但没有增加，反而有所减小。

同样，轴压比较大的三个试件 JD-1、JD-2、JD-3，经历火灾作用后，试件的极限荷载相对应的极限位移有所加大，但极限位移与峰值荷载对应位移的比值在降低，其中试件 JD-1 的极限位移与峰值荷载所对应位移的比值为 1.75，试件 JD-2 极限位移与最大荷载所对应位移的比值为 1.5，试件 JD-3 极限位移与最大荷载所对应位移的比值为 1.24，表明火灾作用下随着受火时间的增加，试件在最大荷载过后的承载力下降加快，后期变形能力越来越差。而轴压比较小的三个试件 JD-4、JD-5、JD-6，经历火灾作用后，其极限荷载对应的位移相对常温未受火试件亦有所减小。

表 10-3 中位移延性的数据显示，火灾后型钢混凝土柱-钢梁节点试件的延性下降。与常温未受火试件 JD-1、JD-4 相比，受火 90min 的试件 JD-2、JD-5，其延性系数分别下降 11.26%、7.46%；受火 150min 的试件 JD-3、JD-6，其延性系数分别下降 22.52%、4.10%。总体来看，受火时间越长，延性降低越多。

10.3.6　强度退化

用式（9-1）计算反复荷载下试件强度退化系数 λ_i。常温下及火灾后试件 JD-1～JD-6 不同加载位移下的强度退化系数 λ_i 与荷载循环次数的关系见图 10-11。从图 10-11 中可以看出，所有试件不同位移下的强度退化系数均大于 0.8，表明火灾后型钢混凝土柱-钢梁节点具有良好的抵抗荷载循环的能力。同时，在相同轴压比下，受火试件破坏时的强度退化系数较常温未受火试件更大。这是因为火灾使混凝土强度退化，型钢在节点中对承载力的贡献加大，型钢良好的抗荷载循环能力使节点强度退化系数能保持更高水平。

10.3.7　刚度

图 10-12 给出了试件在不同加载位移下环线刚度与加载位移的关系曲线。从图中可以看出：①所有试件的刚度均随加载位移的增大而减小，表现出明显的退化现象。②与常温未受火试件相比，火灾后试件加载初期的刚度显著降低，受火时间越长，刚度降低越显著。加载后期，随着节点区混凝土的不断破坏剥落，型钢对刚度的贡献越来越大，且由于高温后型钢性能的恢复，高温后试件和常温未受火试件的刚度大致趋向一致。

10.3.8　耗能能力

图 10-13 为试件不同位移最后一次循环下等效阻尼比（h_e）-位移关系曲线。从图中可以看到，所有试件的等效阻尼比均随着梁端加载位移的增加而增大。轴压比较大时（图 10-13a），火灾后试件的等效阻尼比小于常温未受火试件，受火时间越长，等效阻尼比越小；轴压比较小时（图 10-13b），火灾后试件的等效阻尼比大于常温未受火试件，受火时间越长，等效阻尼比越大。表 10-4 给出了试件不同加载位移最后一次循环下等效阻尼比 h_e 的数值。

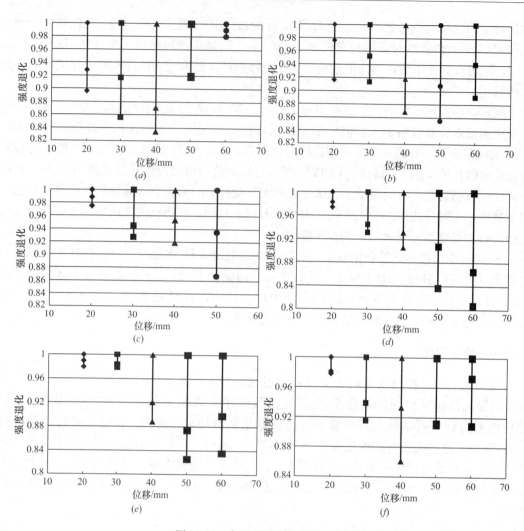

图 10-11 各节点试件的强度退化

(a) JD-1；(b) JD-2；(c) JD-3；(d) JD-4；(e) JD-5；(f) JD-6

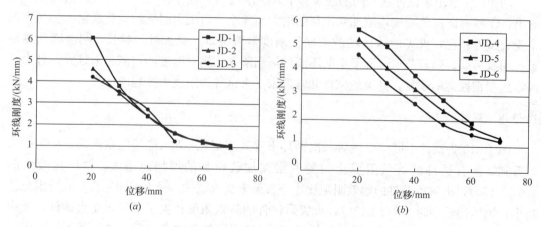

图 10-12 试件环线刚度-位移关系曲线

(a) 轴压比为 0.174；(b) 轴压比为 0.087

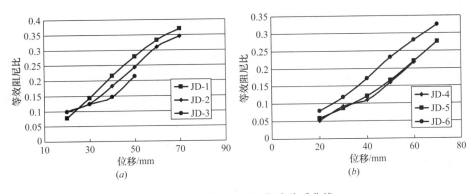

图 10-13　等效阻尼比-位移关系曲线

(*a*) 轴压比为 0.174；(*b*) 轴压比为 0.087

常温与火灾后加固和未加固试件各级位移下等效阻尼比　　表 10-4

试件编号	等效阻尼比 h_e（N/mm）					
	20mm	30mm	40mm	50mm	60mm	70mm
JD-1	0.077	0.114	0.165	0.204	0.252	0.301
JD-2	0.099	0.125	0.182	0.244	0.310	0.345
JD-3	0.098	0.123	0.146	0.214	0.276	—
JD-4	0.051	0.092	0.110	0.160	0.218	—
JD-5	0.059	0.086	0.121	0.166	0.220	0.276
JD-6	0.080	0.119	0.171	0.231	0.280	0.325

10.3.9　本节小结

本节进行了型钢混凝土柱-钢梁节点的火灾升温试验及常温下和火灾后的低周反复加载试验，研究火灾后该类节点的滞回特性、延性、耗能性能、承载力与刚度退化规律。结果表明：经历火灾损伤后，型钢混凝土柱-钢梁节点承载力降低、变形增大、延性减弱。受火时间越长，承载力下降程度越高，延性系数越小。轴压比较大时，火灾后试件的等效阻尼比小于常温未受火试件，受火时间越长，等效阻尼比越小；轴压比较小时，火灾后试件的等效阻尼比大于常温未受火试件，受火时间越长，等效阻尼比越大。

10.4　火灾后型钢混凝土柱-钢梁节点的加固与修复

10.4.1　加固方案

目前，国内外有较多关于梁柱节点加固修复的研究报导[8-15]，本节中采用外包钢和碳纤维布对表 10-1 中编号为 JD-7 和 JD-8 的两个受火 90min 的型钢混凝土柱-钢梁节点进行加固，然后对加固后的试件进行低周反复加载试验，分析两种加固方案对型钢混凝土柱-钢梁节点抗震性能的修复效果。

（1）外包钢加固方案

图 10-6 和图 10-7 显示，火灾后型钢混凝土柱-钢梁节点的最终破坏由核心区混凝土剪切压溃引起，破坏区域从节点核心区一直延伸至相邻的柱端，考虑这一破坏特点同时兼顾工程中钢梁上存在楼板等现实情况，加固时对节点核心区和柱端分别采用两种不同方式：①节点核心区采用两槽型钢围套加固，槽型钢尺寸根据节点核心区尺寸选择，翼缘焊接与钢梁上，试验中槽型钢厚度取 5mm。②核心区边缘上下端柱采用外包角钢加固，角钢为 ∟50×5 等边角钢，角钢与角钢之间用钢片焊接连接，钢板尺寸为 260×50×5，间距为 80mm。外包钢加固设计如图 10-14 所示。

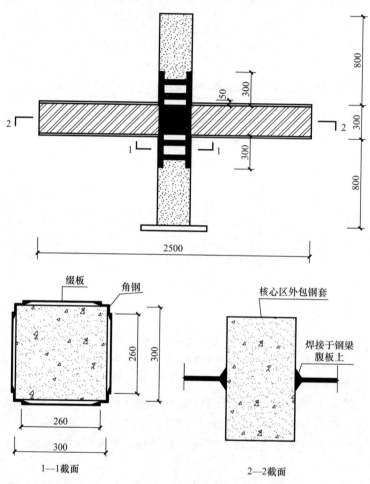

图 10-14 节点外包钢加固示意图

加固流程包括：①混凝土表面处理→②粘贴钢板→③钢板施焊→④灌入粘钢胶→⑤固化→⑥检验→⑦防腐处理。首先打磨掉混凝土表面浮层，直至露出坚实新结构面，对表层出现剥落、空鼓、蜂窝、腐蚀等劣化现象的部位予以剔除，用水泥砂浆修补，裂缝部位进行封闭处理。然后对加固用钢材表面进行除锈和粗糙处理，处理后用棉丝沾丙酮擦拭干净。缀板与角钢连接采用三面围焊，焊接完成后进行注胶施工，结构胶固化后用小锤轻轻敲击钢材表面，从音响判断粘接效果，如发现空洞，须再次高压注胶补实。加固后的效果如图 10-16（a）所示。

（2）碳纤维加固方案

根据《碳纤维片材加固混凝土结构技术规程》，对节点核心区采用碳纤维 U 型环绕包裹加固，再向梁上延伸一定的长度作为锚固长度，锚固长度根据规程不应小于 100mm，并设置压条或 U 型箍进行锚固，对于节点核心区上下端柱混凝土直接采用封闭式环绕包裹碳纤维，纤维方向与柱轴向垂直，若碳纤维端部有搭接连接，搭接长度不应小于 150mm，各条带搭接位置应错开。碳纤维加固设计如图 10-15 所示。

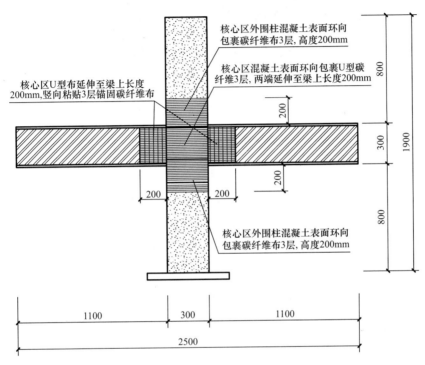

图 10-15　碳纤维法加固节点核心区

加固流程包括：①混凝土表层处理→②配制找平材料并对不平整处修复处理→③配制并涂刷底层树脂→④配制并涂刷浸渍树脂或粘贴树脂→⑤粘贴碳纤维布→⑥表面防护。首先是将混凝土构件表面残缺、破损部分剔凿、清除干净并达到结构密实部位，对经过剔凿、清理和露筋的构件残缺部分，用高于原构件混凝土强度的环氧砂浆进行修补、复原，达到表面平整。将构件棱角的部位，用磨光机磨成圆角，圆角半径最小不得小于 20mm。接着涂底胶，按一定比例将主剂与固化剂先后置于容器中，用搅拌器搅拌均匀，涂抹用滚桶刷或毛刷将胶均匀涂抹于混凝土构件表面，厚度不超过 0.4mm，并不得漏刷或有流淌、气泡，等胶固化后（固化时间视现场气温而定，以手指触感干燥为宜，一般不小于 2h）粘贴碳纤维布，粘贴前允分浸润，粘贴后用滚筒在碳纤维布表面沿同一方向反复滚压至胶料渗出碳纤维布外表面，以去除气泡。多层粘贴重复以上步骤，待纤维表面指触感干燥为宜，方可进行下一层碳纤维布的粘贴。加固后的效果如图 10-16（b）所示。

（3）加固材料性能

对加固用槽型钢进行拉伸试验，测得其强度和弹性模量见表 10-5。购买的碳纤维布及配套树脂类粘结材料具有产品合格证，其主要物理、力学性能指标如表 10-6 所示。

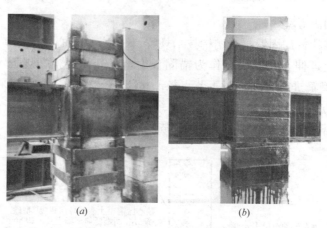

(a)   *(b)*

图 10-16   试件加固后效果图

（*a*）外包钢加固 （*b*）碳纤维加固

加固用槽型钢力学性能   表 10-5

钢板厚度/mm	屈服强度/MPa	极限强度/MPa	弹性模量/MPa
5	320.8	447.5	$2.11×10^5$

加固用碳纤维材料性能   表 10-6

材料名称	抗拉强度/MPa	抗弯强度/MPa	抗压强度/MPa	弹性模量/MPa	伸长率/%
碳纤维布	≥3000	—	—	≥$2.10×10^5$	≥1.50
浸渍胶水	48.9	58.3	90.6	3274.1	1.7

10.4.2   试验过程与试验现象

（1）外包钢加固试件

试验过程中，由于节点核心区混凝土被外包槽型钢套遮住，看不到核心区混凝土变化情况，与核心区相连的柱端在梁端位移加载至 30mm 后出现裂缝，该裂缝由核心区的混凝土斜裂缝延伸所致，位移加载至 40mm、50mm、60mm 时，主要由于受到核心区外包钢套的约束，延伸的混凝土裂缝开展一直缓慢。加载至 70mm 时，核心区的外包钢套微微鼓起，加载至 80mm 时，外包钢套正面和侧面鼓曲明显，混凝土的裂缝增大，由于外包钢套的作用，压碎剥落的混凝土未能掉落，使节点能较长维持较高的持载水平，直到破坏。从加载到破坏的试验现象如图 10-17 所示。

（2）碳纤维加固试件

与外包钢加固试件一样，由于节点核心区混凝土被碳纤维布包裹，看不到核心区混凝土变化情况。梁端加载位移到 20mm 时，因为节点核心区混凝土的变形，使得碳纤维粘结胶发出"嗞咧"声；加载位移增加到 50mm 时，节点边缘与梁翼缘平齐的一小段未被碳纤维包裹的混凝土开始膨胀脱落；加载至 60mm，边缘混凝土掉落更明显，核心区混凝土往外膨胀，膨胀受到 U 型碳纤维布约束，发展缓慢；当位移加至 70mm 时，U 型碳纤维布在梁端的锚固失效，碳纤维布被掀起，节点核心区混凝土整块裂开，试件承载力迅速降低而宣告破坏。从加载到破坏的试验现象如图 10-18 所示。

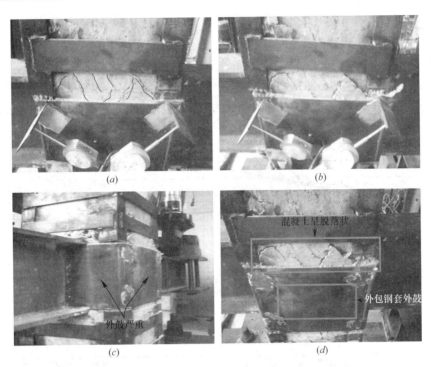

图 10-17　外包钢加固节点试件试验现象

（a）柱端混凝土开裂；（b）柱端裂缝开展；
（c）核心区槽型钢外鼓；（d）节点破坏

图 10-18　碳纤维布加固节点试件试验现象

（a）加载前；（b）碳纤维布胀裂；（c）裂缝开展；（d）节点破坏

10.4.3 滞回曲线

受火 90min 后，采用外包钢加固的节点试件 JD-7 和碳纤维布加固的节点试件 JD-8 左、右梁端荷载位移的 P-Δ 滞回曲线如图 10-19 所示。显然，与火灾后同等条件下未加固节点试件 JD-3 的 P-Δ 滞回曲线（图 10-7b）相比，加固试件的滞回曲线显得更加饱满。

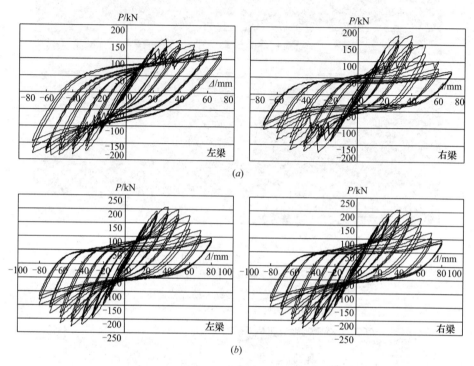

图 10-19　火灾后加固试件滞回曲线
（a）JD-7；（b）JD-8

10.4.4 骨架曲线

根据图 10-19 加固试件左右梁端荷载-位移滞回曲线可得到其左右梁的骨架曲线，将左右梁端骨架曲线上相同位移下的荷载取平均值得到火灾后加固试件的骨架曲线如图 10-20 所示。从图 10-20 中可以看出，火灾后加固试件的骨架曲线与未加固试件相似，整条骨架曲线光滑圆润，上升段没有明显的拐点。

图 10-21 给出了加固试件和未加固试件骨架曲线对比。从图 10-21 中可以看到，所有试件骨架曲线上升段在前期基本重合，但节点区混凝土压碎后，由于外包钢和碳纤维布的约束，加固试件骨架曲线上升段的后半段明显较未加固试件陡峭，刚度得到提高。另一方面，不管是外包钢加固还是碳纤维加固，骨架曲线的峰值点都显著提升，加固后试件的承载力不仅超过火灾后未加固试件，也超过常温未受火试件。其中，外包钢加固试件骨架曲线的峰值点高于碳纤维加固试件骨架曲线的峰值点。

10.4.5 承载力与延性

根据火灾后加固试件 JD-7、JD-8 的骨架曲线和 7.2 节骨架曲线特征值取值方法，分

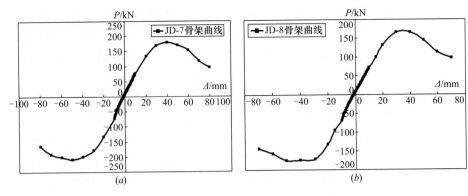

图 10-20　火灾后加固节点试件骨架曲线

（a）JD-7；（b）JD-8

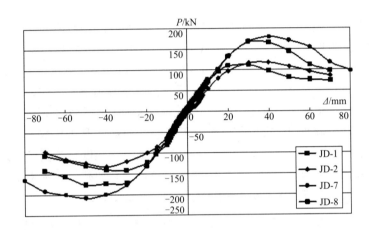

图 10-21　加固试件和未加固试件骨架曲线对比

别获得了加固试件的屈服荷载 P_y、屈服荷载对应的位移 Δ_y、峰值荷载 P_{max}、峰值荷载对应的位移 Δ_{max}、极限荷载 P_u、极限荷载对应的位移 Δ_u 等骨架曲线特征值及相应的位移延性系数 μ_s。

加固试件与未加固试件骨架曲线特征值和延性系数对比　　　　　　表 10-7

编号	JD-1	JD-2	JD-7	JD-8
P_y/kN	102.0	100.0	160.9	159.6
Δ_y/mm	17.8	22.3	27.0	27.6
P_{max}/kN	129.9	128.6	193.5	172.7
Δ_{max}/mm	29.8	37.4	45.2	37.5
P_u/kN	110.4	109.3	164.5	146.8
Δ_u/mm	52.1	57.9	67.9	61.0
μ_s	2.93	2.60	2.51	2.21

从表 10-7 中数据可以看到，其他相同条件下，火灾后经外包钢或碳纤维加固后，试件所能承担的荷载增大。外包钢加固试件 JD-7，相比受火时间相同的未加固试件 JD-2，屈服荷载增大 60.90%，峰值荷载增大和极限荷载增大 50.47%，均超过常温未受火试件

275

JD-1 的相应荷载水平。碳纤维加固试件 JD-8,相比受火时间相同的未加固试件 JD-2,屈服荷载增大 59.60％,峰值荷载增大和极限荷载增大 34.29％,也超过常温未受火试件 JD-1 的相应荷载水平。因此,外包钢和碳纤维布加固对火灾后型钢混凝土柱梁节点承载力的修复效果都非常有效,其中外包钢加固效果尤为显著。

表 10-7 中数据显示,外包钢和碳纤维加固对试件的变形性能也有显著影响,相对常温未加固试件 JD-1 和火灾后未加固试件 JD-2,火灾后经外包钢加固试件 JD-7 和碳纤维加固试件 JD-8 与屈服荷载、峰值荷载、极限荷载对应的位移都明显增大,表明变形能力得到提高,其中外包钢加固试件变形能力提高尤为显著。但表 10-7 中数据同时显示,与屈服荷载、峰值荷载、极限荷载对应的位移的提高程度不一样,屈服位移提高程度高于极限位移提高程度,因而导致加固试件延性系数减小。

10.4.6　强度退化

外包钢和碳纤维加固试件 JD-7、JD-8 不同加载位移反复荷载下的强度退化系数 λ_i 与荷载循环次数的关系见图 10-22。从图 10-22 中可以看出,加载位移小于 60mm 以前,加固试件反复荷载下的强度退化系数 λ_i 随着位移的增大不断减小,显示混凝土随加载进程逐渐退出工作的变化过程,加载位移超过 60mm 后,混凝土基本退出工作,节点承载力主要由型钢提供,因而强度退化系数 λ_i 随着位移增大或保持稳定,受力类似纯钢节点。

比较图 10-11 中常温下和火灾后节点的反复荷载下的强度退化系数 λ_i,可以看出,加固试件相同位移下的强度退化系数相对更小,反复荷载下的强度衰减更快。这是因为加固节点由于外包钢或碳纤维布的约束,承载力显著提高,相同加载位移水平下,节点核心区混凝土的应力水平更高,在反复荷载作用下的强度衰减也更快。

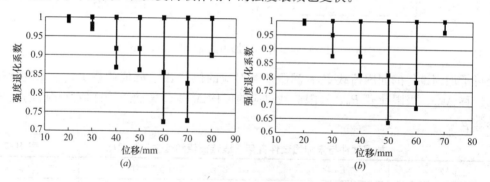

图 10-22　加固后节点试件反复荷载下的强度退化
(a) JD-7;(b) JD-8

10.4.7　刚度

图 10-23 给出了火灾后加固试件 JD-7、JD-8 及常温下和火灾后未加固试件 JD-1、JD-2 不同加载位移下环线刚度与加载位移的关系曲线。从图中可以看出:①所有试件的刚度均随加载位移的增大而减小,表现出明显的退化现象。②外包钢加固试件与碳纤维加固试件的刚度-位移关系曲线均处于未加固曲线上方,表明加固后刚度得到有效提高。数据显示,外包钢加固试件 JD-7,在加载位移为 20mm 首次加载时的刚度较相同受火时间未加固试件 JD-2 的刚度提高了 58.93％,高出未受火试件 JD-1 的刚度达 21.56％,可以看出外包钢加

固对节点刚度的修复效果相当显著。碳纤维加固试件 JD-8，在加载位移为 20mm 首次加载时的刚度较相同受火时间未加固试件 JD-2 的刚度提高了 48.18%，高于未受火试件 JD-1 的刚度达 13.35%，显示碳纤维加固对节点刚度的修复效果也比较明显。③加载后期，随着节点区混凝土的不断破坏剥落，型钢对刚度的贡献越来越大，此时加固试件和未加固试件的刚度大致趋向一致。

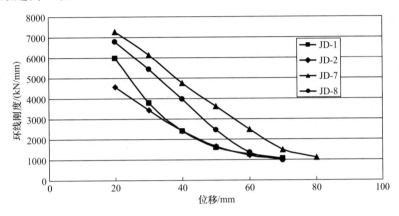

图 10-23 试件环线刚度-位移关系曲线

10.4.8 耗能能力

图 10-24 为火灾后加固试件 JD-7、JD-8 及常温下和火灾后未加固试件 JD-1、JD-2 不同加载位移最后一次循环下等效阻尼比（h_e）-位移关系曲线。从图中可以看到，所有试件的等效阻尼比均随着梁端加载位移的增加而增大，但加固试件的等效阻尼比相比未加固试件没有提高，这与加固节点核心混凝土在高应力反复荷载下强度衰减较快有关。表 10-8 给出了试件不同加载位移下的等效阻尼比数值。

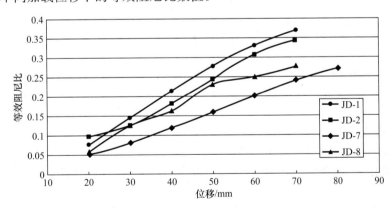

图 10-24 试件的等效阻尼比曲线

加固试件和未加固试件各级位移下等效阻尼比 表 10-8

试件编号	等效阻尼比 h_e（N/mm）					
	20mm	30mm	40mm	50mm	60mm	70mm
JD-1	0.077	0.114	0.165	0.204	0.252	0.301
JD-2	0.099	0.125	0.182	0.244	0.310	0.345

续表

试件编号	等效阻尼比 h_e（N/mm）					
	20mm	30mm	40mm	50mm	60mm	70mm
JD-7	0.053	0.082	0.120	0.159	0.199	0.243
JD-8	0.057	0.127	0.163	0.233	0.250	0.278

10.4.9　本节小结

本节进行了火灾后外包钢和碳纤维加固型钢混凝土柱-钢梁节点的反复荷载试验及未加固节点的对比试验。结果表明：采用外包钢和碳纤维加固都能有效提高火灾后型钢混凝土柱-钢梁节点的承载力、刚度和变形能力，将承载力、刚度和变形能力提高到超过常温未受火以前的水平，其中外包钢加固对承载力、刚度和变形能力的提高修复效果尤为明显。节点承载力提高后，相同位移下节点核心区混凝土的应力水平相对提高，因而反复荷载下的强度衰减加快，等效阻尼比减小。

10.5　本　章　小　结

本章通过常温及火灾后型钢混凝土柱-钢梁组合节点的低周反复加载试验，获得了试件的破坏形态、滞回特性、延性、耗能性能等系列抗震性能指标，分析了节点受火时间、柱端轴压比等参数对火灾后型钢混凝土柱-钢梁节点抗震性能的影响。介绍了外包钢和碳纤维布加固火灾后型钢混凝土柱-钢梁节点的施工流程，进行了加固后型钢混凝土柱-钢梁节点试件的低周反复加载试验，分析了外包钢和碳纤维布加固对火灾后型钢混凝土柱-钢梁节点抗震性能的修复效果。

参 考 文 献

［1］　钟善桐，白国良. 高层建筑组合结构框架梁柱节点分析与设计［M］. 北京：人民交通出版社，2006.

［2］　Chung-Che Chou, Chia-Ming Uang. Cyclic performance of a type of steel beam to steel-encased reinforced concrete column moment connection［J］. Journal of Constructional Steel Research，2002，58：637-663.

［3］　Frank C. C. Weng, H. S. Wang. Seismic behavior of steel beam to steel reinforced concrete (SRC) column connections［J］. Engineering Structures，2010，21（5）：59-64.

［4］　房贞政，陈伟恩，郑则群. 劲性柱—钢梁节点拟静力试验研究［J］. 地震工程与工程震动. 2003. 23（2）：45-50.

［5］　陈红媛，房贞政. 钢混凝土组合柱—钢梁结构中柱节点受力性能研究［J］. 福州大学学报. 2003. 31（4）：460-465.

［6］　葛继平，宗周红等. 方钢管混凝土柱与钢梁半刚性连接节点的恢复力本构模型［J］. 地震工程与工程振动. 2005. 25（6）：81-87.

［7］　宗周红，林于东，陈慧文等. 方钢管混凝土柱与钢梁连接节点的拟静力试验研究［J］. 建筑结构学报. 2005 26（1）：77-84.

［8］　A. Parvin, P. Granata. Investigation on the effects of fiber composites at concrete joints［J］. ACI

Journal Composites. Part B 2000，31：499-509.

［9］ A. Ghobarah，A. Said. Seismic Rehabilitation of Beam-Column Joints Using FRP laminates［J］. Journal of Earthquake Engineering. 2001，5（1）：113-129.

［10］ A. Ghobarah and A Said. Shear strengthening of beam-column joints［J］. Engineer Structures. 2002. 24：881-888.

［11］ T. El-Amoury，A. Ghobarah. Seismic rehabilitation of beam-column joint using GFRP sheets ［J］. ACI Journal Engineering Structures. 2002，24：1397-1407.

［12］ 彭亚萍，王铁成，张玉敏，徐尧. FRP加固混凝土梁柱边节点抗震性能试验［J］. 哈尔滨工业大学学报. 2007，12（12）：1969-1973.

［13］ 周运瑜，陆洲导，余江滔，张克纯. 混凝土空间框架节点的加固试验研究［J］. 低温建筑技术. 2009，31（12）.

［14］ 周运瑜，余江滔，陆洲导，张克纯. 玄武岩纤维加固震损混凝土框架节点的抗震性能［J］. 中南大学学报（自然科学版）2010，41（4）.

［15］ 苏磊，陆洲导，张克纯，余江滔，程莉. BFRP加固震损混凝土框架节点抗震性能试验研究［J］. 东南大学学报. 2010，5（3）：559-564.

第 11 章　火灾后型钢混凝土框架抗震性能研究

11.1　引　言

　　框架是建筑结构的一种基本形式，其火灾下的耐火性能及灾后的剩余承载特性和抗震性能对结构安全至关重要。目前有较多关于火灾下及灾后钢框架和钢筋混凝土框架受力性能的研究报导，但涉及型钢混凝土组合框架的报导尚不多见[1-11]。本章主要介绍火灾后型钢混凝土柱-型钢混凝土梁以及型钢混凝土柱-钢筋混凝土梁两种典型组合框架的抗震性能试验及相关结果。

11.2　试　验　概　况

11.2.1　试件设计

　　共设计制作 4 榀框架，其中 2 榀为普通型钢混凝土柱-型钢混凝土梁框架，编号为 SRC、SRCF；2 榀为型钢混凝土柱-钢筋混凝土梁框架，编号为 RC、RCF。框架 SRCF 和 RCF 先进行火灾试验，而后进行低周反复加载试验，研究火灾对框架抗震性能的影响。框架中梁柱构件的截面尺寸与配筋情况见表 11-1。

截面尺寸与配筋　　　　　　　　　　　　　　表 11-1

构件	位置	尺寸
RC梁	截面	200mm×180mm
	纵筋	8Φ12
	箍筋	φ8@100（50）
SRC梁	截面	200mm×180mm
	型钢	HN100×50×5×7
	钢筋	4Φ12
	箍筋	φ8@100（50）
基础梁	截面	400mm×400mm
	纵筋	8Φ20
	箍筋	φ8@100（50）
柱	截面	250mm×250mm
	型钢	HM150×100×6×9
	钢筋	4Φ18
	箍筋	φ8@100（50）
节点	截面	250mm×250mm
	箍筋	φ8@100（50）

型钢混凝土柱-型钢混凝土梁框架在梁柱节点区采用对接焊缝连接，与梁上下翼缘齐平的柱型钢腹板设置加劲肋。型钢混凝土柱-钢筋混凝土梁框架在柱型钢上焊接牛腿，用于梁端钢筋的连接，与牛腿上下翼缘齐平的柱型钢腹板上设置加劲肋。节点核心区采用 U 型箍焊接于梁腹板及柱牛腿上，核心区边缘梁端及柱端箍筋加密，加密区高度为 500mm。框架柱截面尺寸为 250mm×250mm，剪跨比为 4，含钢率为 5.6%。试件设计如图 11-1 和图 11-3 所示，施工制作过程如图 11-4 所示。为测定火灾升温时框架不同位置的温度情况，在框架 SRCF 和 RCF 梁截面、柱截面、节点核心区截面分别布置了热电偶，布置位置图 11-2 所示。

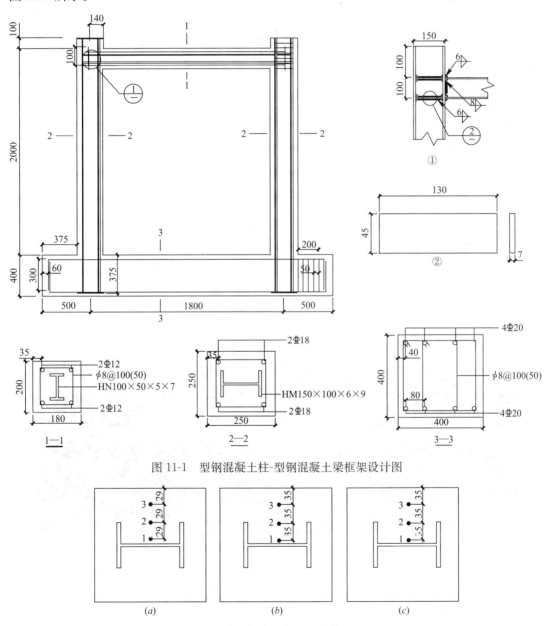

图 11-1　型钢混凝土柱-型钢混凝土梁框架设计图

图 11-2　热电偶布置位置（试件 SRCF）

（a）梁截面；（b）柱截面；（c）节点核心区截面

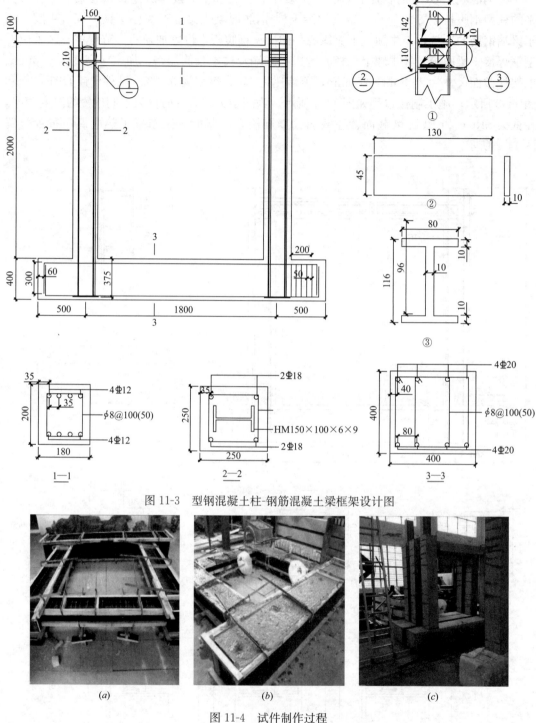

图 11-3　型钢混凝土柱-钢筋混凝土梁框架设计图

图 11-4　试件制作过程

（a）支模；（b）浇筑混凝土；（c）制作完成

11.2.2　材料性能

试件时采用商品混凝土浇筑，制作试件的同时，浇筑边长为 150mm 的混凝土立方体试块，与试件在同等条件下养护，在试验受火前按照《普通混凝土力学性能试验方法》GB/T 50081—2002 进行试块立方体强度测试，获取混凝土的抗压强度，测试结果为 58.6MPa。

按《金属材料　拉伸试验　第 1 部分：室温试验方法》GB/T 228.1—2010 将钢材切割制作成标准材性试样并进行拉伸试验，测定型钢和钢筋的屈服强度、抗拉强度、弹性模量，测试结果如表 11-2 所示。

表 11-2

钢材材性测试结果

钢材	厚度或直径/mm	屈服强度 f_y/MPa	极限强度 f_u/MPa	弹性模量 $E/10^5$MPa
柱型钢翼缘	9	315	475	2.11
柱型钢腹板	6	358	519	2.26
梁型钢翼缘	7	308	429	2.22
梁型钢腹板	5	382	524	2.23
底梁钢筋	20	462	580	2.03
柱钢筋	18	456	566	2.12
梁钢筋	12	454	557	2.08
箍筋	8	458	548	2.09

11.2.3　火灾升温试验

将受火的 2 榀框架立放于图火灾炉内，进行火灾升温试验，受火方式为四面受火，升温时间为 75min。升温试验前对框架底部基础梁包裹防火棉以减少高温带来的损伤。升温到达预定时间后，熄火并打开炉门，使试件在自然状态下冷却。由炉内热电偶记录的炉膛升降温曲线如图 11-5 所示。

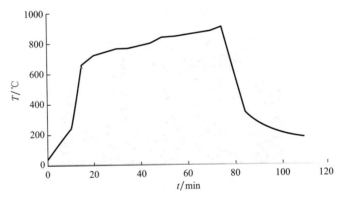

图 11-5　炉膛升降温曲线

11.2.4　常温及火灾后试验加载方案

常温及火灾后的低周反复荷载加载在如图 11-6 所示的建研式加载装置上进行，装置中的四连杆机构能够保证框架的上下平面在试验中始终保持平动。试验中，水平荷载由 MTS 液压伺服作动器施加，并通过试件顶部的限位挡板进行传递；竖向荷载由 L 型梁上的液压千斤顶施加，千斤顶上部设有带滑槽的滑板小车，加载时能够自由滑动。

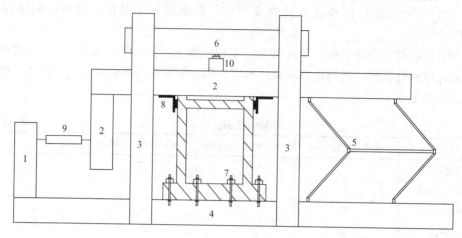

图 11-6　加载装置

1—反力架；2—L 型梁；3—竖向钢柱；4—基座；5—四联杆；6—反力梁；

7—压梁及螺杆；8—限位挡板；9—MTS 伺服作动器；10—千斤顶

试件安装时，先在基座上画出试件位置，设计好试件对中，以保证对两边框架柱施加等效竖向荷载。在基座画出位置铺上沙子，以保证试件底面安装后与基座无缝隙。试件放置后，用压梁将试件与基座通过螺杆固定，然后施加少量竖向荷载，待试件与基座间的沙子挤压密实后卸载，再次拧紧压梁上的螺杆，以保证试件与基座固定牢固。最后安装限位挡板，并用薄铁皮将限位挡板与试件节点接触面缝隙塞实，保证水平力的传递。试件安装就位如图 11-7 所示。

图 11-7　试件安装就位图

加载时，先对试件施加竖向荷载，并保持荷载不变，直至试验结束，竖向荷载大小通过轴压比计算得出。然后通过 MTS 作动器施加水平荷载，水平加载采用位移控制，当加载位移小于 10mm 时，每级加载位移的增幅为 2mm，反复循环 1 次；当加载位移到达 10mm 后，每级加载位移的增幅为 10mm，反复循环 3 次，加载制度如图 11-8 所示。当同一级位移的不同循环荷载下，第 2 次荷载循环的峰值荷载下降至第 1 次循环下峰值荷载的 85% 以下，或进入下降段后的某一级位移下的第 1 次循环中，荷载下降至峰值荷载的 85%

以下，认为试件发生破坏，将试件拉回原位后停止加载。

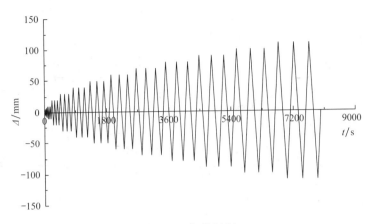

图 11-8　加载制度

试验过程中，梁端水平位移及对应水平荷载由 MTS 控制系统自动采集。试验过程中，仔细观察试件梁柱节点及柱脚区裂缝的出现时间和发展变化情况，通过拍照及文字描述方式及时记录试验现象。

11.3　型钢混凝土柱-型钢混凝土梁框架试验结果与分析

11.3.1　火灾升温试验结果

试件经历图 11-5 所示的火灾历程后，整体呈浅黄色，表层混凝土变酥变脆并伴随细微裂纹。梁、柱构件出现了混凝土爆裂留下剥落痕迹，其中柱端混凝土爆裂面积最大，梁端混凝土爆裂面积较柱端稍小，爆裂部位出现箍筋扎丝外露的现象，节点区混凝土则相对完好，火灾后框架外观如图 11-9 所示。对火灾后混凝土试块进行抗压强度测试，测得剩余立方体抗压强度为 33.5MPa。

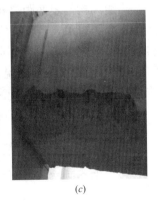

(a)　　　　　　　　　　　(b)　　　　　　　　　　　(c)

图 11-9　火灾后试件外观

（a）火灾前后颜色对比；（b）柱端混凝土爆裂；（c）梁端混凝土爆裂

根据图 11-2 热电偶布置方案，测得试件内部梁、柱、节点区域在升降温全过程下的温度时间曲线如图 11-10 所示。

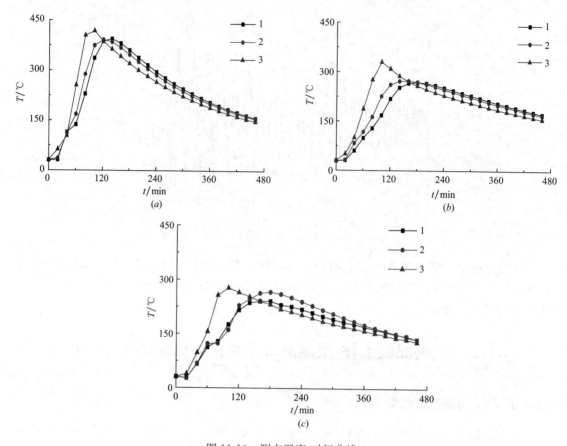

图 11-10　测点温度-时间曲线
（a）梁端测点；（b）柱端测点；（c）节点区测点

从图 11-10 可以看到，所有测点经历大致相似的升降温过程，但升温和降温速率有一定差异：①在梁、柱、节点截面中，距离构件表面越近，升降温速度越快，经历的最高温度越高。②当距离构件表面距离相同时，柱截面温度高于节点区截面温度。这一方面因为柱端混凝土发生了爆裂，致使火灾时的升温加快，最高温度提高；另一方面，与节点相连的型钢混凝土梁客观上造成了节点三面受火的状态，使升温速度和最高温度都低于柱端。③表 11-3 给出了各测点在升降温过程中达到的最高温度。表中数据显示，各测点的最高温度均未超过 450℃，其中靠近型钢的测点 1 的最高温度未超过 400℃。

测点最高温　　　　　　　　　　　　　　　　　　　　表 11-3

测点位置	测点编号	距表面位置（mm）	最高温度（℃）
梁	1	87	395.0
	2	58	391.5
	3	29	437.8
柱	1	105	268.1
	2	70	272.5
	3	35	329.8

测点位置	测点编号	距表面位置（mm）	最高温度（℃）
	1	105	257.6
节点	2	70	265.6
	3	35	279.5

11.3.2 破坏过程及破坏形态

（1）未受火试件 SRC

火灾试验结束后，试件表面已存在一些细微裂缝。加载至 20mm 时（对应荷载 142kN），梁端原有火灾裂缝开始互相贯通，柱脚出现第一条细裂缝。加载至 30mm 时（对应荷载 204kN），梁端原有裂缝在框架水平位移作用下非常明显，柱脚裂缝则处于相对缓慢发展的状态。加载至 40mm 时（对应荷载 261kN），梁端裂缝明显增多，最大裂缝宽度达到 1.5mm，柱脚裂缝发展加快。加载至 50mm 时（对应荷载 289kN），梁端最大裂缝宽度达 2.5mm，柱脚裂缝明显增多，最宽裂缝达 1.5mm，此时节点区仍保持完好。加载至 60mm 时（对应荷载 302kN），梁端混凝土开始剥落，节点区出现第一条细微裂缝。加载至 70mm 时（对应荷载 306kN），荷载达到峰值，梁端形成塑性铰，混凝土不断剥落破坏，柱脚混凝土开始剥落，节点区裂缝仍保持缓慢发展状态。加载至 80mm 时（对应荷载降至 294kN），柱脚形成塑性铰，混凝土大量剥落，节点区裂缝发展加快。持续加载，直至加载位移 120mm 时（对应荷载 251kN），荷载下降至峰值荷载的 84%，加载结束。此时节点区边缘少量混凝土剥落，节点核心区相对完好，表现出"强柱弱梁、节点更强"的特点。试件破坏过程及破坏状态如图 11-11 所示。

（2）火灾后试件 SRCF

加载至 10mm 时（对应荷载 56kN），梁端出现裂缝。加载至 20mm 时（对应荷载 100kN），梁端与节点连接处裂缝发展加快。加载至 30mm 时（对应荷载 146kN），柱脚出现水平裂缝。加载至 40mm 时（对应荷载 190kN），梁端最大裂缝宽度达 1.5mm，柱端裂缝稳定发展，节点区出现斜裂缝。加载至 50mm 时（对应荷载 224kN），梁端出现更多裂缝，柱端裂缝发展加快，节点区斜裂缝缓慢发展。加载至 60mm 时（对应荷载 246kN），梁端混凝土开始剥落，柱端裂缝不断加宽，并出现沿柱高的纵向劈裂裂缝，节点区裂缝交叉发展。加载至 70mm 时（对应荷载 258kN），梁端形成塑性铰，混凝土大面积剥落，节点区交叉斜裂缝发展加快。加载至 80mm 时（对应荷载 264kN），荷载达到峰值，梁端破坏严重，柱角混凝土劈裂剥落。加载至 90mm 时，对应荷载 259kN，柱脚塑性铰混凝土大面积剥落，节点区裂缝发展迅速。加载至 100mm 时（对应荷载降至 250kN），节点交叉裂缝区混凝土鼓起。加载至 120mm 时（对应荷载降至 209kN），荷载已不足峰值荷载的 85%，试件破坏。破坏过程及破坏状态如图 11-12 所示。

与常温未受火框架 SRC 相比，火灾后框架 SRCF 加载前期裂缝发展相对缓慢，随着加载位移的增加，在型钢柱上出现明显的纵向粘结裂缝，将柱角部混凝土劈裂，表明火灾造成的型钢与混凝土粘结强度降低影响到了试件的破坏形态。加载结束时，节点区混凝土明显突起，破坏程度较常温未受火试件 SRC 试件更严重。

(a)

开裂	混凝土局部剥落	梁端塑性铰混凝土压溃破坏

(b)

开裂	角部混凝土剥落	柱端塑性铰混凝土压溃破坏

(c)

交叉裂缝	边缘混凝土剥落

(d)

图 11-11 常温未受火试件 SRC 破坏过程

(a) 整体破坏形态；(b) 梁端破坏过程；(c) 柱端破坏过程；(d) 节点区

11.3.3 滞回曲线

由试验得到的常温未受火试件 SRC 及火灾后试件 SRCF 水平荷载与位移 P-Δ 关系曲线如图 11-13 所示。

从图 11-13 中可以看出：①2 榀框架滞回曲线关于坐标原点大致对称，同一级位移加载中，后一次加载循环的极限荷载均小于前一次，说明在反复加载中，试件存在承载力的退化。②初始加载时，滞回曲线基本为处于直线循环状态，卸载后几乎没有残余变形；加载位移 20mm 左右时，曲线逐渐偏离直线，卸载后出现少量残余变形，此时框架的梁端出

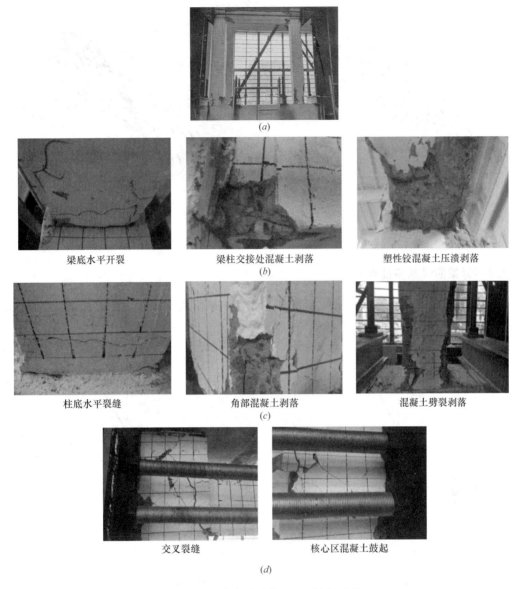

(a)

梁底水平开裂　　　　梁柱交接处混凝土剥落　　　　塑性铰混凝土压溃剥落

(b)

柱底水平裂缝　　　　角部混凝土剥落　　　　混凝土劈裂剥落

(c)

交叉裂缝　　　　核心区混凝土鼓起

(d)

图 11-12　火灾后试件 SRCF 破坏过程

(a) 整体破坏形态；(b) 梁端破坏过程；

(c) 柱端破坏过程；(d) 节点破坏形态

现第一条明显裂缝；加载位移 40mm 左右时，曲线上升斜率明显减小，说明刚度明显退化，并且曲线在卸载后的残余变形已较为明显，同时滞回环面积明显增大，说明此时框架的耗能能力逐步增强；曲线的峰值点出现在加载位移 70mm 左右，此时框架卸载后的残余变形已经非常明显；加载至混凝土退出工作后，型钢混凝土框架内仅剩下型钢框继续工作，滞回环在破坏前基本呈梭形。③相比常温未受火试件 SRC，经历火灾作用的试件 SRCF 的滞回曲线出现残余变形的时间更早，与破坏过程中梁端开裂较早相一致。混凝土退出工作后，SRCF 滞回曲线同样呈现出明显的梭形，说明型钢混凝土框架经历火灾后，仍具有良好耗能能力。

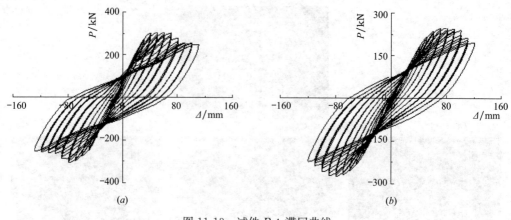

图 11-13　试件 P-Δ 滞回曲线

（a）常温未受火试件 SRC；（b）火灾后试件 SRCF

11.3.4　骨架曲线及特征点分析

将常温未受火试件 SRC 及火灾后试件 SRCF 水平荷载与位移 P-Δ 滞回曲线各个峰值点相连得到试件的骨架曲线如图 11-14 所示。

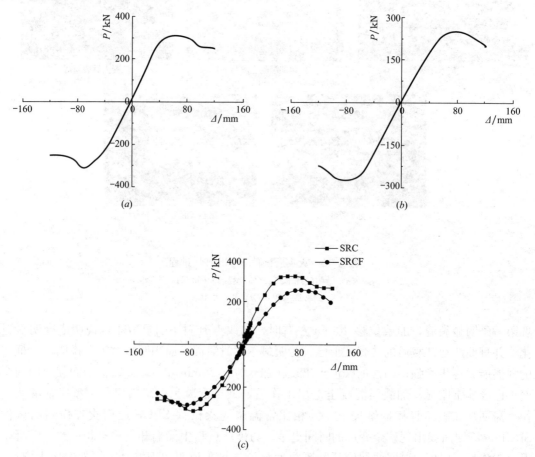

图 11-14　常温与火灾后试件 P-Δ 骨架曲线及对比

（a）常温未受火试件 SRC；（b）火灾后试件 SRCF；（c）骨架曲线对比

从图 11-14 中可以看出：①常温下及火灾后型钢混凝土框架的骨架曲线形状基本相同，大致呈 S 形，曲线包括直线段上升段、曲线上升段、下降段，分别对应弹性工作阶段、弹塑性工作阶段、破坏阶段。②弹性阶段与弹塑性阶段的曲线连续，没有明显拐点。③经历火灾后，试件骨架曲线上升段斜率变小，表明刚度降低；骨架曲线峰值点下降，表明承载力受损；相同荷载下，火灾后试件对应位移更大，说明火灾"软化"现象明显。

11.3.5 承载力与延性

根据图 11-14 骨架曲线，获得了常温未受火试件 SRC 与火灾后试件 SRCF 的屈服荷载 P_y、屈服荷载对应的位移 Δ_y、峰值荷载 P_{max}、峰值荷载对应的位移 Δ_{max}、极限荷载 P_u、极限荷载对应的位移 Δ_u 等骨架曲线特征值如表 11-4 所示。其中屈服点采用图 9-12 所示的 R. Park 法确定，其他特征点取值方法见 7.2 节。

骨架曲线特征点数值 表 11-4

试件编号	P_y/kN	Δ_y/mm	P_{max}/kN	Δ_{max}/mm	P_u/kN	Δ_u/mm
SRC	271.0	44.4	306.6	70	260.6	109.2
SRCF	230.0	50.8	262.9	80	223.5	110.3

从表 11-4 可以看出：火灾后型钢混凝土框架所能承担的荷载降低，与相关荷载对应的变形增大。与常温未受火试件 SRC 相比，火灾后试件 SRCF 的屈服荷载和峰值荷载分别下降 15.2% 和 14.3%。与屈服荷载、峰值荷载、极限荷载对应的位移分别增大 14.4%、14.2%、1.0%，增大程度依次减小，表明火灾使型钢混凝土框架后期抵抗荷载的能力下降，变形能力减小。

表 11-5 给出了试件位移延性系数大小。从表中数值看出，火灾后试件位移延性系数降低，与常温未受火试件 SRC 相比，火灾后试件 SRCF 的位移延性系数下降了 11.8%。

位移延性系数 表 11-5

试件编号	Δ_y/mm	Δ_u/mm	μ_s
SRC	44.4	109.2	2.46
SRCF	50.8	110.3	2.17

11.3.6 强度退化

强度退化是指结构构件经历循环荷载后承载力随之降低的现象，对结构构件的强度退化进行分析，可以判断其抗循环荷载能力的强弱。

(1) 荷载循环次数对强度退化的影响

荷载循环次数对强度退化的影响用强度退化系数 λ_i 来表示，λ_i 的计算方法见式（9-1）。SRC 和 SRCF 两个试件不同加载位移下的强度退化系数与荷载循环次数的关系见图 11-15，系数越小，表明强度退化越明显。

从图 11-15 中可以看出：①各级加载位移下，随着循环次数的增加，常温下及火灾后型钢混凝土梁柱框架的强度均发生不同程度退化，其中第二次加载循环的强度退化程度比

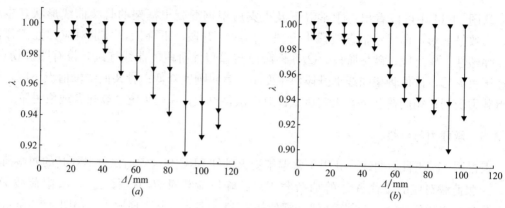

图 11-15　荷载循环次数对强度退化的影响
(*a*) 试件 SRC；(*b*) 试件 SRCF

第三次加载循环的强度退化程度大。②加载位移是影响强度退化系数 λ_i 变化的主要原因。以试件屈服（加载位移 $45\sim50\mathrm{mm}$）为分界点，屈服前 2 榀框架强度退化系数均大于 0.98，表明随着荷载循序次数的增加强度退化不明显；屈服后随着加载位移的增大，强度退化系数减小加快，但系数最小值均大于 0.90，表明常温下及火灾后型钢混凝土梁柱框架均具有良好的抵抗荷载循环的能力。③相比常温未受火试件 SRC，火灾后试件 SRCF 强度退化系数的最小值略低。加载后期，随着梁端和柱脚处混凝土的破坏，型钢框承担大量工作，二者的强度退化系数总体趋向一致。

（2）整体强度退化

反复荷载下，结构构件在同一级加载位移下的强度会随着荷载循环次数的增加而不断降低，同时峰值荷载以后，构件在不同加载位移下所能达到的最大荷载也不断下降。可用整体强度退化系数 λ_j 反应加载过程中这一强度退化现象。λ_j 的计算方法见式（9-2）。SRC 和 SRCF 两个试件整体强度退化系数与加载位移的关系曲线见图 11-16。峰值荷载前，系数越大，表明荷载上升越快，刚度越大；峰值荷载后，系数越小，表明强度退化越多。

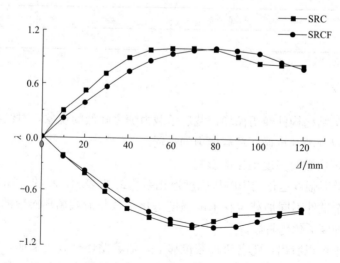

图 11-16　试件整体强度退化曲线

从图 11-16 中可以看出：峰值荷载前，常温未受火试件 SRC 的曲线位于火灾后试件 SRCF 曲线上方，表明常温未受火试件荷载上升快，刚度大；峰值荷载后，常温未受火试件 SRC 的曲线位于火灾后试件 SRCF 曲线下方，表明强度衰减更快；破坏阶段，两条曲线基本重合，由于构件内部核心型钢的存在，使试件破坏前均能保持较高的持载水平，表现出良好的抗震与抗火性能。

11.3.7　刚度

用式（8-4）计算反复荷载下试件的环线刚度，由此得到常温下及火灾后型钢混凝土框架环线刚度-位移曲线如图 11-17 所示。

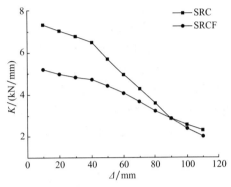

图 11-17　环线刚度-位移关系曲线

从图 11-18 中可以看到：SRC 及 SRCF 的刚度均随着加载位移的增大而不断减小，呈现出明显的退化现象。退化可分为两个阶段，即屈服前的缓慢退化阶段及屈服后快速退化阶段。表 11-6 给出了两个试件初始加载（加载位移为 10mm）、屈服及破坏时刚度的对比。从表中数据可以看出，经历火灾影响后，型钢混凝土框架的刚度明显下降。与常温未受火试件 SRC 相比，火灾后试件 SRCF 的初始刚度、屈服时对应刚度、破坏时对应刚度分别下降 29.4％、31.7％、13.2％。加载后期，2 榀框架的刚度曲线渐渐靠拢，主要原因是框架破坏前后梁端及柱脚混凝土逐渐退出工作，试件刚度主要由梁柱构件内部型钢及其包裹的核心混凝土提供，因而刚度的差异不断减小。

<table>
<tr><td colspan="2" align="right">常温及火灾后试件环线刚度对比</td><td align="right">表 11-6</td></tr>
</table>

试件编号	初始刚度/(kN/mm)	屈服刚度/(kN/mm)	破坏刚度/(kN/mm)
SRC	7.32	6.49	2.28
SRCF	5.17	4.43	1.98

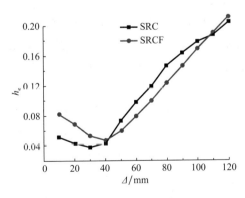

图 11-18　常温下及火灾后试件的等效阻尼比

11.3.8　耗能能力

耗能能力用等效阻尼比 h_e 进行衡量，用等效阻尼比越大，表明耗能能力越强。图 11-19 为常温未受火试件 SRC 和火灾后试件 SRCF 的等效阻尼比 h_e 与加载位移的关系曲线（h_e 根据各级位移下首次加载的滞回环计算）。

从图 11-18 中可以看出：不管是常温未受火试件 SRC 还是火灾后试件 SRCF，其等效阻尼比 h_e 均随位移加大先减小而后增大。屈服荷载前，相同加载位移下火灾后试件的等效阻尼比大于未受火试件；屈服荷载后，相同加载位移下火灾后试件的等效阻尼比小于未受火试件；临近破坏时，二者的等效阻尼比趋向一致，SRC 和 SRCF 的等效阻尼比分别达到 0.205 和 0.209，表现出较强的耗能能力。

11.3.9　塑性转动能力

框架的塑性转动能力可用塑性转角 θ_p 表示，θ_p 的计算公式如式（11-1）：

$$\theta_p = \frac{\Delta}{L} - \frac{PL}{K} \tag{11-1}$$

式中，Δ 为加载位移；L 为框架柱高度；P 为水平荷载；K 为初始转动刚度（由荷载-位移骨架曲线的弹性段计算得到）。

图 11-19 给出了常温未受火试件 SRC 和火灾后试件 SRCF 的 M-θ_p 滞回曲线。从图中可以看出常温下及火灾后试件的滞回曲线多很丰满。加载前期，试件处于弹性阶段，塑性转角很小；试件屈服后进入弹塑性阶段，塑性转角逐渐增大；临近破坏时，型钢在承载中起主要作用，曲线呈丰满的梭形。

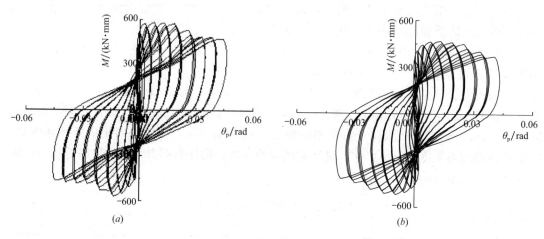

图 11-19　M-θ_p 滞回曲线
(a) SRC；(b) SRCF

表 11-7 给出了常温下及火灾后试件屈服点、峰值点、破坏点对应的弯矩和塑性转角的对比。表中数据显示，与常温未火试件 SRC 相比，火灾后试件 SRCF 的屈服转角增大，峰值转角和极限转角减小。这是因为火灾后，混凝土弹性模型减小，刚度降低，从而导致加载初期塑性转角较常温未受火试件大；随着加载的进行，火灾后混凝土脆性性能充分显示，导致极限转动能力降低。

为保证框架的抗倒塌能力，我国现行国家标准《建筑抗震设计规范》GB 50011—2010 规定结构的塑性转角限值为 0.02rad，表 11-7 中的数据显示，常温未受火试件 SRC 和火灾后试件 SRCF 的破坏时的塑性转角分别达到 0.04 和 0.03rad，均满足抗震设计规范要求。

常温下与火灾后型钢混凝土框架的塑性转角　　　　　　　　表 11-7

试件编号	M_y/(kN·mm)	θ_{py}/rad	M_{max}/(kN·mm)	θ_{pmax}/rad	M_u/(kN·mm)	θ_{pu}/rad
SRC	491.2	0.001225	574.8	0.014153	487.5	0.040289
SRCF	401.6	0.003878	492.9	0.012144	419.1	0.031279

11.3.10　累积损伤

结构累积损伤指的是结构承受地震荷载时，随着循环次数的增加，损伤随之累积的现象，损伤累积程度直接决定结构能否够继续承担荷载，累积损伤可以用可以用损伤指数 D 表示[12]。具体计算过程如下：

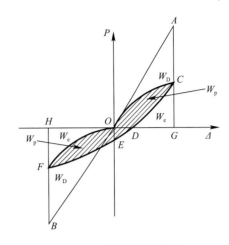

图 11-20　结构受力状态

理想状态下结构受外力作用时，荷载位移曲线沿着弹性路线 OA 及 OB 运动（如图 11-20 所示），因此由外力做的功 W 可以用式（11-2）表示：

$$W = S_{OAG} + S_{OBH} \qquad (11\text{-}2)$$

结构在实际受荷过程中必然存在损伤，试验中曲线沿着 $OCDEF$ 运动，此时外力所做的功转化成三部分，即塑性变形能、弹性变形能及损伤耗散能，分别用 W_p、W_e 及 W_D 表示，$W = W_e + W_p + W_D$，其中：

$$W_e = S_{DCG} + S_{OFH} \qquad (11\text{-}3)$$

$$W_p = S_{OCDEF} \qquad (11\text{-}4)$$

$$W_D = S_{OAC} + S_{OBF} \qquad (11\text{-}5)$$

$$W_e + W_p = S_{DCG} + S_{OFH} + S_{OCDEF} \qquad (11\text{-}6)$$

$$W_D = (S_{OAG} + S_{OBH}) - (S_{DCG} + S_{OFH} + S_{OCDEF}) \qquad (11\text{-}7)$$

因此累积损伤指数 D 为：

$$D = \frac{W_D}{W} \qquad (11\text{-}8)$$

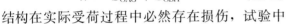

图 11-21　累积损伤曲线

通过计算，得到框架累积损伤曲线如图 11-21 所示，其中 n 为加载次数。从图 11-21 中可以看出：累积损伤指数随着加载次数的增加而增大。其中，常温未受火试件 SRC 的累积损伤指数 D 随着荷载循环次数的增加呈线性增大；火灾后试件 SRCF，当荷载循环次数小于 12 次以前，其累积损伤指数 D 随荷载循环次数的增加而快速增大，随后增大速度降低。总的来看，当荷载循环次数小于 30 以前，相同循环次数下，火灾后试件 SRCF 的损伤指数 D 明显大于常温未受火试件 SRC，说明火灾对框架造成的累积损伤更为严重；试件接近破坏时，由于混凝土不断退出工作，构件中型钢的作用越来越突出，二者的累积损伤曲线渐渐趋于一致。

11.3.11　$P\text{-}\Delta$ 效应

$P\text{-}\Delta$ 效应是指结构受荷过程中，由于水平侧移的存在，轴向力产生相应的弯矩效应，是影响水平荷载下结构承载力的重要因素。结合图 11-22 所示的框架受力变形图，对框 $P\text{-}\Delta$ 效应的进行分析，具体过程如下：

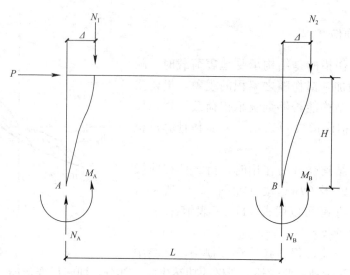

图 11-22　框架受力变形图

对 A 点取矩，在不考虑 $P\text{-}\Delta$ 效应的情况下：

$$PH = M_A + M_B + (N_B - N_2)L \tag{11-9}$$

在考虑 $P\text{-}\Delta$ 效应的情况下：

$$P_0 H + N_1 \Delta_1 + N_2(L + \Delta_2) = M_A + M_B + N_B L \tag{11-10}$$

$$P_0 = P - \frac{N_1 \Delta_1 + N_2 \Delta_2}{H} \tag{11-11}$$

引入水平力降低率系数 η：

$$\eta = \frac{P - P_0}{P} = \frac{N_1 \Delta_1 + N_2 \Delta_2}{PH} \tag{11-12}$$

计算得到的 η 值如图 11-23 所示，从图中可以看出，加载前期位移较小，$P\text{-}\Delta$ 效应并不明显。随着位移的增大，$P\text{-}\Delta$ 效应对承载力的影响增大，框架的承载力也因此降低。对比 SRC 及 SRCF 试件，SRCF 试件的 η 值明显大于 SRC，说明火灾作用后框架的 $P\text{-}\Delta$ 效应更为明显。

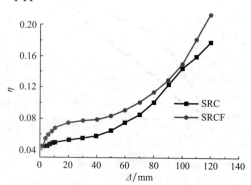

图 11-23　$P\text{-}\Delta$ 效应曲线

11.3.12　本节小结

本节进行了 1 榀火灾后型钢混凝土柱-型钢混凝土梁组合框架的低周反复荷载试验和 1 榀未受火框架的对比试验，研究火灾后型钢混凝土柱-型钢混凝土梁组合框架的抗震性能。获得了火灾后型钢混凝土柱-型钢混凝土梁组合框架的滞回特性、延性、耗能性能、承载力与刚度退化规律，分析了常温下及火灾后型钢混凝土柱-型钢混凝土梁组合框架的累计损伤过程和 $P\text{-}\Delta$ 效应。结果表明：与常温未受火框架相比，火灾后型钢混凝土柱-型钢混凝土梁组合框架的承载力减小、刚度下降、延性降低，反复荷载下的累计损伤增大，P-Δ 效应更为明显。但是由于构件中核心型钢的存在，火灾后的型钢混凝土柱-型钢混凝土梁组合框架的滞回曲线依旧饱满，破坏前能保持较高的持载水平，具有良好的耗能性能和抗荷载循环能力，火灾后框架的塑性极限转角超过 0.03rad，满足我国抗震设计规范规定的塑性转角限值要求。

11.4　型钢混凝土柱-钢筋混凝土梁框架试验结果与分析

11.4.1　火灾升温试验结果

与普通型钢混凝土框架一样，试件经历图 11-5 所示的火灾历程后，构件表面和节点区均出现了混凝土爆裂留下的痕迹，火灾后框架外观如图 11-24 所示。

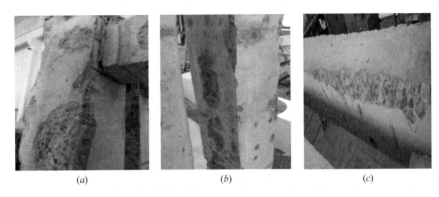

图 11-24　火灾后试件外观
(a) 梁柱交接处；(b) 柱身；(c) 梁身

通过在试件内部布置热电偶，测得试件内部梁、柱、节点区域在升降温全过程下的温度时间曲线如图 11-25 所示。

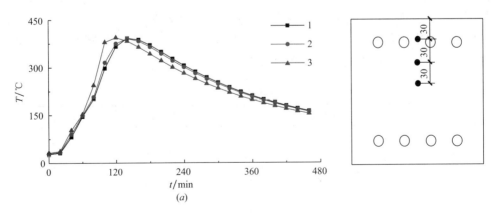

图 11-25　测点温度-时间曲线（一）
（a) 梁端测点温度与布置位置

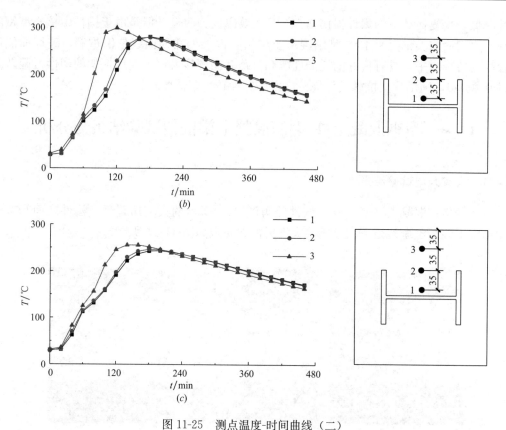

图 11-25　测点温度-时间曲线（二）

（b）柱端测点温度与布置位置；（c）节点区测点温度与布置位置

从图 11-25 可以看到：①在梁、柱、节点截面中，距离构件表面越近，升降温速度越快，经历的最高温度越高。对于梁端，其 3 个测点的最高温差在 3.1℃ 以内，造成这种现象的主要原因是混凝土梁端爆裂严重，截面的削弱直接造成了内部温差的缩小。柱端和节点区 3 个测点的最高温差则为 20℃ 左右。②当相距构件表面的距离相同时，柱截面温度高于节点区截面温度。这一方面因为柱端混凝土发生了爆裂，致使火灾时的升温加快，最高温度提高；另一方面，与节点相连的钢筋混凝土梁客观上造成了节点三面受火的状态，使升温速度和最高温度都低于柱端。③表 11-8 给出了各测点在升降温过程中达到的最高温度。表中数据显示，各测点的最高温度均未超过 400℃。

测点最高温　　　　　　　　　　　　　　　　表 11-8

测点位置	测点编号	距表面位置/mm	最高温度/℃
梁	1	90	390.8
	2	60	391.7
	3	30	393.9
柱	1	105	278.7
	2	70	279.8
	3	35	297.8
节点	1	105	243.4
	2	70	246.4
	3	35	255.5

11.4.2 破坏过程及破坏形态

（1）常温未受火框架 RC

试件从开始加载至加载位移为 10mm 期间，并未出现任何明显现象。加载至 20mm 时（对应荷载 147kN），梁端与节点连接区出现第一条细裂缝。加载至 30mm 时（对应荷载 205kN），梁端裂缝增多，柱脚出现第一条细微裂缝。加载至 40mm 时（对应荷载 251kN），梁端裂缝数量明显增多，裂缝宽度增大，柱端原有柱脚裂缝缓慢发展，且有新裂缝出现，节点区没有出现任何明显的裂缝。加载位移至 50mm 时（对应荷载 265kN），梁端和柱端的裂缝不断发展，节点区出现第一条竖向裂缝。加载至 60mm 时（对应荷载 271kN），梁端最大裂缝宽度达 2.5mm，柱端裂缝宽度约 0.8mm 左右，节点区裂缝数量缓慢增加，原有裂缝缓慢发展。加载位移至 70mm 时（对应荷载 274kN），荷载达到峰值，此时梁端混凝土大块剥落形成明显的塑性铰，柱端裂缝迅速发展，节点区裂缝宽度增大，但是仍然不足 0.5mm。加载至 80mm 时（荷载降至 270kN），梁端严重破坏，同时柱端混凝土大量剥落形成明显的塑性铰，但节点区仍未出现大面积的破坏。加载位移 90mm 以后，柱脚混凝土破坏严重。持续加载至 120mm，荷载下降至 232kN，已不足峰值荷载的 85%，此时节点仍保持较好状态，表现出"强柱弱梁，节点更强"的特点。框架 RC 的破坏过程如图 11-26 所示。

（2）火灾后框架 RCF

加载至 10mm 时（对应荷载 56kN），梁端首先出现细微裂缝，柱端及节点部分未出现明显变化。加载至 20mm 时（对应荷载 103kN），梁端原有裂缝发展，并出现几条新裂缝，柱脚出现细微裂缝。加载至 30mm 时（对应荷载 146kN），梁端裂缝发展加快，宽度接近 0.5mm，且数量不断增多，而柱脚裂缝发展较为缓慢，几乎没有新裂缝出现。加载至 40mm 时（对应荷载 182kN），梁端裂缝宽度已达 1mm，此时柱脚原有裂缝的宽度发展至 0.5mm，且周围新裂缝数量明显增加，但是节点仍未出现明显裂缝。加载至 50mm 时（对应荷载 212kN），梁端裂缝将混凝土劈裂，柱脚原有裂缝不断发展。加载至 60mm 时（对应荷载 223kN），梁端裂缝间混凝土开始掉落，柱端原有裂缝发展加快，裂缝宽度超过 1mm，节点处出现第一条细微斜裂缝。加载至 70mm 时（对应荷载 243kN），梁端混凝土大量剥落，柱端裂缝变得更宽，节点区斜裂缝缓慢发展。加载至 80mm 时，荷载达到峰值 248kN，梁端塑性铰形成，柱端混凝土开始剥落，节点斜裂缝继续发展，且周围出现几条新裂缝。加载至 90mm 时（荷载下降至 246kN），梁端混凝土已严重破坏，柱端形成塑性铰，节点裂缝发展加快。加载至 100mm 时（对应荷载下降至 238kN），柱端混凝土退出工作，节点区斜裂缝贯穿整个区域。加载至 120mm 时，荷载降至 210kN，不足峰值荷载的 85%，加载结束。试件破坏过程如图 11-27 所示。

比较常温未受火试件 RC 和火灾后试件 RCF 随加载的变化历程，可以看出二者的破坏过程与破坏形态基本相同，但是火灾后试件 RCF 出现裂缝的时间更早，裂缝出现后的一段时间内发展相对缓慢，加载至试件屈服后，火灾后试件 RCF 的裂缝发展速度明显加快，裂缝数量明显多于常温未受火试件 RC。经历火灾的 RCF 节点仅出现一条明显斜裂缝，节点内部几乎没有损伤，由此可以看出柱内型钢骨架大大提高了节点的抗剪承载力，使节点在火灾损伤后仍能保持较高的承载力水平。

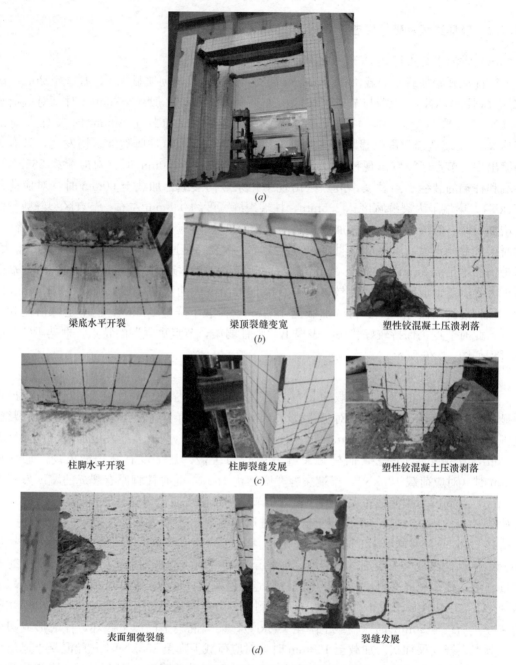

(a)

梁底水平开裂	梁顶裂缝变宽	塑性铰混凝土压溃剥落

(b)

柱脚水平开裂	柱脚裂缝发展	塑性铰混凝土压溃剥落

(c)

表面细微裂缝	裂缝发展

(d)

图 11-26　常温未受火框架 RC 破坏过程

（a）整体破坏形态；（b）梁端破坏过程；（c）柱脚破坏过程；（d）节点区裂缝

11.4.3　滞回曲线

试验得到常温未受火试件 RC 及火灾后试件 RCF 的 P-Δ 滞回曲线如图 11-28 所示。从图中可以看出：①2 榀框架滞回曲线形状基本关于原点对称，同级加载中存在承载力的退化。②加载前期滞回曲线沿直线上升，卸载时残余变形很小，框架微量的耗能由混凝土挤压密实提供；加载位移 20mm 左右时，滞回曲线逐渐偏离直线，卸载时出现少量残余变

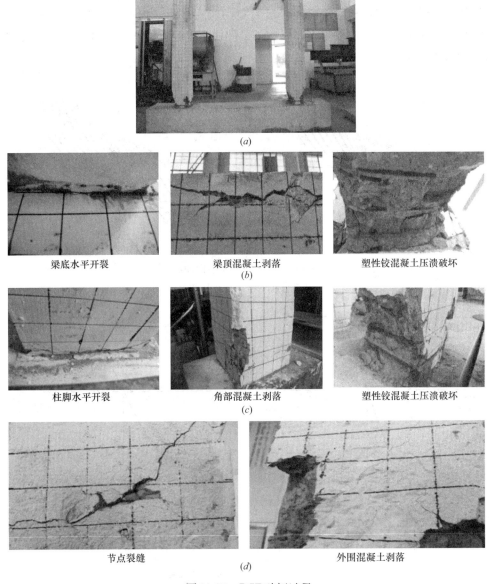

(a)

梁底水平开裂　　　　　　　梁顶混凝土剥落　　　　　塑性铰混凝土压溃破坏

(b)

柱脚水平开裂　　　　　　　角部混凝土剥落　　　　　塑性铰混凝土压溃破坏

(c)

节点裂缝　　　　　　　　　　　　　　　　外围混凝土剥落

(d)

图 11-27　RCF 破坏过程

(a) 整体破坏形态；(b) 梁端破坏过程；(c) 柱脚破坏过程；(d) 节点裂缝形态

形，此时梁端出现第一条裂缝。加载位移 40mm 左右时，滞回曲线明显呈曲线上升，残余变形迅速变大，滞回环面积也随之变大。加载至 70mm 左右时，荷载已至极限，曲线卸载时的残余变形已经非常明显。加载全混凝土退出工作后，由于框架柱核心型钢的存在，试件仍具有较高的承载能力，滞回环呈梭形。③常温下及火灾后试件的滞回曲线均比较饱满。

11.4.4　骨架曲线

根据图 11-28 得到常温未受火试件 RC 及火灾后试件 RCF 的 P-Δ 骨架曲线如图 11-29 所示，图 11-30 给出了常温下及火灾后骨架曲线的对比。从图 11-29 和图 11-30 中可以看出：①试件的骨架曲线呈明显的 3 段，直线上升段、曲线上升段，下降段。直线段即加载前期的弹性阶段；曲线上升段即屈服前后的弹塑性阶段；下降段为试件达到极限荷载后的破坏阶段。弹性阶段与弹塑性阶段连接较为顺畅，没有明显拐点。②火灾后 RCF 的骨架曲线弹性段斜率明显下降，说明火灾影响了试件的刚度；峰值点明显降低，说明火灾对框架的承载力造成了损伤。

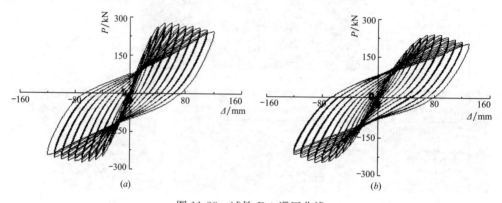

图 11-28　试件 P-Δ 滞回曲线

（a）常温未受火试件 RC；（b）火灾后试件 RCF

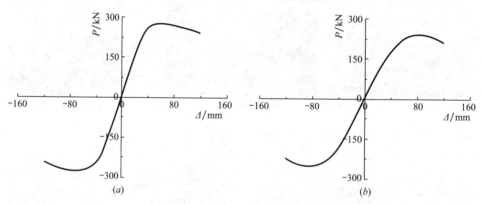

图 11-29　试件 P-Δ 骨架曲线

（a）常温未受火试件 RC；（b）火灾后试件 RCF

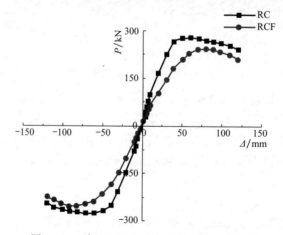

图 11-30　常温下及火灾后试件骨架曲线对比

11.4.5　承载力与延性

根据图 11-30 试件的骨架曲线，获得了常温未受火试件 RC 与火灾后试件 RCF 的屈服荷载 P_y、屈服荷载对应的位移 Δ_y、峰值荷载 P_{max}、峰值荷载对应的位移 Δ_{max}、极限荷载 P_u、极限荷载对应的位移 Δ_u 等骨架曲线特征值如表 11-9 所示。其中屈服点采用图 9-12 所示的 R. Park 法确定，其他特征点取值方法见 7.2 节。

骨架曲线特征点数值　　　　　　　　　　　　　　表 11-9

试件编号	P_y/kN	Δ_y/mm	P_{max}/kN	Δ_{max}/mm	P_u/kN	Δ_u/mm
RC	241.7	35.5	274.3	60.0	232.9	118.2
RCF	219.6	47.4	248.2	80.0	211.0	119.8

从表 11-9 可以看出：火灾后型钢混凝土框架所能承担的荷载降低，与相关荷载对应的变形增大。与常温未受火试件 RC 相比，火灾后试件 RCF 的屈服荷载和峰值荷载分别下降 9.1% 和 9.5%。与屈服荷载、峰值荷载、极限荷载对应的位移分别增大 33.5%、33.3%、1.4%，峰值荷载前位移增大较多，极限位移相差不大，表明火灾使型钢混凝土框架后期抵抗荷载的能力下降，变形能力减弱。

表 11-10 给出了试件位移延性系数大小。从表中数值看出，火灾后试件位移延性系数降低，与常温未受火试件 RC 相比，火灾后试件 RCF 的位移延性系数下降了 24.3%。

位移延性系数　　　　　　　　　　　　　　表 11-10

试件编号	Δ_y/mm	Δ_u/mm	μ_s
SRC	35.5	118.2	3.33
SRCF	47.4	119.8	2.52

11.4.6　强度退化

（1）荷载循环次数对强度退化的影响

RC 和 RCF 两个试件不同加载位移下的强度退化系数与荷载循环次数的关系见图 11-31。

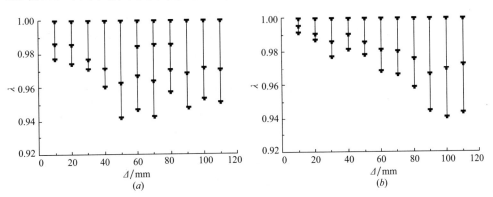

图 11-31　荷载循环次数对强度退化的影响

（a）试件 RC；（b）试件 RCF

从图 11-31 中可以看出：①各级加载位移下，随着循环次数的增加，常温下及火灾后型钢混凝土梁柱框架的强度均发生不同程度退化。②2 榀框架不同级加载位移的强度退化系数最小值约为 0.94，表明常温下及火灾后型钢混凝土柱-钢筋混凝土梁组合框架均具有良好的抵抗荷载循环的能力。

（2）整体强度退化

RC 和 RCF 两个试件整体强度退化系数 λ_i 与加载位移的关系曲线见图 11-32。从图中可以看出：峰值荷载前，常温未受火试件 SRC 的曲线位于火灾后试件 SRCF 曲线上方，表明常温未受火试件荷载上升快，刚度大；峰值荷载后，常温未受火试件 SRC 的曲线与火灾后试件 SRCF 曲线基本重合，相同位移增量下二者的强度衰减程度大致相同。

11.4.7　刚度

常温下及火灾后型钢混凝土柱-钢筋混凝土梁框架环线刚度-位移曲线如图 11-33 所示。

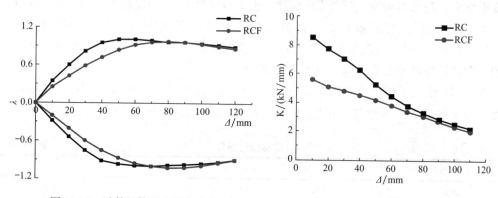

图 11-32　试件整体强度退化曲线　　　　图 11-33　环线刚度-位移关系曲线

从图 11-33 中可以看到：RC 及 RCF 的刚度均随着加载位移的增大而不断减小，呈现出明显的退化现象。退化可分为两个阶段，即屈服前的缓慢退化阶段及屈服后快速退化阶段。表 11-11 给出了两个试件初始加载（加载位移为 10mm）、屈服及破坏时环线刚度的对比。从表中数据可以看出，经历火灾影响后，型钢混凝土框架的刚度明显下降。为常温未受火试件 RC 相比，火灾后试件 RCF 的初始刚度、屈服时对应刚度、破坏时对应刚度分别下降 34.4%、37.1%、6.2%。加载后期，2 榀框架的刚度曲线渐渐靠拢，主要原因是框架破坏前后，梁端及柱脚混凝土逐渐退出工作，框架柱内部核心型钢对试件刚度起到的作用加大，因而刚度的差异逐渐减小。

常温及火灾后试件刚度对比　　　　　　　　　　　　　表 11-11

试件编号	初始刚度/(kN/mm)	屈服刚度/(kN/mm)	破坏刚度/(kN/mm)
RC	8.52	6.65	2.25
SCF	5.61	4.18	2.11

11.4.8　耗能能力

根据各级位移下首次加载的滞回环计算，得到常温未受火试件 RC 和火灾后试件 RCF

的等效阻尼比 h_e 与加载位移的关系曲线如图 11-34 所示。从图中可以看出：不管是常温未受火试件 RC 还是火灾后试件 RCF，其等效阻尼比 h_e 均随位移加大先减小而后增大。屈服荷载前，相同加载位移下火灾后试件的等效阻尼比大于未受火试件；屈服荷载后，相同加载位移下火灾后试件的等效阻尼比小于未受火试件；临近破坏时，二者的等效阻尼比趋向一致。表 11-12 给出了不同加载位移下试件等效阻尼比的对比。

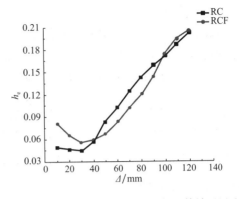

图 11-34　常温下及火灾后试件的等效阻尼比

常温及火灾后试件不同位移下等效阻尼比　　　　　　表 11-12

试件编号	等效阻尼比 h_e（N/mm）							
	10mm	20mm	30mm	40mm	60mm	80mm	100mm	120mm
RC	0.046	0.044	0.056	0.083	0.125	0.143	0.172	0.202
RCF	0.081	0.066	0.056	0.059	0.084	0.121	0.173	0.205

11.4.9　塑性转动能力

图 11-35 为常温未受火试件 RC 和火灾后试件 RCF 的 $M\text{-}\theta_p$ 滞回曲线。与型钢混凝土柱-型钢混凝土梁组合框架一样，加载前期，试件处于弹性阶段，塑性转角很小；进入弹塑性阶段后，塑性转角逐渐增大；临近破坏时，框架柱型钢在承载中起重要作用，曲线呈丰满的梭形。

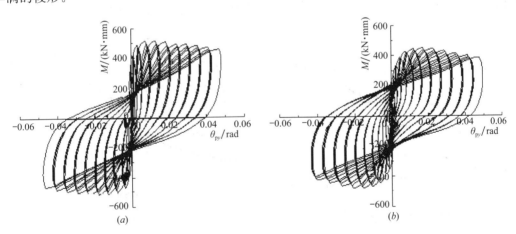

图 11-35　试件 $M\text{-}\theta_p$ 滞回曲线
（a）常温未受火试件 RC；（b）火灾后试件 RCF

表 11-13 给出了常温下及火灾后试件屈服点、峰值点、破坏点对应的弯矩和塑性转角的对比。表中数据显示，与常温未火试件 RC 相比，火灾后试件 RCF 的屈服转角增大，极限转角减小。这是因为火灾后，混凝土弹性模型减小，刚度降低，从而导致加载初期塑性转角较常温未受火试件大；随着加载的进行，火灾后混凝土脆性性能充分显示，导致极限

转动能力降低。

表 11-13 中的数据显示，常温未受火试件 RC 和火灾后试件 RCF 的破坏时的塑性转角
分别达到 0.047rad 和 0.042rad，均满足我国现行国家标准《建筑抗震设计规范》GB
50011—2010 规定结构的 0.02rad 的限值要求。

常温下与火灾后试件的塑性转角　　　　　　　　　　　　　　表 11-13

试件编号	$M_y/(kN \cdot mm)$	θ_{py}/rad	$M_{max}/(kN \cdot mm)$	θ_{pmax}/rad	$M_u/(kN \cdot mm)$	θ_{pu}/rad
RC	480.5	0.0028	514.2	0.0151	459.2	0.0466
RCF	393.4	0.0039	465.5	0.0162	408.1	0.0420

11.4.10　累积损伤

根据图 11-20 结构受力状态和式（11-2）～式（11-8）得到常温下及火灾后试件累积损
伤曲线如图 11-36 所示。从图中可以看出：累积损伤指数 D 随着加载次数的增加而增大。
其中，常温未受火试件 RC 的累积损伤指数 D 随着荷载循环次数的增加呈线性增大；火灾
后试件 RCF，当荷载循环次数小于 10 次以前，其累积损伤指数 D 随荷载循环次数的增加
而快速增大，随后增大速度降低。总的来看，相同荷载循环次数下，火灾后试件 RCF 的
累积损伤指数 D 明显大于常温未受火试件 RC。

11.4.11　P-Δ 效应

常温下及火灾后 2 榀框架的 P-Δ 效应曲线如图 11-37 所示，从图中可以看出：①随着
加载位移的增大，曲线呈上升状态，说明加载位移越大，水平承载力损失越严重。②曲线
基本可以分为两部分，即屈服前的缓慢上升段及屈服后的加速上升段，说明结构在屈服
前，水平承载力损失较少。随着结构的屈服，水平力承载损失加快。③RCF 曲线的水平承
载力降低系数明显大于 RC 曲线，说明火灾最用对结构的 P-Δ 效应影响较明显。

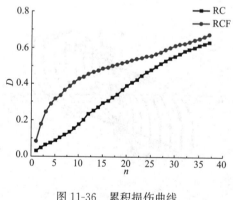

图 11-36　累积损伤曲线

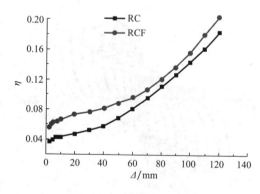

图 11-37　P-Δ 效应曲线

11.4.12　本节小结

本节进行了 1 榀火灾后型钢混凝土柱-钢筋混凝土梁组合框架的低周反复荷载试验和 1
榀未受火框架的对比试验，研究火灾后型钢混凝土柱-钢筋混凝土梁组合框架的抗震性能。
获得了火灾后型钢混凝土柱-钢筋混凝土梁组合框架的滞回特性、延性、耗能性能、承载
力与刚度退化规律，分析了常温下及火灾后型钢混凝土柱-钢筋混凝土梁组合框架的累计

损伤过程和 $P\text{-}\Delta$ 效应。结果表明：与常温未受火框架相比，火灾后型钢混凝土柱-钢筋混凝土梁组合框架的承载力减小、刚度下降、延性降低，反复荷载下的累计损伤增大，$P\text{-}\Delta$ 效应更为明显。但是由于框架柱中核心型钢的存在，火灾后的型钢混凝土柱-钢筋混凝土梁组合框架的滞回曲线依旧饱满，破坏前能保持较高的持载水平，具有良好的耗能性能和抗荷载循环能力，火灾后框架的塑性极限转角超过 0.04rad，满足我国抗震设计规范规定的塑性转角限值要求。

11.5 本章小结

本章进行了常温及火灾后型钢混凝土柱-型钢混凝土梁组合框架以及型钢混凝土柱-钢筋混凝土梁组合框架的低周反复加载试验，研究了火灾下框架梁柱以及节点区域的温度分布，获得了火灾后型钢混凝土柱-型钢混凝土梁组合框架、型钢混凝土柱-钢筋混凝土梁组合框架的滞回特性、延性、耗能性能、承载力与刚度退化规律，分析了常温下及火灾后型钢混凝土柱-型钢混凝土梁组合框架、型钢混凝土柱-钢筋混凝土梁组合框架的累计损伤过程和 $P\text{-}\Delta$ 效应。

参 考 文 献

[1] 沈会，韦芳芳，孙昆，等. 火灾后钢框架抗震性能有限元分析 [J]. 低温建筑技术，2014，36 (8)：34-36.

[2] 吕俊利，孙建东，董毓利. 钢框架厂房火灾后的破坏形态 [J]. 防灾减灾工程学报，2012 (S1).

[3] 肖建庄，谢猛. 高性能混凝土框架火灾后抗震性能试验研究 [J]. 土木工程学报，2005，38 (8)：36-42.

[4] 张丽娜，邹祖军. 区域火灾作用后框架结构的抗震性能分析 [J]. 结构工程师，2011，27 (5)：135-139.

[5] 夏敏，余江滔，陆洲导，等. 基于纤维模型的受火后混凝土框架的有限元分析 [J]. 防灾减灾工程学报，2012，32 (1)：33-37.

[6] 欧阳煜. 火灾后钢筋混凝土框架结构的二阶分析 [J]. 工程力学，1998 (A02)：176-179.

[7] 苏敏. RC框架结构火灾后抗震性能研究 [D]. 西安：长安大学，2014.

[8] 王景玄. 考虑火灾全过程的钢管混凝土组合框架力学性能研究 [J]. 防灾减灾工程学报，2012，32 (1)：84-88.

[9] 王卫华，陶忠. 钢管混凝土平面框架温度场有限元分析 [J]. 工业建筑，2007，37 (12)：39-42.

[10] 谢福娣，武志鑫，刘栋栋. 火灾后型钢混凝土平面框架抗震性能有限元分析 [J]. 北京建筑工程学院学报. 2013，29 (3)：35-39.

[11] 王广勇，张超，李玉梅，王金平. 受火后型钢混凝土框架结构抗震性能研究 [J]. 2017，38 (12)：78-87.

[12] 刁波，李淑春，叶英华. 反复荷载作用下混凝土异形柱结构累积损伤分析及试验研究 [J]. 建筑结构学报，2008，29 (1)：57-63.